旱区寒区水利科学与技术系列学

渠 道 水 力 学

王正中　陈柏儒　黄朝轩　孙杲辰　著

中国水利水电出版社
www.waterpub.com.cn
·北京·

内 容 提 要

渠道水力学包括各种断面渠道特征水深、跌水陡坡、水面线及衔接、堰闸出流与消能防冲的计算理论与方法。以特征水深为代表的各种断面渠道水力计算基本方程一般为含参变量的非线性高次方程或超越方程，理论上多无解析解。本书应用数学计算方法中的试探法、二分法、迭代法、近似解析法等，以及高斯-勒让德函数和高斯超几何函数探求含参变量非线性方程的解法，提出形式简捷、理论性强、计算精度高、适用范围广的各种断面渠道特征水深及跌水陡坡、水面线及衔接、堰闸出流与消能防冲的直接计算方法，对工程实际及渠道水力学计算理论提升有重要意义。

本书可供水利、土木、生态环境等水力学相关工程专业科技工作者参考，同时也可作为旱区寒区同类专业"问题导向创新型"研究生培养的工程案例分析教材。

图书在版编目（ＣＩＰ）数据

渠道水力学 / 王正中等著. -- 北京 ： 中国水利水
电出版社，2024.3
（旱区寒区水利科学与技术系列学术著作）
ISBN 978-7-5226-1383-3

Ⅰ．①渠… Ⅱ．①王… Ⅲ．①渠道－水力学－研究
Ⅳ．①TV67

中国版本图书馆CIP数据核字(2022)第256875号

书 名	旱区寒区水利科学与技术系列学术著作 **渠道水力学** QUDAO SHUILIXUE
作 者	王正中 陈柏儒 黄朝轩 孙杲辰 著
出版发行	中国水利水电出版社 （北京市海淀区玉渊潭南路1号D座　100038） 网址：www. waterpub. com. cn E - mail：sales@mwr. gov. cn 电话：(010) 68545888（营销中心）
经 售	北京科水图书销售有限公司 电话：(010) 68545874、63202643 全国各地新华书店和相关出版物销售网点
排 版	中国水利水电出版社微机排版中心
印 刷	天津嘉恒印务有限公司
规 格	184mm×260mm　16开本　12印张　286千字
版 次	2024年3月第1版　2024年3月第1次印刷
定 价	**60.00元**

前　言

　　夏汛冬枯、南多北少是我国的基本水情，以渠道输水为主的国家水网建设是解决我国水资源不平衡的根本措施，国家水网是保障国家水安全的国之重器，诸如南水北调这类长距离输调水工程将是北方旱区各地解决水资源配置的生命线工程。渠道是最简便经济、应用最为广泛的输水工程形式。渠道水力学是水利水电工程、给排水工程、环境工程以及航运海港工程等专业的基础理论，是渠道进行水力设计的基础，更是长距离调水渠道安全高效运行的理论指导。建立简捷、实用、准确的渠道水力学理论计算方法，正是渠道水力学的研究任务和目的。

　　渠道水力学包括各种断面渠道特征水深、跌水陡坡、水面线及衔接、堰闸出流与消能防冲的计算理论与方法。其中以特征水深（明渠恒定均匀流正常水深、恒定非均匀流临界水深、共轭水深和断面收缩水深）为代表的各种断面渠道水力学计算的基本方程，一般为含参变量的非线性高次方程或超越方程，理论上多无解析解。本书应用数学计算方法的试探法、二分法、迭代法、近似解析法、仿生算法，以及高斯超几何函数探求含参变量的非线性方程的解法，提出形式简捷、理论性强、计算精度高、适用范围广的各种断面渠道特征水深、跌水陡坡、水面线及衔接、堰闸出流与消能防冲的直接计算方法，不仅对解决工程实际问题有非常重要的作用，而且对进一步完善水力学计算方法及计算理论体系有重要意义。

　　含参变量非线性方程的常规解法有试探法、查图表法、迭代法、计算机编程求解法。试探法具有盲目性，查图表法不便于应用且精度不高。随着计算机技术的飞速发展，计算机编程求解几乎可以解决一切复杂的计算问题，但是在含参变量非线性方程的求解过程中，有许多科学规律和方法值得探索，如果只依靠编制计算机程序进行求解，那么无论是从数学思想还是对计算水力学的发展而言就失去了科学意义；同时，水力学各种特征水深中的典型水深（如共轭水深、收缩水深）的基本方程均为复杂的含参变量的非线性方程，采用计算机编程计算，工程设计单位在应用中，常常因物理概念不明确或编程复杂而受到限制。在众多求解非线性方程的方法中，迭代法是最常用、最基础的方法，但常因迭代初值不合理或迭代方程收敛慢，迭代计算中存在较多困难。本书通过对计算方法中迭代理论的研究，结合渠道水力学各基本方程及特征参数的物理意义，对这类含参变量的非线性方程迭代方法进行了系统研究，以参变量定义域内稳定解为合理初值，对迭代函数收敛过程进行分析研究，优选收敛速度最快的迭代格式，将合理初值与最优迭代格式结合使用，提出了该类方程简明高效的迭代理论、计算方法及公式。

全书共 10 章，第 1～3 章介绍渠道水力学的研究现状及发展趋势、渠道水力学基本理论以及渠道水力计算的数学方法（试探法、二分法、迭代法、近似解析法、仿生算法等）；第 4 章介绍各类断面的正常水深计算方法；第 5 章介绍各类断面的临界水深计算方法；第 6 章介绍各类断面的收缩水深计算方法；第 7 章介绍各类断面的共轭水深计算方法；第 8 章介绍各类断面的水面线计算方法；第 9 章介绍渠道设计方法，包括水力最佳断面和实用经济断面；第 10 章介绍梯形渠道特征水深计算方法的工程案例。

本书的研究得到国家"十三五"重点研发计划（2017YFC0405100）、国家自然科学联合基金（U2003108）、"高寒区长距离供水工程能力提升与安全保障技术"、"基于冻融稳定与冲淤平衡的仿自然型输水渠道结构优化研究"等项目资助，也得到了双一流建设基金资助。本书出版也是团队辛勤劳动和艰苦钻研的成果，赵延风老师、冷畅俭博士、江浩源博士及历届博士、硕士付出了大量心血，作出了创新性贡献，在此一并表示衷心感谢！

本书涉及理论公式较多，难免存在疏漏或错误，欢迎读者批评指正。

作者

2023 年 6 月

符 号 表

符号	意　义
A	渠道过流断面面积
A_c	收缩断面水深时的过水断面面积
A_k	临界水深时的过水断面面积
a	弧形底梯形明渠的底部圆弧最大矢高
B	渠道水面宽度
B_c	收缩水深时的水面宽度
B_k	临界水深时的水面宽度
B_0	平底抛物线形渠道的抛物线曲线部分的水面宽度
b	渠道底宽
b_b	边闸墩顺水流向边缘线至上游河道水边线之间的距离
b_s	上游河道一半水深处的宽度
b_0	闸孔净宽
C	谢才系数
C_k	临界水深时的谢才系数
d	直径
d_2	中闸墩厚度
E_s	断面比能
E_0	堰（坝）总水头
e	闸门开度
e、e_1、e_2	弧形矢高
Fr	佛劳德数
$F_g\{C_1, C_2; C_3; x\}$	高斯超几何函数，$C_1 \sim C_3$ 为高斯超几何函数的参数

符号	意　义
g	重力加速度
H	堰上水头
H_0	堰上总水头
h	直线段的垂直高度
h_c	收缩水深
h_c''	第二共轭水深
h_{ce}	跃后水深过水断面形心点的水深，为水深 h 的函数
h_{c1}、h_{c2}	跃前和跃后过水断面形心处的水深
h_e	孔口高度
h_f	沿程损失
h_k	临界水深
h_s	由堰顶算起的下游水深
h_t	下游水深
h_v	弧形底梯形断面直线段的垂直高度
h_0	正常水深
Δh	凹岸与凸岸的水面高差
Δh_k	弧形底梯形断面梯形段水深
i	渠道底坡比降
i_k	临界坡比
J	水力坡降
$J(h)$	水跃函数
$J(h_1)$	跃前水深的水跃函数
$J(h_2)$	跃后水深的水跃函数
K	流量模数
K_j	水跃的效能系数
K_k	K_0 为坡比 i_k 下临界水深对应的流量模数

符号	意 义
K_0	坡比 i 下的流量模数
K_1	压强系数
k	高和底宽比值
L	渠道长度
m	渠道边坡系数
N	闸孔数
n	渠道粗糙系数
P_1	上游堰高
p	抛物线形状参数
Q	流量
Q_d	弧形底梯形明渠的分界流量
q	单宽流量
R	水力半径
R_0	通航渠道的最小弯道半径
r	半径
ΔS	渠底水平距离
$\Delta S'$	渠底斜距
v	运动黏滞系数
x	水跃函数
Z_1、Z_2	垂直高度
z	抛物线形渠道幂律指数
α	流速分布不均匀系数
α^*	某种断面的无量纲参数
β_1、β_2	动量修正系数
β^*	无量纲参数，水深和底宽比
δ	堰顶厚度

符号	意 义
Δ_{max}	最大相对误差
ε	绝对粗糙度
ε_b	边闸孔侧收缩系数
ε_z	中闸孔侧收缩系数
ε'_1、ε''_1	边孔的侧收缩系数、中孔的侧收缩系数
ε_2	闸孔出流的垂直收缩系数
ζ	局部水头损失系数
η_j	闸孔出流的流量系数
η_j	无量纲参数
η_u	无量纲系数，$\eta_u = h_0/r$
η^*	某种断面的无量纲水深
υ	过水断面的平均流速
υ'	根据凹岸图纸计算的允许不冲流速
θ	底面线与水平面的夹角
θ	中心角或半中心角，水面处的圆心角或半圆心角，以弧度计
θ_1、θ_2、θ_3	底弧圆心角的一半、侧弧圆心角，以弧度计
θ_4、θ_5	底弧和顶拱圆心角的一半，以弧度计
λ	最大相对误差
λ^*	某种断面的无量纲水面宽
μ	闸孔出流的流量系数
μ_0	淹没堰流的综合流量系数
σ	堰流淹没系数
σ'	孔流淹没系数
σ_1、σ_2、σ_3	底弧段水面处圆心角的一半，以弧度计
γ_1、γ_2、φ_1、φ_2、γ_3、φ_3	水面位于不同部位时的圆心角，以弧度计
φ	流速系数

目　录

第1章　渠道水力学的研究现状及发展趋势

1.1　研究背景

　　水是生命之源、生产之要、生态之基，远古时代人类最先利用的水就是河流之水，广大的聚居地最初都是依河而建，形成以水为中心、以河为纽带的社会关系体系，甚至在学界也有"水利社会"的说法。据《史记》记载，我国第一部也是世界第一部水利史就是《河渠志》。河渠是天然河流冲刷或人工开凿建造形成的水流通道，是天然河道及人工渠道的统称。河渠在人类生存发展、社会经济文化进步、文明发源与传播中都起到重要的支撑作用。我国最早见于书籍记载的大型灌溉工程2000多年前楚国孙叔敖主持修建的思其陂，采用渠道和陂塘组合的"长藤结瓜"方式引大别山上来水形成上游灌溉、下游防洪的水利工程。此后还有著名的都江堰、灵渠、郑国渠和新疆地区坎儿井等灌溉工程，渠道在长距离引调水工程得到成功应用。随着古代经济社会的发展，经济贸易及交通成为社会经济发展的瓶颈，渠道又成功地应用于航运工程中，至今仍然是重要的物流交通工程，如著名的京杭大运河和会通河工程。因此，从古至今，河渠在人类生存、生活、生产及农业灌溉、跨流域水资源调配和航运中一直发挥着重要的作用，在人类文明发展历史长河中有着举足轻重的作用。河渠承载着人类文明与生命健康，也支撑着经济社会的快速发展，是名副其实的生命线工程。

　　新中国成立以来，水资源配置工程、大型灌区建设和航运工程得到空前发展，其中河渠的建设规模更是急剧增加。迄今为止，我国仅灌溉用干支渠道总长度超过80万km，超大型调水工程中渠道总长度超过35万km，内河航道总里程达到12.7万km，组成了连通中华水系、合理分配水资源、保障人民生产生活的大动脉。在此基础上延伸出的各类斗、农、毛渠等渠系工程，构成了水资源供给与输送的"毛细血管"，特别是新时期我国保障人民生命财产安全的中小型河流防洪治理工程、提升人民福祉的河湖水系连通及生态治理工程和海绵城市建设，这些河渠所构成的我国水资源水生态安全健康的"血脉网"，在国民经济和国家水土资源战略安全中发挥着极其重要的作用。同时，我国仍然面临着水资源南北分布极不平衡的严峻形势，在北部与西北部地区因缺水造成近40亿亩未利用但可改造的土地，包括草地、盐碱地、沼泽地、沙漠地和裸地等，占我国陆地面积的28%之多；在我国西部大开发和"一带一路"倡议背景下，未来我国北部及西部地区的土地改良、经济开发及人居环境治理将是长期而艰巨的任务，而跨流域水资源调配的渠系工程则是重要保障。在交通运输领域，我国内河水运具有经济安全运载量大、贯通南北的运河工程构成纵横交错的现代物流航道，对经济社会快速发展发挥重要作用，但与国外发达国家相比仍有一定差距，因此可预见，长距离、大规模的调水、航运河渠和灌区渠系工程建设与河流防洪治理，河湖水系连通、生态水利建设等均对河渠工程有着广泛的建设需求。

　　为了解决一系列的人类生活、生产、生态等活动的用水问题，渠道在跨流域长距离输调水工程和灌区输配水工程中应用非常广泛，也是最早、最经济、最简单的输水工程形式。渠道工程的设计建设及运行管理必须遵循相关基本理论，才能确保安全高效地完成预定的功能。如"南水北调工程"（图 1.1），是我国的战略性工程，分东、中、西三条线路，东线工程起点位于江苏扬州江都水利枢纽；中线工程起点位于汉江中上游丹江口水库，供水区域为河南、河北、北京、天津四个省（直辖市）。南水北调构想始于 1952 年毛主席视察黄河时提出。自此，在历经分析比较 50 年后，确定东、中、西三条调水线路，获得一大批富有价值的成果。南水北调工程规划区涉及人口 4.38 亿人，调水规模 448 亿 m³。工程规划的东、中、西线干线总长度达 4350km。东、中线一期工程干线总长为 2899km，其中主要输水干线采用大型渠道工程，沿线六省市一级配套支渠约 2700km。南水北调工程主要解决我国北方地区，尤其是黄淮海流域的水资源短缺问题，通过三条调水线路与长江、黄河、淮河和海河四大江河的联系，构成以"四横三纵"为主体的总体布局和国家大水网，实现我国水资源南北调配、东西互济的合理配置格局。

图 1.1　南水北调工程典型渠道

1.2　渠道明渠水力学的研究进展及亟待解决的问题

渠道是一种人工修建或自然形成的输水通道，是水利工程及相关工程中最普遍的泄流、输水及灌排工程的建筑物。渠道水力学的主要任务是确定渠道的输水能力，计算各种流态下渠道的水深、水面线及水力衔接，确保渠道水力设计的科学合理和安全经济。渠道特征水深（包括正常水深、临界水深、收缩水深、共轭水深等）的计算是工程水力学领域最基本的问题，广泛应用于各种水工水力计算、流态判别、流速计算、水位突变和水面线计算，以及相关水利工程的设计、运行、调度之中。但是其实质是求解含多个物理参数的高次方程或超越方程，这些物理参数都是河渠断面几何要素、水力要素、运动要素的函数，都有明确的工程意义及取值规律。然而这些含物理参数的高次方程和超越方程在数学上多无解析解，特别是由于渠道断面形式的多样化，本来形式就很复杂的方程的求解更为复杂。工程水力学及数学上只好采用既复杂误差又大的图解法、查表法、试探法或迭代法。随着计算机技术的发展，普遍流行的解法是应用迭代法编程计算，但迭代法编程计算只能得到具体问题的离散数值解（Akan，2011；Daugherty，2012），不仅存在无法确保迭代收敛和收敛于真解的重要问题，而且掩盖了基本方程的物理本质，难以直观显示隐藏在复杂方程中的水力学规律。若能提出一套反映物理本质规律性的简明解析方法，必然是渠道水力学理论提升与工程水力计算的首选。

而简明解析解不仅能解决工程水力学计算问题，还能洞察其物理现象，揭示水力学规律，因而研究这类含物理参数的高次方程及超越方程简捷、精确、通用的解析解对工程实践及渠道水力学理论提升具有重要意义；同时，数学上也为这类方程的求解提供新方法。因此，渠道水力学的研究目的就是，通过提出典型断面明渠的各种特征水深及水面线计算的简明近似解析计算公式，洞察和揭示隐藏在明渠特征水深复杂方程中的物理本质及水力学规律，使复杂问题简单化，提升渠道水力学理论。

1.3 明渠特征水深简明近似解析算法研究的意义

渠道的典型断面有矩形、梯形、弧形底梯形、U形、幂律曲线形（抛物线形）、圆形、复式、城门洞形、马蹄形等多种形式，如图1.2所示。每种断面都有其优点和适用性，如：矩形、梯形断面便于施工；幂律曲线形断面接近水力最佳断面（水流阻力小），

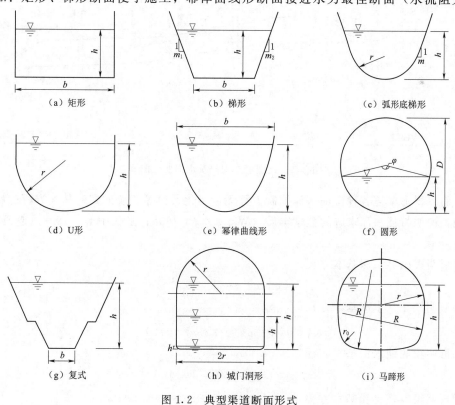

图 1.2 典型渠道断面形式

输沙能力强，抗冻胀能力强；复式断面是河道整治的最常见断面；圆形、城门洞形、马蹄形断面则具有水流平顺、承外围压力强等优点，工程应用广泛。

渠道水力学中水流流态随底坡变化，其特征水深及水面线也随之变化。常见各种特征水深的含义如下：对于恒定流，在底坡不变时为均匀流，流速不变水深也不变，沿程水头损失克服了沿程水流阻力，这种特征水深被称为正常水深；但就恒定均匀流而言，还因底坡大小的不同分为缓流和急流两种流态。对于恒定非均匀流，由于底坡不同流速不同，相应水深也不同，特别是底坡突变时水面线也会随之变化；由于底坡突变出现水面跌落和壅高的局部水力现象，前者称跌水，后者称壅水；极端的情况就是水流由急流突变为缓流的局部水面跃起现象称为水跃，该过程中水流有很大的能量损失，工程上常利用此现象对高速水流进行消能；水跃前后的急、缓流水深分别称为跃前水深（收缩断面水深）和跃后水深。如典型水力现象及水面变化如图 1.3 所示。因此，特征水深计算是渠道水力学中最基本的问题，广泛应用于水利水电工程、防洪工程、城市给排水工程、农田灌排工程的断面设计和水力计算、过流能力计算、水面计算、水跃位置和长度计算、消能防冲计算、流速分布、河流输沙、水面衔接和流态判断等计算中，这些计算的理论基础是物理学中的连续方程和能量守恒原理及动量守恒原理。

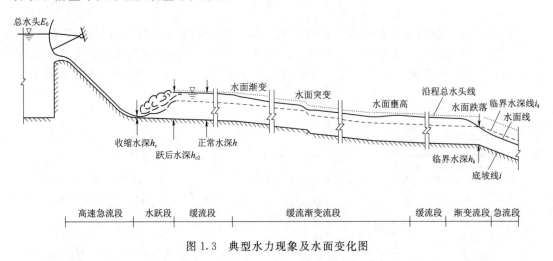

图 1.3　典型水力现象及水面变化图

下面以梯形渠道各种特征水深控制方程无量纲化及恒等变换得到的基本方程的研究成果为例，说明特征水深求解的数学本质（Wang Z Z，1998；王正中等，1999；赵延风等，2009）。

梯形明渠临界水深基本方程：
$$x(1+x)=k(1+2x)^{1/3} \tag{1.1}$$

梯形明渠正常水深基本方程：
$$x(1+mx)=\alpha(1+2x\sqrt{1+m^2})^{0.4} \tag{1.2}$$

梯形明渠收缩水深基本方程：
$$x(1+\alpha x)\sqrt{1-x}=\beta \tag{1.3}$$

梯形明渠共轭水深基本方程：

$$\frac{6}{yx(1+\eta x)}+x^2(3+2\eta x)=\lambda \tag{1.4}$$

式中：x 为无量纲特征水深。

其他参数均为与水流流态及断面形式有关的无量纲物理参数，分别如下。

对临界水深：

$$k=\frac{4m}{b}\sqrt[3]{\frac{a}{g}\left(\frac{Q}{b}\right)^2} \tag{1.5}$$

$$x=\frac{mh}{b} \tag{1.6}$$

对正常水深：

$$\alpha=\frac{(nk)^{0.6}}{b^{1.6}} \tag{1.7}$$

$$x=\frac{h}{b} \tag{1.8}$$

对收缩水深：

$$x=\frac{h}{E_0} \tag{1.9}$$

$$\alpha=\frac{mE_0}{b} \tag{1.10}$$

$$\beta=\frac{Q}{\varphi\sqrt{2g}E_0^{1.5}b} \tag{1.11}$$

对共轭水深：

$$x=\frac{h_1}{q^{2/3}} \tag{1.12}$$

$$y=\frac{h_2}{q^{2/3}} \tag{1.13}$$

$$\eta=\frac{mq^{2/3}}{b} \tag{1.14}$$

显然各特征水深基本方程均为含多个物理参数的单变量高次方程或超越方程，特征水深的计算实为求解这些方程。

对于图 1.2 所示的其他典型渠道断面而言，这些控制方程实质上是更为复杂的含多个物理参数的单变量高次方程或超越方程，这些方程中蕴含的参数均具有明确的物理意义及工程取值范围，而且在给定的边界条件下，工程中无量纲特征水深的解具有唯一性，这为该类方程的求解研究创造了条件。对这种类型的方程提出形式简捷、理论性强、精度高、适用范围广的近似解析解法，不仅对解决工程实际问题具有非常重要的意义，而且能直观反映原方程解的性质，揭示隐藏在其中的物理本质，便于理解和洞察原型中的水力学现象及规律；对进一步提升水力学理论具有重要意义，同时也是对数学中含物理参数的高次方程或超越方程求解方法的创新。

1.4　渠道特征水深计算方法研究现状及趋势

国内外学者对渠道特征水深计算方法的研究可以追溯到 20 世纪 50 年代，甚至更早，取得了丰硕的研究成果。但目前工程水力学中仅据能量原理或动量原理等建立了特征水深的控制方程，应用中对于图 1.2 所示的各种典型渠道断面形式，将断面尺寸、流量及相关参数，如断面面积、水面宽度、湿周、水力半径（都是水深的函数）等代入各种特征水深控制方程进行求解。每种特征水深、每种断面形式对应一个复杂的含参变量的高次方程或超越方程，由于工程的需要断面形式复杂多样，绝大多数在数学上无法解析求解，工程水力学上只好采用近似图解法、查表法、试探法或迭代法针对具体问题求得离散数据（Akan，2011；Daugherty，2012），致使各种特征水深的计算不得不采用无规律可循甚至迭代不收敛的计算机编程计算，没有给出简明统一的近似解析公式，制约了工程水力学理论的提升，也给水工设计与水力计算造成许多困难和麻烦。图 1.4 以最典型的梯形断面为例说明特征水深计算的研究现状及发展方向。

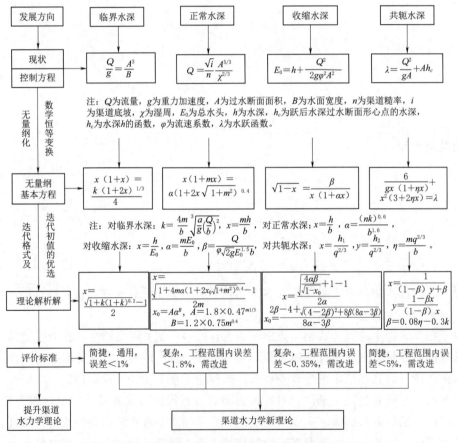

图 1.4　梯形渠道特征水深计算方法研究现状及发展方向

由此可见，简明、准确、通用、高效的解析解不仅可行，而且是各类特征水深求解的发展方向。其基本思路是：通过对这类方程的无量纲化和物理参数的优选，经过恒等变换及对函数性状的研究，优选不同迭代格式与初值并配套使用，不仅能够显著提高方程的迭代求解效率，而且能使计算公式简单明了。

其他8种典型断面的4种特征水深（除矩形和抛物线形的临界水深有解析解外）的计算方法，大多数要比梯形断面更为复杂，其发展趋势与图1.4相似。但从目前研究现状看，存在的主要问题是：经典水力学中仅停留在依据动量守恒及能量守恒原理建立控制方程的基本原理阶段，从理论提升与实践应用出发急需对各种典型断面的各种特征水深的控制方程进行无量纲化与数学变换及简化研究，寻求其简明、准确、通用的近似解析解，将渠道水力学提升到科学的理论方法阶段。

目前，对特征水深控制方程的求解方法主要有试算法、查图表法、迭代法、近似解析法等，这些方法也反映了含多个参数的单变量高次方程或超越方程求解方法的现状。

（1）试算法和查图表法：工程水力学中应用最早最广泛的方法，先选一个初值代入控制方程中，如果不满足控制方程，则需要另换新值重新试算直至满足或需要结合作曲线图趋势确定；查图表法是在参数及特征水深的取值范围内，依据控制方程绘制出一系列特征水深与参数的关系曲线图表，根据参数的取值查取特征水深在曲线坐标图中的大致位置，求得特征水深的近似解。试算法和查图表法是含参数的高次方程或超越方程的早期解法，特别是在计算机未出现之前，这两种方法也是欧美常用的经典水力学教材中的常规解法（Akan，2011；Daugherty，2012），这些方法不仅复杂、误差大、使用范围有限，更无法获得反映基本方程物理本质规律性的解析解。虽然已很落后，但最大的优点是能反映特征水深与参数之间的函数性状及直观图形关系，对迭代函数的构建及初值函数优选具有理论指导价值。

（2）迭代法：迭代法又称逐次逼近法，是利用计算机解决问题的一种基本方法，也是数学上求解高次方程或超越方程常用的方法。迭代法是不断用变量的旧值递推新值、又用新值不断代替旧值的计算过程，将原方程改写为同解方程，取定初值 x_0 后，反复计算下式使序列 x_1，x_2，…逐次逼近 $f(x)=0$ 根 α。迭代序列是否收敛和收敛速度的快慢，同迭代函数格式有关，需要依据迭代法收敛定理来判定。Shirley et al.（1991）应用迭代法求解了矩形、三角形、梯形及两个复杂断面的正常水深，编制了计算机迭代程序，计算结果表明迭代是否收敛或收敛的快慢与迭代函数的选取密切相关，这种传统的迭代方法往往费时费力，合理的迭代格式可以保证解的收敛速度和精度，并能用于求解更加复杂断面的水深。Mitchell（2008）和 Vatankhah（2010）提出了预测水平明渠共轭水深比的算法，并采用牛顿迭代法计算了梯形和圆形断面的共轭水深，进而计算了能量损失，该方法可方便地嵌入到电子表格中进行计算机求解。作者通过引入合理的无量纲参数，给出了各种马蹄形断面的水力要素的统一计算公式，提出了马蹄形断面正常水深的通用迭代计算公式（Liu et al.，2010）。但常规迭代法编程计算只能得到具体问题的离散数值解，掩盖了基本方程的物理本质，并且无法保证迭代的收敛性和解的工程唯一性，也难于反映隐藏在数学方程中的水力学规律和物理本质。

（3）近似解析法：近似解析法是用某种解析表达式来近似表达方程的解，这是目前这类方程及特征水深求解的研究热点和发展趋势，具有重要的理论意义和工程应用价值，为了符合工程实际要求，通常要求解析表达式简捷通用且有足够的精度。

其中获得近似解析表达式的方法主要有曲线函数最优逼近法、优化迭代法、级数展开法、摄动法、综合法等。

1）曲线函数最优逼近法。根据对含物理参数的高次方程或超越方程函数性质的分析，预先选择同形状已知函数模型，并利用现代数学软件对各种物理参数在工程可能取值范围内，求解出自变量和因变量之间的一系列精确数值，通过对离散的数值解进行回归分析获得满足精度要求的解析表达式。目前国内外相关刊物上发表了大量的渠道特征水深的回归近似解析公式，较典型的成果包括：Swamee（1993；1994）系统论证了临界水深和正常水深控制方程中各参数间的关系，应用回归分析的思想提出了不同渠道断面形式临界水深和正常水深的直接计算公式，该套公式得到了广泛的引用，但是公式形式复杂，且在某些工程实际应用范围内最大相对误差达到了 3％；王正中等（2004；2005）将函数最优逼近拟合法与迭代法结合提出了城门洞形及马蹄形断面临界水深的无量纲近似解析计算公式；Liu et al.（2010）还提出了标准马蹄形断面正常水深的通用迭代公式及无量纲解析表达式，在工程实际范围内，最大误差不超过 0.5％；但以上所得到的城门洞形和马蹄形断面特征水深的近似解析公式均为分段公式，计算时需要先判别分界流量，比较麻烦；Vatankhah et al.（2011；2012）应用回归分析法分别得到了圆形、梯形、马蹄形和城门洞形断面正常水深和临界水深的近似解析公式，由于过分追求精度，这些公式的形式非常复杂，不便于实际应用；Raikar et al.（2011）应用回归分析法提出了蛋形断面渠道正常水深和临界水深的解析表达式，公式精度满足工程要求，但该套公式亦比较复杂；Zhang et al.（2014）应用回归分析法提出了抛物线形、U 形和悬链线形断面正常水深的近似解析表达式，最大相对误差小于 1％。我国学者韩延成等（2017）和 Han et al.（2015a；2015b）采用高斯-勒让德法提出了半立方、2.5 次方等抛物线形的水力最优断面及正常水深的简明准确解析计算公式。总体来讲，这类方法的精确性依附于公式的复杂性，无法实现简捷与精确的统一。

2）优化迭代法。所谓优化迭代法即综合应用迭代理论提出合理的迭代函数及迭代初值，使二者配合使用，可大大提高迭代的效率，甚至仅需迭代一次即可得到满足精度要求的近似解析公式。Wang（1998）对这种方法进行了系统研究，通过对梯形渠道临界水深基本方程的恒等变形及合理无量纲参数的引入，建立了梯形断面无量纲临界水深的迭代方程，根据迭代方程函数性质具有交错收敛的特性，交替应用两套简单迭代公式实现了快速收敛，获得相应的无量纲临界水深的简明解析计算公式，该公式数学理论及物理概念明确且具有极高的精度（最大相对误差为 0.014％），形式简单，被国内外学者大量引用；赵延风等（2009）；Liu et al.（2012）；王正中等（2004；2005）；赵延风等（2013）；Yi et al.（2014）通过对典型断面正常水深控制方程的数学变换，得到计算其无量纲水深的最优迭代公式，一方面从数学上证明了迭代函数的快速收敛性，另一方面，通过对无量纲正常水深与已知参数之间关系的分析及数值计算，利用函数最优逼近拟合原理得到无量纲正常水深的近似计算式，以此近似计算式为迭代初值函数，用最优迭代公式仅需一次迭代便得到了无量纲特征水深的直接计算公式，公式精度满足工程要求，随后提出的一些形式简捷、准确、通用的解析公式，王正中等（2010；2011）结合工程实际中解的唯一性特点分析，依据数学理论在分析迭代格式收敛性的基础上，提出了一套迭代初值优选、迭代格式优化及其配套使用的高效迭代解法。优化迭代法可以得到工程常用范围内精度满足要求的解，但是迭代初值的函数形式比较复杂，从完善渠道水力学理论和工程应用的角度看，对各种典型断面、各种特征水深的解法进行深入系统的研究，提出简捷、准确（相对误差小于1%）、通用（工程应用全范围内）的近似解析解非常必要和急需。

3）级数展开法。级数展开法是利用某种收敛的级数形式代替原方程，并通过数值或解析计算寻求原方程或部分项的近似解析表达式。Swamee et al.（2004；2005）将拉格朗日定理引入到渠道特征水深的计算中，将函数用级数展开，利用此定理可以求出特征水深用无穷级数表示的解析解，所得到的解析解具有很高的精度，但是形式相当复杂，不便于实际应用。

4）摄动法。摄动法也是获得高次方程或超越方程近似解析解的有效方法，通过寻找与原方程接近且存在解析解的某一方程（通常为原方程的系数取极值时的方程），将原方程的解表示为该方程的解与某一个小参数幂级数和的形式，不断递归计算幂级数的系数，从而得到原方程的近似解析解。对于特征水深的控制方程用摄动法得到的近似解析解的形式相当复杂且不直观，不便于应用。Valiani et al.（2009）以宽浅矩形断面比能方程、动量方程求解为基础，利用摄动法研究幂律曲线的河床断面比能方程、动量方程，近似求解给定比能和动量的实际河流断面特征水深，误差分析表明该分析方法有局限性，主要是在较大的幂指数范围内精度与简捷性很难统一。

5）综合法。Vatankhah（2009）利用摄动法和泰勒级数展开及不动点迭代法有机结合，取得了很好的效果，不仅提高了精度又扩大了幂指数的范围。Strelkoff et al.（2000）针对抛物线断面湿周及正常水深计算研究指出：若将非线性插值和级数展开两种结合起来，只研究了几种典型指数的抛物线，而数值积分需要通过计算机进行复杂冗长的编程计算才能保障精度。如单纯为了保证精度，可使用内插法、级数展开法、数值积分法，或三种办法结合使用，可以保证误差在1%以内。

6）降次法。Vatankhah（2010；2011）研究了梯形断面和抛物线断面渠道的比能方程和动量方程的解法，因该方程为五次方程，考虑物理意义采用数学上的降次法将五次方程降为三次方程来求解。Rashwan（2013）推导了倒置半圆形明渠无量纲水跃方程，简化了动量方程的求解。这尽管得到解析解，但过于复杂，难于应用。

7）仿生算法。针对渠道断面特征水深控制方程的特点，通常可将其转化为非线性优化问题，然后应用求解非线性优化模型的仿生算法进行求解。仿生算法主要包括遗传算法、粒子群算法等。金菊良等（2001）、Kanani et al.（2008）分别研究了应用遗传算法和粒子群算法求解不同断面特征水深的问题，编制了相应的计算机程序，为特征水深的求解提供了一种计算机编程计算方法。但单纯的编程计算掩盖了基本方程的物理本质，无法直观反映基本方程的水力学规律，又相对较烦琐复杂，无论是从数学理论还是对水力学理论的完善来讲均失去了科学意义。

综上所述，对明渠特征水深的计算实质上是求解含有多个参数的高次方程或超越方程，目前对这些高次方程或超越方程虽有大量的求解方法，但从简捷、通用、精确三方面统一来看，只有梯形断面临界水深求解的问题解决得比较完美，其他各种断面的各种特征水深计算方法都在不同程度上存在这样或那样的问题，急需进一步开展全面系统的深入研究，提出明渠特征水深求解的无量纲化的简明解析解，实现简明、通用、精确三方面的统一，提升渠道水力学理论。

试算法盲目性大，且计算烦琐、工作量大；查图表法必须查找专门的图表，不便于应用且误差大，而且理论上也不够完善，对于断面形式复杂的渠道，不易绘制求解图。系统分析几种常用的简明解析法，其中回归分析法是最常用的一种近似解析法，但该方法无法直接反映控制方程的函数性状和物理特性，应用范围有限，误差较大，而为了追求精度会导致回归方程形式异常复杂，不便于应用；级数展开法也同样存在着形式复杂的问题；曲线函数最优逼近法需要寻求原控制方程的最佳逼近曲线形式，在形式简明的条件下其精度尚难全部保证。在众多求解含参数的高次方程或超越方程的方法中，迭代法是最基础最常用的方法，也常据此来检验其他解法的正确性；但迭代法的收敛速度不仅与迭代格式有关，还与迭代初值有关，而且往往由于不同的迭代格式及迭代初值而不收敛或收敛于不同点，只有合理的迭代初值和合理的迭代公式配套使用，才能保证迭代的快速收敛和解的正确性，寻求高效的迭代算法历来是数学中数值计算方法的核心。目前在对迭代方法收敛效率的研究中，通常对迭代公式加以改进来提高收敛速度（Wiley et al.，2009；Bouissou et al.，2010），而对合理迭代初值的选取问题研究较少，并且在改进迭代公式时并未对控制方程的物理特性进行分析，从而不能得到真正高效的迭代公式。

随着计算机技术的飞速发展，基于迭代法的编程求解几乎可以解决一切复杂的计算问题，但重要的是单纯的迭代法尚存在以下三个方面的重要问题：第一，所选择的迭代格式是否收敛及其收敛速度的快慢的问题；第二，由于不同迭代格式或迭代初值可能收敛于不同点，如何确保该收敛解就是工程实际解的问题；第三，基于迭代法编程计算只能得到具体问题的离散数值解，掩盖了原方程的物理本质，无法洞察其中的水力学规律。因此，从理论上研究含参数高次方程或超越方程的简明、通用、精确的解析解法，无论是从解决工程水力计算问题，还是从数学方法及渠道水力学理论的完善来讲，无疑都是具有重要科学意义的。

以上方法的单独使用都难达到简捷、通用、精确的统一。吸取这些方法的各自优点，通过研究各类控制方程的函数性质，可以临界水深为基准对各种特征水深基本方程进行的无量纲化及恒等变形，既保持基本方程的物理意义，又凹显方程的数学性状，形成对各种断面各种特征水深基本方程的全面系统的认识，为构建高效、收敛的交错迭代格式探明途径，建立合理迭代格式与迭代初值配套的优化迭代法，对各种典型断面、各种特征水深进行全面、深入、系统的研究，对其方程进行求解。该方法物理概念明确，适用范围广，计算精度高，是一种高效且有生命力的方法。

参考文献

韩延成，徐征和，高学平，等 . 2017. 二分之五次方抛物线形明渠设计及提高水力特性效果 [J]. 农业工程学报 . 33（4）：131-136.

金菊良，张欣莉，丁晶 . 2001. 用加速遗传算法计算梯形明渠的临界水深 [J]. 四川大学学报（工程科学版）. 33 （1）：12 - 15.

刘计良，王正中，杨晓松，等. 2010. 梯形渠道水跃共轭水深理论计算方法初探 ［J］. 水力发电学报. 29 （5）：134 - 139.

王正中，陈涛，张新民，等. 2004. 城门洞形断面隧洞临界水深度的近似算法 ［J］. 清华大学学报（自然科学版）. 44 （6）：812 - 814.

王正中，刘计良，冷畅俭，等. 2011. 含参变量超越方程及高次方程迭代法求解的初值选取方法 ［J］. 数学的实践与认识. 41 （15）：117 - 120.

王正中，刘计良，潘灵刚，等. 2010. 加快迭代收敛速度的两个命题 ［J］. 数学的实践与认识. 40 （5）：205 - 209.

王正中，袁驷，武成烈. 1999. 再论梯形明渠临界水深计算法 ［J］. 水利学报. （4）：14 - 17.

王正中，陈涛，芦琴，等. 2005. 马蹄形断面隧洞临界水深的直接计算 ［J］. 水力发电学报. 24 （5）：95 - 98.

赵延风，王正中，刘计良. 2013. 抛物线类渠道断面收缩水深的计算通式 ［J］. 水力发电学报. 32 （1）：126 - 131.

赵延风，王正中，芦琴. 2009. 梯形断面收缩水深的直接计算公式 ［J］. 农业工程学报. 25 （8）：24 - 27.

Akan A O. 2011. Open Channel Hydraulics ［M］. Elsevier.

Ali R Vatankhah，A Valiani. 2011. Analytical inversion of specific energy - depth relationship in channels with parabolic cross - sections ［J］. Hydrological Sciences Journal. 56 （5）：834 - 840.

Ali R. Vatankhah. 2015. Normal Depth in Power - Law Channels ［J］. Hydrol. Eng. 20 （7）：1 - 10.

Bouissou O，Seladji Y，Chapoutot A. 2010. Abstract fixpoint computations with numerical acceleration methods ［J］. Electronic Notes in Theoretical Computer Science. 267 （1）：29 - 42.

Daugherty R L. 2012. Hydraulics ［M］. Hardpress Publishing.

Han Yancheng，Said M Easa. 2015. Superior cubic channel section and analytical solution of best hydraulic properties ［J］. Flow Measurement and Instrumentation. （50）：169 - 177.

Han Yancheng. 2015. Horizontal bottomed semi - cubic parabolic channel and best hydraulic section ［J］. Flow Measurement and Instrumentation. （45）：56 - 61.

I M H Rashwan. 2013. A - jump in horizontal inverted semicircular open channels ［J］. Ain Shams Engineering Journal. （4）：585 - 592.

Kanani A，Bakhtiari M，Borghei S M，et al. 2008. Evolutionary algorithms for the determination of critical depths in conduits. ASCE Journal of Irrigation and Drainage Engineering. 134 （6）：847 - 852.

Li Y H，Gao Z L. 2014. Explicit solution for normal depth of parabolic section of open channels ［J］. Flow Measurement and Instrumentation. 38 （1）：36 - 39.

Liu J L，Wang Z Z，Fang X. 2012. Computing conjugate depths in trapezoidal channels ［J］. Water Management. 165 （9）：507 - 512.

Liu J L，Wang Z Z，Fang X. 2010. Iterative formulas and estimation formulas for computing normal depth of horseshoe cross - section tunnel ［J］. ASCE Journal of Irrigation and Drainage Engineering. 136 （11）：786 - 790.

Mitchell S B. 2008. Hydraulic jumps in trapezoidal and circular channels ［J］. Water Management. 161 （3）：161 - 167.

Raikar R V，Reddy M S，Vishwanadh G K. 2011. Normal and critical depth computations for egg - shaped conduit sections ［J］. Flow Measurement and Instrumentation. 21 （1）：367 - 372.

Shirley E D，Lopes V L. 1991. Normal - depth calculations in complex channel sections ［J］. ASCE Journal of Irrigation and Drainage Engineering. 117 （2）：220 - 232.

Swamee P K，Rathie P N. 2004. Exact solutions for normal depth problem [J]. Journal of Hydraulic Research. 42 (5)：541 – 547.

Swamee P K，Rathie P N. 2005. Exact equations for critical depth in a trapezoidal canal [J]. ASCE Journal of Irrigation and Drainage Engineering. 131 (5)：474 – 476.

Swamee P K. 1993. Critical depth equations for irrigation canals [J]. ASCE Journal of Irrigation and Drainage Engineering. 119 (2)：400 – 409.

Swamee P K. 1994. Normal – depth equations for irrigation canals [J]. ASCE Journal of Irrigation and Drainage Engineering. 120 (5)：942 – 948.

T S Strelkoff，A J Clemmens. 2000. Approximating wetted perimeter in power – low cross section [J]. Irrig. Drain Eng. 126 (2)：98 – 109.

Valiani A，Caleffi V. 2009. Depth – energy and depth – force relationships in open channel flows II：Analytical findings for power – law cross – sections [J]. Advances in Water Resources. (32)：213 – 224.

Vatankhah A R，Easa S M. 2011. Explicit solutions for critical and normal depths in channels with different shapes [J]. Flow Measurement and Instrumentation. 22 (1)：43 – 49.

Vatankhah A R. 2010. Discussion：Hydraulic jumps in trapezoidal and circular channels [J]. Water Management. 163 (2)：95 – 97.

Vatankhah A R. 2012. Direct solutions for normal and critical depths in standard city – gate sections [J]. Flow Measurement and Instrumentation. 28 (1)：16 – 21.

Vatankhah A R. 2009. Comments on "Depth – energy and depth – force relationships in open channel flows. II：Analytical findings for power law cross – sections" [J]. Adv. Water Resour. 32 (6)：963 – 964.

Vatankhah A R. 2010. Analytical solution of specific energy and specific force equations：trapezoidal and triangular channels [J]. Adv. Water Resour. 33 (2)：184 – 189.

Wang Z Z. 1998. Formula for calculating critical depth of trapezoidal open channel [J]. ASCE Journal of Hydraulic Engineering. 124 (1). 90 – 91.

Wiley J，Sons L. 2009. A review of vector convergence acceleration methods with applications to linear algebra problems [J]. International Journal of Quantum Chemistry. (8)：1631 – 1637.

Zhang X Y，Wu L. 2014. Direct solutions for normal depths in curved irrigation canals [J]. Flow Measurement and Instrumentation. 36 (1)：9 – 13.

第2章 渠道水力学基本理论

本章首先介绍了渠道底坡和典型的渠道断面形式的分类和水力参数的计算方法；然后对明渠均匀流形成的条件、水力特征以及水力计算进行了说明，并分别给出了明渠均匀流和明渠非均匀流的特性、产生条件和计算公式；最后简单介绍了堰流、闸孔出流以及弯道流。

2.1 渠道的底坡

渠道底坡又称渠道比降，表示渠道的底面沿流程纵向下倾程度，或者在流动方向单位长度上渠底的下降量。如图 2.1 所示，底坡 i 就等于渠底线与水平线夹角的正弦，即

$$i = \sin\theta = \frac{Z_1 - Z_2}{\Delta S'} = \frac{\Delta Z}{\Delta S'} \quad (2.1)$$

式中：i 为渠道的底坡又称渠道比降；Z_1 和 Z_2 分别为垂直高度，m；$\Delta S'$ 为斜距，m；θ 为底面线与水平面的夹角，（°）。

当底坡较小时（通常 θ 不大于 6°），$\sin\theta$ 和 $\tan\theta$ 之间的差值较小，可以用 $\tan\theta$ 代替 $\sin\theta$，即：

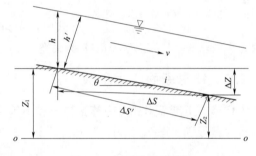

图 2.1 渠道底坡示意图

$$\Delta S = \Delta S' \quad (2.2)$$

$$i = \tan\theta = \frac{\Delta Z}{\Delta S} \quad (2.3)$$

式中：ΔS 为水平距离，m；θ 为底面线与水平面的夹角，（°）。

通常根据底坡的变化，明渠底坡可以分为三种：渠底沿流程下降的称为顺坡（$i>0$）；渠底水平的称为平坡（$i=0$）；渠底沿流程上升的称为逆坡（$i<0$）。

2.2 渠道断面的类型和水力参数

渠道是水利工程及相关工程中最普遍的泄流、输水及灌排工程的建筑物。典型的渠道断面形式有矩形、梯形、弧形底梯形、U 形、抛物线形、圆形、复式、城门洞形、马蹄形等多种形式，如图 1.3 所示。水力要素有过水断面面积、湿周、水力半径。

每种断面都有其优点和适用性，比如：矩形、梯形断面便于施工；幂律曲线形断面接

近水力最佳断面（水流阻力小），输沙能力强，抗冻胀能力强；复式断面是河道整治的最常见断面；圆形、城门洞形、马蹄形断面则具有水流平顺、承外围压力强等优点，工程应用广泛。

渠道断面形式应根据渠道级别、规模、现状条件、防渗结构和渠基处理形式等因素，经技术经济比较分析确定。断面形式可选用梯形、矩形、复合形、弧形底梯形、弧形坡脚梯形、U形，严寒和寒冷地区4级及以上防渗衬砌渠道工程宜采用弧形坡脚梯形或者弧形底梯形渠道。

2.2.1 矩形断面水力参数

矩形断面具有造型简单、施工尺寸容易控制等优点，是小型输水工程中最常用的断面形式之一。矩形断面如图 2.2 所示。

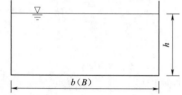

图 2.2 矩形断面示意图

$$B = b \tag{2.4}$$

$$A = bh \tag{2.5}$$

$$\chi = b + 2h \tag{2.6}$$

$$R = \frac{bh}{b + 2h} \tag{2.7}$$

式中：A 为过水断面面积，m^2；B 为水面宽度，m；R 为水力半径，m；χ 为湿周，m；b 为底宽，m；h 为水深，m。

2.2.2 梯形断面水力参数

梯形渠道断面形式分为等腰梯形和不等腰梯形两种。等腰梯形断面和不等腰梯形断面的示意图分别见图 2.3 和图 2.4。

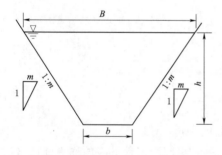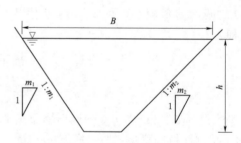

图 2.3 等腰梯形断面示意图　　　图 2.4 不等腰梯形断面示意图

1. 等腰梯形断面水力参数

$$B = b + 2mh \tag{2.8}$$

$$A = bh + mh^2 \tag{2.9}$$

$$\chi = b + 2h\sqrt{1 + m^2} \tag{2.10}$$

$$R = \frac{bh + mh^2}{b + 2\sqrt{1 + m^2}\,h} \tag{2.11}$$

式中：A 为过水断面面积，m^2；B 为水面宽度，m；m 为边坡系数；R 为水力半径，m；

b 为底宽，m；h 为水深，m；χ 为湿周，m。

2. 不等腰梯形断面水力参数

$$A=bh+\frac{1}{2}(m_1+m_2)h^2 \tag{2.12}$$

$$B=h(m_1+m_2)+b \tag{2.13}$$

$$\chi=b+h\sqrt{1+m_1^2}+h_0\sqrt{1+m_2^2} \tag{2.14}$$

$$R=\frac{bh+0.5(m_1+m_2)h^2}{b+h(\sqrt{1+m_1^2}+\sqrt{1+m_2^2})} \tag{2.15}$$

式中：m_1、m_2 为边坡系数；B 为水面宽，m；R 为水力半径，m；A 为过水断面面积，m^2；h 为水深，m；b 为渠道底部宽度，m；χ 为湿周，m。

2.2.3　U形断面水力参数

U形断面是由半圆形断面和直立段组成的复式过水断面。由于 U 形断面过水能力强，被认为是水力最优断面之一。在断面设计上，许多学者提出不同设计方法。张迪等（2002）分析了过水面积、湿周、水力半径的影响因素及对过流能力的影响，提出断面底圆半径与上部直立段高度的选取以及流量计算的方法。赵文龙等（2011）阐述了 U 形断面参数的选择和断面尺寸的计算。U 形断面渠道示意图见图 2.5。

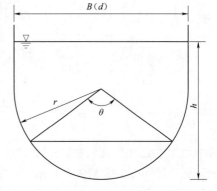

图 2.5　U形断面渠道示意图

1）当 $h\leqslant r$：

$$B=2r\sin\frac{\theta}{2} \tag{2.16}$$

$$A=\frac{\theta}{2}r^2-\frac{r^2}{2}\sin\theta \tag{2.17}$$

$$\chi=\theta r \tag{2.18}$$

$$R=\frac{\theta r-r\sin\theta}{2\theta} \tag{2.19}$$

2）当 $h>r$：

$$B=2r=d \tag{2.20}$$

$$A=\frac{\pi}{2}r^2+2r(h-r) \tag{2.21}$$

$$\chi=\pi r+2(h-r) \tag{2.22}$$

$$R=\frac{\pi r^2-4r(h-r)}{2[\pi r+2(h-r)]} \tag{2.23}$$

式中：r 为圆弧半径，m；B 为水面宽，m；R 为水力半径，m；h 为水深，m；θ 为中心角，即水面处的圆心角，rad；A 为过水断面面积，m^2；χ 为湿周，m。

2.2.4　弧形底梯形断面水力参数

弧形底梯形断面是由边坡直线段与圆弧光滑连接组成的复式过水断面，李永红（2015）认为通常的非标准 U 形、梯弧形（张生贤等，1992）、弧形底（圆底）三角形等与弧形底梯形相同，统一称为弧形底梯形。弧形底梯形断面见图 2.6。

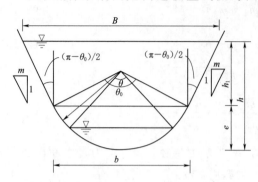

图 2.6　弧形底梯形断面渠道示意图

1）当 $h_0 \leqslant e$：

$$B = 2r\sin\theta/2 \tag{2.24}$$

$$A = \frac{\theta}{2}r^2 - \frac{r^2}{2}\sin\theta \tag{2.25}$$

$$\chi = \theta r \tag{2.26}$$

$$R = \frac{\theta r - r\sin\theta}{2\theta} \tag{2.27}$$

2）当 $h_0 > e$：

$$B = 2r\sin\frac{\theta_0}{2} + 2mh \tag{2.28}$$

$$A = \frac{r^2}{2}(\theta_0 - \sin\theta_0) + 2rh\sin\frac{\theta_0}{2} + mh^2 \tag{2.29}$$

$$\chi = \theta_0 r + 2h\sqrt{1 + m^2} \tag{2.30}$$

$$R = \frac{0.5r^2(\theta_0 - \sin\theta_0) + 2rh\sin(0.5\theta_0) + mh^2}{\theta_0 r + 2h\sqrt{1 + m^2}} \tag{2.31}$$

式中：A 为过水断面面积，m^2；B 为水面宽，m；h 为水深，m；h_v 为直线段的垂直高度，$h_v = h - e$，e 为弧矢高，m；r 为圆弧半径，m；R 为水力半径，m；θ_0 为圆弧所对应最大圆心角，rad；θ 为中心角，即水面处的圆心角，rad；χ 为湿周，m。

2.2.5　城门洞形断面水力参数

1. 普通型城门洞形断面水力参数

城门洞形断面示意图见图 2.7。任意普通型城门洞形断面水力参数如下。对于普通型，令 $\theta_0 = \pi/2$ 且 $d = r$，可得到相应的断面参数。

1）当 $h_0 \leqslant d$：

$$B = b = 2r\sin\theta_0 \tag{2.32}$$

$$A = 2h_0 r\sin\theta_0 \tag{2.33}$$

$$\chi = 2(r\sin\theta_0 + h_0) \tag{2.34}$$

$$R = \frac{h_0 r\sin\theta_0}{\sin\theta_0 + h_0} \tag{2.35}$$

2）当 $h_0 > d$：

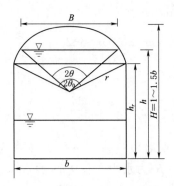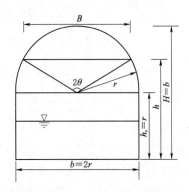

图 2.7 城门洞形断面（左图为任意普通型，右图为普通型）

$$h_0 = h + r(\cos\theta - \cos\theta_0) \tag{2.36}$$

$$B = 2r\sin\theta \tag{2.37}$$

$$A = 2rh\sin\theta_0 + \frac{1}{2}r^2(2\theta_0 - 2\theta) - \frac{1}{2}r^2(\sin2\theta_0 - \sin2\theta) \tag{2.38}$$

$$\chi = 2r\sin\theta_0 + 2h + 2r(\theta_0 - \theta) \tag{2.39}$$

$$R = \frac{2rh\sin\theta_0 + 0.5r^2(2\theta_0 - 2\theta) - 0.5r^2(\sin2\theta_0 - \sin2\theta)}{2(r\sin\theta_0 + d + \theta_0 - \theta)} \tag{2.40}$$

式中：h 为直墙段高度，m；θ_0 和 θ 为圆心角的一半，(°)；r 为圆弧半径，m；B 为水面宽，m；R 为水力半径；h_0 为水深，m；2θ 为中心角，即水面处的圆心角，(°)；A 为过水断面面积，m²；χ 为湿周，m。

2. 标准城门洞形断面水力参数

标准城门洞形断面图见图 2.8。

1）当 $h_0 \leqslant 0.25r$：

$$B = 1.5r + 0.5r\sin\theta_1 \tag{2.41}$$

$$A = 1.5h_0 r + 0.0625\theta_1 r^2 - 0.03175r^2\sin2\theta_1 \tag{2.42}$$

$$\chi = 1.5r + 0.5\theta_1 r \tag{2.43}$$

$$R = \frac{1.5h_0 + 0.0625\theta_1 r - 0.03175r\sin2\theta_1}{1.5 + 0.5\theta_1} \tag{2.44}$$

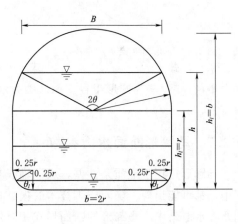

图 2.8 标准型城门洞断面

2）当 $0.25r < h_0 \leqslant r$：

$$B = b = 2r \tag{2.45}$$

$$A = 0.25r^2 + 2rh_0 + 0.03175\pi r^2 \tag{2.46}$$

$$\chi = r + 0.25\pi r + 2h_0 \tag{2.47}$$

$$R = \frac{0.25r^2 + 2rh_0 + 0.03175\pi r^2}{r + 0.25\pi r + 2h_0} \tag{2.48}$$

3）当 $r < h_0 < 2r$：

$$B = 2r\sin\theta \tag{2.49}$$

$$A = 2.25r^2 + 0.53175\pi r^2 - \theta r^2 + 0.5r^2\sin2\theta \tag{2.50}$$

$$\chi = 3r + 1.25\pi r - 2\theta r \tag{2.51}$$

$$R = \frac{2.25r + 0.53175\pi r - \theta r + 0.5r\sin2\theta}{3 + 1.25\pi - 2\theta} \tag{2.52}$$

式中：θ_1 为水面所对应的圆心角，(°)；h 为直墙段高度，m；θ_0 和 θ 为圆心角的一半，(°)；r 为圆弧半径，m；B 为水面宽，m；R 为水力半径；h_0 为水深，m；2θ 为中心角，即水面处的圆心角，(°)；A 为过水断面面积，m^2；χ 为湿周，m。

2.2.6　圆形断面水力参数

由于圆形断面的水力条件优于矩形断面，并且施工相对简单，在工程上，较为常用，水深计算的研究相对较多。圆形断面图见图 2.9。

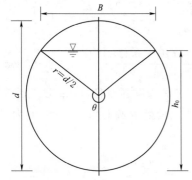

图 2.9　圆形断面渠道示意图

$$B = d\sin\frac{\theta}{2} \tag{2.53}$$

$$A = \frac{d^2}{8}(\theta - \sin\theta) \tag{2.54}$$

$$\chi = \frac{1}{2}d \tag{2.55}$$

$$R = \frac{d}{4}\left(1 - \frac{\sin\theta}{\theta}\right) \tag{2.56}$$

$$h_0 = d\left(1 - \cos\frac{\theta}{2}\right) = d\sin^2\frac{\theta}{4} \tag{2.57}$$

式中：A 为过水断面面积，m^2；χ 为湿周，m；R 为水力半径，m；r 为圆形半径，m；B 为水面宽，m；θ 为水面所对应的圆心角，(°)；d 为直径，m。

2.2.7　马蹄形断面水力参数

马蹄形适用于地质条件差，或洞轴线与岩层夹角较小的情况，因此，在无压和有压隧洞中，都可能出现。随着施工技术的提高，马蹄形隧道在输水建筑物中应用较为普遍，特别是在水电站中。马蹄形的断面形式相对比较多，截至目前出现的断面形式有标准Ⅰ型、标准Ⅱ型、标准Ⅲ型和平底Ⅰ型、平底Ⅱ型五种断面形式。这些断面形式的形状参数不同，导致难以用统一的计算公式。

标准马蹄形断面由 4 段圆弧拱构成，即底拱、2 个侧弧和顶拱，由于马蹄形断面的这种特殊的几何特点，当水深处于不同范围时，即图 2.10 所示的 3 个水深范围，水力要素的表达式不同。图 2.10 是在 3 个水深范围内的马蹄形断面的一般形式。标准Ⅰ型和标准Ⅱ型马蹄形断面是最常用的马蹄形断面，当底拱和侧弧半径为顶拱半径的 3 倍时，为标准Ⅰ型马蹄形断面；当底拱和侧弧半径为顶拱半径的 2 倍时，为标准Ⅱ型马蹄形断面。

标准Ⅰ型、标准Ⅱ型、标准Ⅲ型和平底Ⅰ型、平底Ⅱ型的马蹄形断面如图 2.10～图 2.14 所示。由于平底Ⅰ型断面是标准Ⅰ型断面变化而来，只是将标准Ⅰ型底部弧形部分变成平底，因此 θ_1 与标准Ⅰ型断面相等。

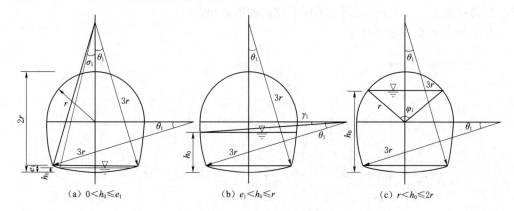

(a) $0 < h_0 \leqslant e_1$　　　　(b) $e_1 < h_0 \leqslant r$　　　　(c) $r < h_0 \leqslant 2r$

图 2.10　标准Ⅰ型断面

1. 标准Ⅰ型断面水力要素

1）底弧段 $0 < h_0 \leqslant e_1$：

$$A = 9r^2(\sigma_1 - 0.5\sin2\sigma_1) \tag{2.58}$$

$$\chi = 6\sigma_1 r \tag{2.59}$$

$$R = \frac{9r(\sigma_1 - 0.5\sin2\sigma_1)}{6\sigma_1} \tag{2.60}$$

$$B = 6r\sin\sigma_1 \tag{2.61}$$

$$h_0 = 3r(1 - \cos\sigma_1) \tag{2.62}$$

$$\theta_1 = \arccos(\sqrt{2}/3) - 0.25\pi \approx 0.2945 \tag{2.63}$$

$$C_1 = 18(\theta_1 - 0.5\sin2\theta_1 + \sin^2\theta_1) \approx 1.8180 \tag{2.64}$$

2）侧弧段 $e_1 < h_0 \leqslant r$：

$$A = r^2[C_1 - 9(\gamma_1 + 0.5\sin2\gamma_1 - 4/3\sin\gamma_1)] \tag{2.65}$$

$$\chi = 6r(2\theta_1 - \gamma_1) \tag{2.66}$$

$$R = \frac{r[C_1 - 9(\gamma_1 + 0.5\sin2\gamma_1 - 4/3\sin\gamma_1)]}{6(2\theta_1 - \gamma_1)} \tag{2.67}$$

$$B = 2r(3\cos\gamma_1 - 2) \tag{2.68}$$

$$h_0 = r(1 - 3\cos\gamma_1) \tag{2.69}$$

3）顶拱段 $r < h_0 \leqslant 2r$：

$$A = r^2(C_1 + 0.5\pi - 0.5\varphi_1 + 0.5\sin\varphi_1) \tag{2.70}$$

$$\chi = r(12\theta_1 + \pi - \varphi_1) \tag{2.71}$$

$$R = \frac{r(C_1 + 0.5\pi - 0.5\varphi_1 + 0.5\sin\varphi_1)}{12\theta_1 + \pi - \varphi_1} \tag{2.72}$$

19

$$B = 2r\sin(0.5\varphi_1) \tag{2.73}$$

$$h_0 = r[1 + \cos(0.5\varphi_1)] \tag{2.74}$$

式中：e_1 为底弧矢高，m；θ_1 为底弧圆心角的一半、侧弧圆心角，(°)；σ_1 为底弧段水面圆心角的一半 γ_1、φ_1 为水面位于不同部位时的圆心角，(°)。

2. 标准 Ⅱ 型断面水力要素

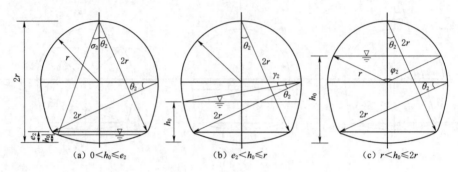

图 2.11　标准 Ⅱ 型断面

1) 底弧段 $0 < h_0 \leqslant e_2$：

$$A = 4r^2(\sigma_2 - 0.5\sin2\sigma_2) \tag{2.75}$$

$$\chi = 4\sigma_2 r \tag{2.76}$$

$$R = \frac{4r(\sigma_2 - 0.5\sin2\sigma_2)}{4\sigma_2} \tag{2.77}$$

$$B = 4r\sin\sigma_2 \tag{2.78}$$

$$h_0 = 2r(1 - \cos\sigma_2) \tag{2.79}$$

2) 侧弧段 $e_2 < h_0 \leqslant r$：

$$A = 4r^2(C_2 - \gamma_2 - 0.5\sin2\gamma_2 + \sin\gamma_2) \tag{2.80}$$

$$\chi = 4r(2\theta_2 - \gamma_2) \tag{2.81}$$

$$R = \frac{r(C_2 - \gamma_2 - 0.5\sin2\gamma_2 + \sin\gamma_2)}{2\theta_2 - \gamma_2} \tag{2.82}$$

$$B = 2r(2\cos\gamma_2 - 1) \tag{2.83}$$

$$h_0 = r(1 - 2\sin\gamma_2) \tag{2.84}$$

3) 顶拱段 $r < h_0 \leqslant 2r$：

$$A = r^2(4C_2 + 0.5\pi - 0.5\varphi_2 + 0.5\sin\varphi_2) \tag{2.85}$$

$$\chi = r(8\theta_2 + \pi - \varphi_2) \tag{2.86}$$

$$R = \frac{r(4C_2 + 0.5\pi - 0.5\varphi_2 + 0.5\sin\varphi_2)}{8\theta_2 + \pi - \varphi_2} \tag{2.87}$$

$$B = 2r\sin(0.5\varphi_2) \tag{2.88}$$

$$h_0 = r[1 + \cos(0.5\varphi_2)] \tag{2.89}$$

$$\theta_2 = \arccos\frac{\sqrt{2}}{4} - \frac{\pi}{4} \approx 0.4240 \tag{2.90}$$

$$C_2 = 2(\theta_2 - 0.5\sin 2\theta_2 + \sin^2\theta_2) \approx 0.4366 \tag{2.91}$$

式中：e_2 为底弧矢高，m；θ_2 为底弧圆心角的一半、侧弧圆心角，(°)；σ_2 为底弧段水面处圆心角的一半，(°)。γ_2，φ_2 为水面位于不同部位时的圆心角，(°)。

3. 标准Ⅲ型断面水力要素

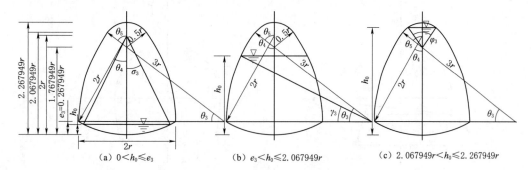

图 2.12 标准Ⅲ型断面

1) 底弧段 $0 < h_0 \leqslant e_3$：

$$A = 4r^2(\sigma_3 - 0.5\sin 2\sigma_3) \tag{2.92}$$

$$\chi = 4\sigma_3 r \tag{2.93}$$

$$R = \frac{4r(\sigma_3 - 0.5\sin 2\sigma_3)}{4\sigma_3} \tag{2.94}$$

$$B = 4r\sin\sigma_3 \tag{2.95}$$

$$h_0 = 2r(1 - \cos\sigma_3) \tag{2.96}$$

2) 侧弧段 $e_2 < h_0 \leqslant 2.067949r$：

$$A = r^2(C_3 + 9\gamma_3 + 4.5\sin 2\gamma_3 - 12\sin\gamma_3) \tag{2.97}$$

$$\chi = r(2/3\pi + 6\gamma_3) \tag{2.98}$$

$$R = \frac{r(C_3 + 9\gamma_3 + 4.5\sin 2\gamma_3 - 12\sin\gamma_3)}{2/3\pi + 6\gamma_3} \tag{2.99}$$

$$B = 2r(3\cos\gamma_3 - 2) \tag{2.100}$$

$$h_0 = (3\sin\gamma_3 + 2 - \sqrt{3}) \tag{2.101}$$

3) 顶拱段 $2.067949r < h_0 \leqslant 2.2697949r$：

$$A = r^2[C_3 + 8.75(\theta_3 + 0.5\sin 2\theta_3) - 12\sin\theta_3 + 0.125\pi - 0.125\varphi_3 + 0.125\sin\varphi_3] \tag{2.102}$$

$$\chi = r(5\theta_3 + 7/6\pi - 0.5\varphi_3) \tag{2.103}$$

$$R = r\{2/3\pi - \sqrt{3} + 8.75[\theta_3 + 0.5\sin(2\theta_3)] - 12\sin\theta_3 + 0.125\pi$$
$$- 0.125\varphi_3 + 0.125\sin\varphi_3\}/(5\theta_3 + 7/6\pi - 0.5\varphi_3) \tag{2.104}$$

$$B = r\sin 0.5\varphi_3 \tag{2.105}$$

$$h_0 = r(2.5\sin\theta_3 + 2 - \sqrt{3} + 0.5\cos 0.5\varphi_2) \tag{2.106}$$

$$\theta_4 = \pi/6; C_3 = 2\pi/3 - \sqrt{3} \approx 0.3623 \tag{2.107}$$

式中：e_3 为底弧矢高，m；θ_3 为侧弧圆心角，$(°)$；θ_4、θ_5 底弧和顶拱圆心角的一半，$(°)$；σ_3 为底弧段水面处圆心角的一半，$(°)$；γ_3、φ_3 为水面位于不同部位时的圆心角，$(°)$。

4. 平底 I 型断面水力要素

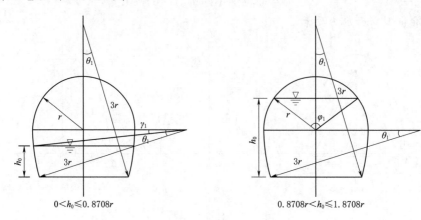

$0 < h_0 \leqslant 0.8708r$　　　　　　　　　　$0.8708r < h_0 \leqslant 1.8708r$

图 2.13　平底 I 型断面

1) 侧弧段 $0 < h_0 \leqslant 0.8708r$：

$$A = r^2 \left[C_{11} - 9(\gamma_1 + 0.5\sin 2\gamma_1 - 4/3\sin\gamma_1) \right] \tag{2.108}$$

$$\chi = 6r(\theta_1 + \sin\theta_1 - \gamma_1) \tag{2.109}$$

$$R = \frac{r^2 \left[C_{11} - 9(\gamma_1 + 0.5\sin 2\gamma_1 - 4/3\sin\gamma_1) \right]}{6r(\theta_1 + \sin\theta_1 - \gamma_1)} \tag{2.110}$$

$$B = 2r(3\cos\gamma_1 - 2) \tag{2.111}$$

$$h_0 = 3r(\sin\theta_1 - \sin\gamma_1) \tag{2.112}$$

2) 顶拱段 $0.8708r < h_0 \leqslant 1.8708r$：

$$A = r^2(C_{11} + 0.5\pi - 0.5\varphi_1 + 0.5\sin\varphi_1) \tag{2.113}$$

$$\chi = r(6\theta_1 + 6\sin\theta_1 + \pi - \varphi_1) \tag{2.114}$$

$$R = \frac{r(C_{11} + 0.5\pi - 0.5\varphi_1 + 0.5\sin\varphi_1)}{6\theta_1 + 6\sin\theta_1 + \pi - \varphi_1} \tag{2.115}$$

$$B = 2r\sin(0.5\varphi_1) \tag{2.116}$$

$$h_0 = r[3\sin\theta_1 + \cos(0.5\varphi_1)] \tag{2.117}$$

式中：θ_1 为侧弧圆心角，$(°)$；γ_1、φ_1 为水面位于不同部位时的圆心角，$(°)$。

5. 平底 II 型断面水力要素

1) 侧弧段 $0 < h_0 \leqslant 0.8229r$：

$$A = r^2 \left[C_{21} - 4(\gamma_2 + 0.5\sin 2\gamma_2 - \sin\gamma_2) \right] \tag{2.118}$$

$$\chi = 4r(\theta_2 + \sin\theta_2 - \gamma_2) \tag{2.119}$$

$$R = \frac{r \left[C_2 - 4(\gamma_2 + 0.5\sin 2\gamma_2 - \sin\gamma_2) \right]}{4(\theta_2 + \sin\theta_2 - \gamma_2)} \tag{2.120}$$

$$B = 2r(2\cos\gamma_2 - 1) \tag{2.121}$$

$$h_0 = 2r(\sin\theta_2 - \sin\gamma_2) \tag{2.122}$$

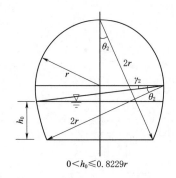

$0 < h_0 \leqslant 0.8229r$

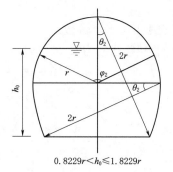

$0.8229r < h_0 \leqslant 1.8229r$

图 2.14 平底 II 型断面

2）顶拱段 $0.8229r < h_0 \leqslant 1.8229r$：

$$A = r^2[C_{21} + 0.5(\pi - \varphi_2 + \sin\varphi_2)] \tag{2.123}$$

$$\chi = r(4\theta_2 + 4\sin\theta_2 + \pi - \varphi_2) \tag{2.124}$$

$$R = \frac{r(C_{21} + 0.5\pi - 0.5\varphi_2 + 0.5\sin\varphi_2)}{4\theta_2 + 4\sin\theta_2 + \pi - \varphi_2} \tag{2.125}$$

$$B = 2r\sin0.5\varphi_2 \tag{2.126}$$

$$h_0 = r(\sin\theta_2 + \cos0.5\varphi_2) \tag{2.127}$$

$$\theta_1 = \arccos(\sqrt{2}/3) - 0.25\pi \approx 0.2945$$

$$C_{21} = 4(\theta_2 - 0.5\sin2\theta_2 + 2\sin^2\theta_2) \approx 1.5504 \tag{2.128}$$

式中：θ_2 为侧弧圆心角，(°)；γ_2、φ_2 为水面位于不同部位时的圆心角，(°)。

2.2.8 抛物线形断面水力参数

抛物线形渠道断面最接近水力最佳断面和实用经济断面，且最接近天然河道断面，学者们对其水力计算及断面优化的研究最为广泛。特别是随着机械化施工水平的提高，因抛物线形渠道断面是连续平顺的倒拱形结构，且具有良好的输水输沙能力，占地面积小及抗冻胀性能好等优点，进一步被广泛应用。任意次抛物线（陈柏儒等，2018）、任意次平底抛物线（王正中等，2018）断面的示意分别如图 2.15、图 2.16 所示。

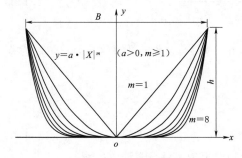

图 2.15　任意次抛物线断面

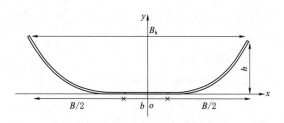

图 2.16　任意次平底抛物线断面

1. 二次抛物线

1）二次抛物线方程：

$$y = a\,|x|^2 \tag{2.129}$$

式中：a 为抛物线渠道形状参数。

2）二次抛物线渠道水力参数：

$$B = 2\sqrt{\frac{h}{a}} \tag{2.130}$$

$$A = 2\int_0^{\sqrt{\frac{h}{a}}} (h - ax^2)\,\mathrm{d}x = \frac{4}{3}\frac{h^{3/2}}{\sqrt{a}} \tag{2.131}$$

$$\chi = 2\int_0^{\sqrt{\frac{h}{a}}} \sqrt{1 + [(ax^2)']^2}\,\mathrm{d}x = \frac{1}{2a}\left[\sqrt{4ah(4ah+1)} + \ln(\sqrt{4ah_0} + \sqrt{4ah+1})\right] \tag{2.132}$$

$$R = \frac{8h^{3/2}\sqrt{a}}{3\left[\sqrt{4ah(4ah+1)} + \ln(\sqrt{4ah} + \sqrt{4ah+1})\right]} \tag{2.133}$$

式中：a 为抛物线渠道形状参数；h 为水深，m；A 为过水断面面积，m^2；χ 为湿周，m；R 为水力半径，m；B 为单位水面宽度，m。

2. 半立方抛物线

1）半立方抛物线方程：

$$y = a\,|x|^{3/2} \tag{2.134}$$

式中：a 为抛物线渠道形状参数。

2）半立方抛物线渠道水力参数：

$$B = 2\left(\frac{h}{a}\right)^{3/2} \tag{2.135}$$

$$A = 2\int_0^{\sqrt[3]{\left(\frac{h}{a}\right)^2}} (h - ax^{3/2})\,\mathrm{d}x = \frac{6}{5}\frac{h^{5/3}}{a^{2/3}} \tag{2.136}$$

$$\chi = 2\int_0^{\sqrt[3]{\left(\frac{h}{a}\right)^2}} \sqrt{1 + [(ax^{3/2})']^2}\,\mathrm{d}x = \frac{16}{27a^2}\left[\left(\frac{9}{4}a^{4/3}h^{2/3} + 1\right)^{3/2} - 1\right] \tag{2.137}$$

$$R = \frac{81h^{5/3}a^{4/3}}{40\left[\left(\frac{9}{4}a^{4/3}h^{2/3} + 1\right)^{3/2} - 1\right]} \tag{2.138}$$

式中：a 为抛物线渠道形状参数；h 为水深，m；A 为过水断面面积，m^2；χ 为湿周，m。

3. 任意次抛物线

1）任意次抛物线方程：

$$y = a\,|x|^m \tag{2.139}$$

式中：a 为抛物线渠道形状参数（$a>0$）；m 为抛物线渠道幂律指数。

2）任意次抛物线渠道水力参数：

$$A = Bh - 2\int_0^{\frac{B}{2}} y\,\mathrm{d}x = \frac{m}{m+1}Bh \tag{2.140}$$

$$\chi = 2\int_0^h \sqrt{1 + \frac{y^{\frac{2-2m}{m}}}{m^2 a^{\frac{2}{m}}}}\, \mathrm{d}y \tag{2.141}$$

式中：a 为抛物线渠道形状参数（$a>0$）；h 为水深，m；A 为过水断面面积，m^2；χ 为湿周，m；R 为水力半径，m；B 为单位水面宽度，m。

利用弧长微分法表示的式（2.141）中只有当幂律指数 $m=1.5$、2.0 时才能计算出解析解。当为其他幂律指数时，式（2.141）为不可积分的积分形式，计算不出解析解。通过公式推导得到了采用高斯超几何函数的任意次抛物线形断面的湿周解析计算公式。

任意次抛物线形渠道断面湿周 P 利用高斯超几何函数可表达为：

$$\chi = B\frac{m-1}{m}\times F_g\left\{\frac{1}{2},\frac{1}{2m-2};\frac{2m-1}{2m-2};\frac{-4m^2h^2}{B^2}\right\} + \frac{B}{m}\sqrt{1+\frac{4m^2h^2}{B^2}} \tag{2.142}$$

式中：$F_g\{C_1,\ C_2;\ C_3;\ x\}$ 为高斯超几何函数，$C_1 \sim C_3$ 为高斯超几何函数的参数。

在确定了幂律指数 m 的情况下，给定水深 h、水面宽度 B。对式（2.142）利用数学计算软件（例如 MATLAB）即可求得相应的湿周的解析解。

4. 任意次平底抛物线

利用 $y=0$（$-b/2<x<b/2$，其中 b 为水平底部的宽度）设置为水平底部，以其底部中心为原点建立 $x-y$ 坐标系，再以任意次抛物线形断面的两支为侧边分别与水平底部平顺连接，则为任意次平底抛物线形渠道断面。

1）任意次平底抛物线方程：

$$y = \begin{cases} a\left(x+\dfrac{b}{2}\right)^m, & -\dfrac{B}{2}\leqslant x\leqslant -\dfrac{b}{2} \\[2mm] 0, & -\dfrac{b}{2}<x<\dfrac{b}{2} \\[2mm] a\left(x-\dfrac{b}{2}\right)^m, & \dfrac{b}{2}\leqslant x\leqslant \dfrac{B}{2} \end{cases} \tag{2.143}$$

式中：a 为平底抛物线渠道形状参数（$p>0$）；m 为抛物线曲线部分的幂律指数；b 为渠道底部的水平宽度，m；$B=B_0+b$ 为渠道水面宽度，m；B_0 为抛物线曲线部分水面宽度，m；y 为平底抛物线形渠道任一断面的水深（当 $x=B/2$ 时，$y=h$）。当 b 取值为 0 时，式（2.143）则变成式（2.139），其可表达抛物线形渠道；当 b 取值不为 0 时，式（2.143）表达为平底抛物线形渠道。

2）任意次平底抛物线渠道水力参数：

$$A = B_0 h + bh - 2\int_0^{\frac{B_0}{2}} y\,\mathrm{d}x = \frac{m}{m+1}B_0 h + bh \tag{2.144}$$

$$\chi = b + 2\int_0^h \sqrt{1 + \frac{1}{m^2}\frac{y^{\frac{2}{m}-2}}{a^{\frac{2}{m}}}}\, \mathrm{d}y \tag{2.145}$$

式中：a 为抛物线渠道形状参数（$a>0$）；h 为水深，m；A 为过水断面面积，m^2；χ 为湿周，m；R 为水力半径，m；B 为单位水面宽度，m。

3）采用高斯超几何函数的任意次平底抛物线形断面的湿周解析计算公式：

$$\chi = b + B_0 \frac{m-1}{m} \times F_g \left\{ \frac{1}{2}, \frac{1}{2m-2}; \frac{2m-1}{2m-2}; -\frac{4m^2h^2}{B_0^2} \right\} + \frac{B_0}{m} \sqrt{1 + \frac{4m^2h^2}{B_0^2}} \quad (2.146)$$

式中：$F_g\{C_1, C_2; C_3; x\}$ 为高斯超几何函数，其中 $C_1 \sim C_3$ 为高斯超几何函数系数。

2.3　明渠均匀流形成的条件和水力特征

2.3.1　明渠均匀流形成的条件

明渠均匀流为水深、断面平均流速沿程都不变的流动，它的形成条件如下。

（1）水流应为恒定流。因为在明渠非恒定流中必然伴随着波浪的产生，流线不可能是平行直线。

（2）流量应沿程不变，即无支流的汇入或分出。

（3）渠道必须是长而直的棱柱体顺坡明渠，粗糙系数沿程不变。

（4）渠道中无闸、坝或跌水等建筑物的局部干扰。

2.3.2　明渠均匀流的水力特征和物理意义

1. 明渠均匀流的水力特征

1）过水断面的形状、尺寸及水深沿程不变。

2）过水断面上的流速分布、断面平均流速沿程不变；因而，水流的动能修正系数及流速水头也沿程不变。

3）总水头线 J、水面线 J_z 和底坡线 i 三者互相平行，即 $J = J_z = i$，见图 2.17。

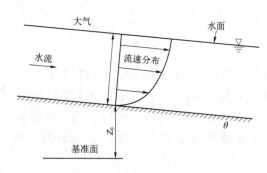

图 2.17　总水头线和水面线的关系

2. 明渠均匀流的物理意义

1）底坡 i 表示单位长度内单位位能的减少。

2）水力坡度表示单位长度的单位能量损失（水头损失）。

3）$J = i$ 表示损失的水头由单位位能的减少而提供。

综上所述，明渠均匀流实际上是重力和阻力达到平衡的一种流动。在工程实践中，一般的人工渠道都是尽可能保持顺直，底坡在较长距离保持不变，并采用同一种类的建筑材料，断面形状保持一致。这样，如果离渠道的进口、出口或建筑物一定的距离、流量恒定且沿程不变时，基本就能满足形成均匀流的条件，因此，通常渠道的设计按照明渠均匀流设计。明渠均匀流理论是分析明渠水流的重要基础，也是渠道设计的重要依据。

2.3.3　明渠均匀流的水力计算

渠道按照渠道断面的形状分为规则断面渠道和不规则断面渠道，人工渠道都是规则断面槽，本书研究以人工渠道为主。人工明渠的断面形式包括矩形、梯形、圆形、城门洞形、马蹄形、蛋卵形、抛物线形、复式形等。这些断面的输水能力取决于底坡 i、渠壁的粗糙系数 n 及过水断面的大小及形状。

从水力学（吴持恭，2003）可知：明渠均匀流水力计算的基本公式有二，其一为恒定流的连续方程 $Q=Av=$ 常数，其二为均匀流的动力方程式，即谢才公式：

$$Q=AC\sqrt{RJ}=A\frac{R^{2/3}}{n}\sqrt{J} \tag{2.147}$$

在明渠均匀流中，总水头线 J 与底坡线 i 相同，即

$$J=i \tag{2.148}$$

曼宁公式：

$$C=\frac{1}{n}R^{1/6} \tag{2.149}$$

将式（2.149）和式（2.148）代入式（2.147），可得明渠均匀流的流量公式：

$$Q=\frac{1}{n}Ai^{1/2}R^{2/3} \tag{2.150}$$

其中水力半径 R 计算公式为

$$R=\frac{A}{\chi} \tag{2.151}$$

流量模数 K 计算公式为

$$K=AC\sqrt{R} \tag{2.152}$$

将式（2.152）和式（2.151）代入式（2.150），可得明渠均匀流的流量公式：

$$Q=Ki^{1/2}=\frac{i^{1/2}}{n}\frac{A^{5/3}}{\chi^{2/3}} \tag{2.153}$$

明渠均匀流的流量基本迭代公式由式（2.153）推导为

$$\left(\frac{nQ}{\sqrt{i}}\right)^{0.6}=\frac{A}{\chi^{0.4}} \tag{2.154}$$

平均流速：

$$v=C\sqrt{Ri}=\frac{R^{2/3}}{n}\sqrt{i} \tag{2.155}$$

沿程损失：

$$h_f=\frac{\overline{v}^2 n^2 L}{R^{4/3}}=\frac{\overline{v}^2 L}{C^2 R} \tag{2.156}$$

式中：Q 为流量，$\mathrm{m^3/s}$；K 为流量模数，$\mathrm{m^3/s}$；A 为过水断面面积，$\mathrm{m^2}$；v 为过水断面的平均流速，$\mathrm{m/s}$；C 为谢才系数；χ 为湿周，m；R 为水力半径，m；J 为水力坡度；i 为渠道的底坡比降；L 为长度，m；n 为明渠糙率系数，复合断面糙率为各段糙率和长度之乘积，再除以总长度。

2.4　明渠非均匀流

明渠由于渠道横断面的几何形状或者尺寸、粗糙度或底坡沿程改变，明渠中修建人工

建筑物都会改变水流的均匀状态，形成非均匀流动，人工渠道或者天然河道中的水流大多属于非均匀流，明渠非均匀流是指渠道中过水断面水力要素沿程发生变化的水流，其特点是明渠的底坡线、水面线、总水头线彼此互不平行，故水力坡度 J、水面坡度 J_z、渠底坡度 i 互不相等，即 $J \neq J_z \neq i$，如图 2.18 所示。

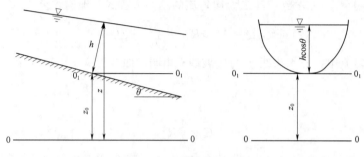

图 2.18 明渠渐变流

在明渠非均匀流中，如果流线是接近于相互平行的直线或是流线间夹角很小、流线曲率半径很大，这种水流就称为明渠非均匀流渐变流，反之为明渠非均匀急变流。

2.4.1 临界水深

流量及断面形状、尺寸一定的条件下，相应的断面能量最小时的水深就是临界水深。明渠渐变流的示意图见图 2.18。以 0—0 为基准面，则过水断面上单位重量液体所具有的总能量为

$$E = z + \frac{\alpha v^2}{2g} = z_0 + h\cos\theta + \frac{\alpha v^2}{2g} \tag{2.157}$$

式中：E 为过水断面上单位重量液体所具有的总能量，m；θ 为渠底与水平面的夹角，(°)；h 为水深，m；g 为重力加速度，采用 9.81m/s^2；α 为流速分布不均匀系数。

将参考基准面选在渠底这个位置，把通过渠底水平面 0_1—0_1 所计算的单位能量称为断面比能，并以 E_s 来表示，则

$$E_s = h\cos\theta + \frac{\alpha v^2}{2g} \tag{2.158}$$

一般明渠渠底底坡较小，可认为 $\cos\theta = 1$，故

$$E_s = z + \frac{\alpha v^2}{2g} = h + \frac{\alpha Q^2}{2gA^2} \tag{2.159}$$

断面比能 E_s 和水流单位液体总能量都是表示单位能量液体所具有的水流机械能，但是比能 E_s 只是断面总能量 E 中反映水流运动状态的那部分能量，二者相差是两个基准面之间的高度差 z_0；实际水流有能量损失，因此水流单位能量 E 总是沿程减小的，但是断面比能 E_s 表示沿程水流的不均匀程度，E_s 可以沿程减小、不变或增加。

在渠道流量、断面形状和尺寸均确定的情况下，相应于断面比能（图 2.19）最小值 $E_{s\min}$ 的水深称为临界水深，以 h_k 表示，脚注 k 表示临界水深的水力要素，将断面比能对

h 求导得到

$$\frac{\mathrm{d}E_z}{\mathrm{d}h} = \frac{\mathrm{d}}{\mathrm{d}h}\left(h + \frac{\alpha Q^2}{2gA^2}\right) = 1 - \frac{\alpha Q^2}{2gA^2}\frac{\mathrm{d}A}{\mathrm{d}h}$$

$$(2.160)$$

过水断面面积 A 对应的水深为 h，水面宽度为 B，当水深增加 $\mathrm{d}h$ 时，则过水断面面积增加 $\mathrm{d}A = B\mathrm{d}h$，代入上式得

$$\frac{\mathrm{d}E_z}{\mathrm{d}h} = 1 - \frac{\alpha Q^2}{2gA^2}B = 1 - \frac{\alpha v^2}{gh} = 1 - Fr^2$$

$$(2.161)$$

临界水深是在给定流量下，同一个断面上对应于断面比能最小值的水深，需要满足如下条件：

$$\frac{\mathrm{d}E_s}{\mathrm{d}h} = 1 - \frac{\alpha Q^2}{gA_k^2}B_k = 0 \quad (2.162)$$

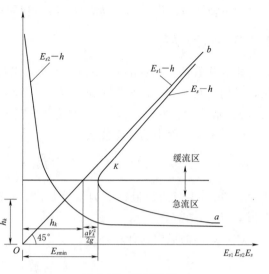

图 2.19 断面比能

$$\frac{\alpha Q^2}{g} = \frac{A_k^2}{B_k} \tag{2.163}$$

式（2.163）为临界流应满足的条件，称为临界流方程。

式中：Q 为流量，$\mathrm{m^3/s}$；A_k 为相应于临界水深时的过水面积，$\mathrm{m^2}$；B_k 为相应于临界水深时的水面宽度；g 为重力加速度，采用 $9.81\mathrm{m/s^2}$；α 为流速分布不均匀系数。

2.4.2 临界底坡

当断面和过水断面形状及尺寸给定时，应用式（2.163）可求任意形状过水断面的临界水深 h_k。临界水深的计算可以通过对临界水深基本方程的恒等变形而获得精确解析解的断面有矩形断面、准梯形断面、U 形断面、三角形断面及抛物线形断面等。

渠道底坡 i 变至某一值 i_k 时，均匀流水深 h_0 恰好等于临界水深 h_k，相应的底坡 i_k 就称为临界底坡。在临界底坡上做均匀流既要满足临界流方程，又要满足均匀流方程，见式（2.164）：

$$Q = A_k C_k \sqrt{R_k i_k} \tag{2.164}$$

联解式（2.163）、式（2.164）得到临界坡度，即均匀流正常水深等于临界水深时的底坡，见式（2.165）：

$$i_k = \frac{Q^2}{A_k^2 C_k^2 R_k} = \frac{g\chi_k}{\alpha C_k^2 B_k} \tag{2.165}$$

式中：A_k 为临界水深时的过水面积，$\mathrm{m^2}$；R_k 为临界水深时的水力半径，m；χ_k 为临界水深时的湿周，m；B_k 为临界水深时的水面宽度，m；C_k 为临界水深时的谢才系数。

根据明渠的实际底坡，可将其与临界底坡大小进行比较将明渠底坡分成三类：

（1）缓坡：当 $i < i_k$，$h_0 > h_k$ 时，均匀流流态为缓流；

（2）陡坡：当 $i > i_k$，$h_0 < h_k$ 时，均匀流流态为急流；

（3）临界坡：当 $i=i_k$，$h_0=h_k$ 时，均匀流流态为临界流。

2.4.3　弗劳德数

弗劳德数值（Froude number）简称弗劳德值，符号为 Fr，是水的惯性力与重力之比，是用来确定水流动态（如急流、缓流）的一个量纲为 1 的数。水流为缓流时，$Fr<1$；水流为临界时，$Fr=1$；水流为急流时，$Fr>1$。

（1）梯形断面中的计算公式。

$$Fr=\frac{v}{\sqrt{gA/B}} \tag{2.166}$$

式中：Fr 为弗劳德数值；B 为水面宽度，m；A 为过水断面面积，m^2；g 为重力加速度，采用 $9.81m/s^2$。

（2）矩形断面中的计算公式。

$$Fr=\frac{v}{\sqrt{gh}} \tag{2.167}$$

式中：Fr 为弗劳德数值；h 为水深，m；v 为水流速度，m/s；g 为重力加速度，采用 $9.81m/s^2$。

2.4.4　水跃和共轭水深

1. 水跃

当明渠中的水流由急流状态过渡到缓流状态时，会产生一种水面突然跃起的特殊的局部水力现象，即在较短渠段内水深从小于临界水深到大于临界水深，这种特殊的局部水力现象称为水跃（吴持恭，2003）。在闸、坝以及陡槽等泄水建筑物的下游，一般都有水跃发生。

水跃的上部有一个做剧烈回旋运动的表面旋滚，翻腾滚动，掺入大量气泡，旋滚之下则是急剧扩散的水流，水跃现象如图 2.20 所示。

2. 共轭水深

如图 2.21 所示，通常把表面旋滚起点的过水断面 1—1 称为跃前断面，该断面处的水深 h_1 称为跃前水深。表面旋滚末端的过水断面 2—2 称为跃后断面，该断面处的水深 h_2 称为跃后水深。跃前水深与跃后水深之差，即 $h_2-h_1=a$，称为跃高。跃前断面与跃后断面的水平距离称为跃长 L_j。

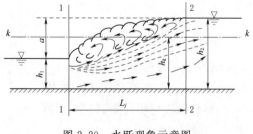
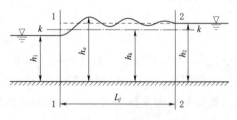

图 2.20　水跃现象示意图　　　　　　图 2.21　波状水跃现象

在跃前和跃后断面之间水跃段内，水流运动要素急剧变化，水流紊动、混掺强烈，滚动与主流间质量不断交换，致使水跃段内有较大的能量损失。因此常用水跃来消除泄水建筑物下游高速水流中的巨大动能。

3. 水跃的类型

水跃的上部并不是在任何时候都有旋滚存在，水跃的形式主要与跃前断面的弗劳德数有关。弗劳德数在水力学中是一个十分重要的判别参数，水跃的形式与跃前断面水流的弗劳德数 Fr_1 有关，弗劳德数 Fr_1 计算公式如下：

$$Fr_1 = \frac{Q}{A\sqrt{g\overline{h}_1}} \tag{2.168}$$

式中：Fr_1 为跃前弗劳德数；Q 为过水断面流量，$\mathrm{m^3/s}$；A 为过水断面面积，$\mathrm{m^2}$；g 为重力加速度，通常取 $9.81\mathrm{m/s^2}$；$\overline{h}_1$ 为跃前断面平均水深，m。

当 $1<Fr_1<1.7$ 时为波状水跃，水跃表面会形成一系列起伏不大的单波，波峰沿流降低，最后消失，这时以波峰消失的过水断面为跃后断面，这种形式的水跃称为波状水跃。由于波状水跃无旋滚存在，故其消能效果很差，波状水跃现象如图 2.21 所示。

当 $1.7\leqslant Fr_1<2.5$ 时为弱水跃，水面发生许多小旋滚，水跃消能效率小于 20%，消能效率很低，但跃后断面比较平稳。

当 $2.5\leqslant Fr_1<4.5$ 时为不稳定水跃或摆动水跃，底部射流间歇地往上蹿，旋滚较不稳定，水跃消能效率 $20\%\sim45\%$，跃后断面水流波动较大。

当 $4.5\leqslant Fr_1\leqslant9.0$ 时为稳定水跃，跃后断面水面平稳，消能效率高约为 $45\%\sim70\%$。

$Fr_1>9.0$ 时为强水跃，水跃消能效率极高，可达到 85%，但高速主流挟带的间歇水团不断滚向下游，产生较大的水面波动。

为了与波状水跃区别，称有表面旋滚的水跃为完全水跃。本章只研究完全水跃的共轭水深计算。

4. 共轭水深的基本方程

设一水跃产生于一水平棱柱体水平明渠中，如图 2.22 所示。

对跃前断面 1—1 和跃后断面 2—2 之间的水跃段沿水流方向的动量方程为

$$\frac{\gamma Q}{g}(\beta_2 v_2 - \beta_1 v_1) = P_1 - P_2 - F_f$$

$$\tag{2.169}$$

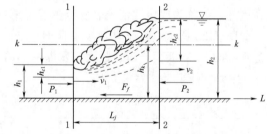

图 2.22 水平棱柱体明渠中的水跃现象

式中：Q 为流量；γ 为水的容重；v_1、v_2 分别为跃前和跃后断面处的平均流速；β_1、β_2 分别为跃前断面和跃后断面处的水流动量修正系数；P_1、P_2 分别为跃前断面和跃后断面上的总压力；F_f 为水跃中水流与渠道壁接触面上的摩擦阻力。

为了简化式（2.169）方便工程应用，需做以下假设：

1）设水跃前、后断面处的水流均为渐变流，作用在断面上的动水压强服从于静水压强分布规律，即

$$\begin{cases} P_1 = \gamma A_1 h_{c1} \\ P_2 = \gamma A_2 h_{c2} \end{cases} \tag{2.170}$$

式中：A_1、A_2 分别表示跃前、跃后断面的面积；h_{c1}、h_{c2} 分别表示跃前和跃后断面形心距水面的距离。

2）设 $F_f = 0$。由于水跃段中的边界切应力较小，同时跃长不大，F_f 与 $P_1 - P_2$ 比较一般很小，可以忽略不计。

3）设 $\beta_1 = \beta_2 = 1$，由连续性方程得

$$\begin{cases} v_1 = \dfrac{Q}{A_1} \\ v_2 = \dfrac{Q}{A_2} \end{cases} \tag{2.171}$$

将式（2.171）、式（2.170）代入式（2.169）得棱柱体水平明渠水跃方程为

$$\frac{Q^2}{gA_1} + A_1 h_{c1} = \frac{Q^2}{gA_2} + A_2 h_{c2} \tag{2.172}$$

当明渠断面的形状、尺寸及渠道中的流量一定时，水跃方程的左右两边都仅是水深的函数，该函数称为水跃函数，用符号 $J(h)$ 表示，则

$$J(h) = \frac{Q^2}{gA} + A h_c \tag{2.173}$$

式（2.173）表明，在棱柱体水平明渠中，跃前水深 h_1 与跃后水深 h_2 具有相同的水跃函数值，所以也称这两个水深为共轭水深。

2.4.5　收缩水深

1. 断面收缩水深

当急流向缓流过渡时必然发生水跃，所谓底流消能，就是在建筑物下游采取一定的工程措施，控制水跃发生的位置，通过水跃产生的表面旋滚和强烈的紊动以达到消能的目的，从而使 c—c 断面的急流与下游的正常缓流衔接起来。这种衔接形式由于高流速的主流在底部，故称为底流式消能。底流消能现象见图 2.23。

如图 2.23 所示，水流自坝顶下泄时，势能逐渐转化为动能，水深减小，流速增加，到达坝趾的 c—c 断面，流速最大、水深最小的断面称为收缩断面，其水深称为收缩水深，用 h_c 表示，h_c 小于临界水深 h_k。

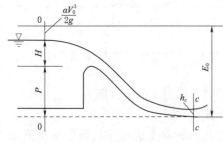

图 2.23　底流消能现象

2. 收缩水深的基本方程

以收缩断面底部的水平面为基准面，列出坝前断面 0—0 及收缩断面 c—c 的能量方程式，得

$$E_0 = h_c + \frac{\alpha_c v_c^2}{2g} + \zeta \frac{v_c^2}{2g} = h_c + (\alpha_c + \zeta) \frac{v_c^2}{2g} \tag{2.174}$$

式中：ζ 为 0—0 断面至 c—c 断面间的水头损失

系数；E_0 为以收缩断面底部为基准面的坝前水流总能量。

由图 2.23 可以看出：

$$E_0 = P + H + \frac{\alpha_0 v_0^2}{2g} = P + H_0 \tag{2.175}$$

设流速系数：

$$\varphi = \frac{1}{\sqrt{\alpha_c + \zeta}} \tag{2.176}$$

则式（2.176）可变为

$$E_0 = h_c + \frac{v_c^2}{2g\varphi^2} \tag{2.177}$$

将 $v_c = QA_c$ 代入式（2.177）中得收缩水深的基本方程为

$$E_0 = h_c + \frac{Q^2}{2gA_c^2\varphi^2} \tag{2.178}$$

式中：E_0 为上游断面总水头，m；h_c 为收缩水深，m；Q 为断面流量，m^3/s；A_c 为收缩断面面积，m^2；φ 为流速系数；g 为重力加速度，采用 $9.81 m/s^2$。

2.4.6 水面线

由于明渠渐变流水面曲线比较复杂，在进行定量计算之前，有必要先对它的形状和特点做一些定性分析。棱柱体明渠非均匀渐变流微分方程亦可改写为

$$\frac{dh}{ds} = \frac{i - \frac{Q^2}{K^2}}{1 - Fr^2} \tag{2.179}$$

上式表明，水深 h 沿流程 s 的变化是和渠道底坡及实际水流的流态（反映在 Fr 中）有关。所以对于水面曲线的型式应根据不同的底坡情况、不同流态进行具体分析。

为此，首先将明渠按底坡性质分为三种情况：正坡（$i>0$），平底（$i=0$），逆坡（$i<0$）。对于正坡明渠，将它和临界底坡作比较，还可进一步区分为缓坡、陡坡、临界坡三种情况。

在正坡明渠中，水流有可能做均匀流动，因而它存在着正常水深 h_0；同时，它也存在着临界水深。对于棱柱体明渠，任何断面临界水深相同，画出各断面临界水深线 $K—K$，是平行于渠底的直线。在正坡棱柱体渠道中，究竟临界水深 h_k 和正常水深 h_0 何者为大，则视明渠属于缓坡、陡坡或临界坡而别。图 2.24 是三种正坡棱柱体明渠，正常水深线 $N—N$ 与临界水深线 $K—K$ 的相对位置关系。对于临界底坡明渠，因正常水深 h_0 和临界水深 h_k 相等，故 $N—N$ 线与 $K—K$ 线重合。

在平底及逆坡棱柱体明渠中，因不可能有均匀流，不存在正常水深 h_0，仅存在临界水深，所以只能画出与渠底相平行的临界水探线 $K—K$。

由于明渠中实际水流的水深可能在较大的范围内变化，也就是说它既可能大于临界水深，也可能小于临界水深，对于正坡明渠，它既可能大于正常水深，也可能小于正常水深，为了表征它的特点，可将水流实际可能存在的范围划分为三个区。

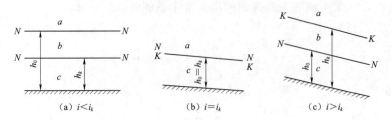

图 2.24　缓坡、临界坡和陡坡示意图

a 区——凡实际水深 h 既大于 h_k，又大于 h_0，即凡是在 K—K 线和 N—N 线二者之上的范围称为 a 区。

b 区——凡是实际水深 h 介于 h_k 和 h_0 之间的范围称为 b 区。b 区可能有两种情况，K—K 线在 N—N 线之下（缓坡明渠），或 K—K 线在 N—N 线之上（陡坡明渠），无论哪种情况都属于 b 区。

c 区——凡是实际水深 h 既小于 h_k 又小于 h_0 的区域，即在 N—N 线及 K—K 线二者之下的区域。

对于平底和逆坡棱柱体明渠，因不存在 N—N 线，或者可以设想 N—N 线在无限远处，所以只存在 b 区与 c 区。各种水面曲线的定件分析，可以从棱柱体明渠非均匀渐变流微分方程得出。现以缓坡渠道为例，分析如下：因为在正底坡棱柱体明渠中水流有可能发生均匀流动，方程式微分形中流量可以用均匀流态下的流量 $Q = K_0 i^{0.5}$ 去置换，K_0 表示均匀流的流量模数，可以变成如下形式：

$$\frac{\mathrm{d}h}{\mathrm{d}s} = i\,\frac{\left(1-\dfrac{K_0}{K}\right)^2}{1-Fr^2} \tag{2.180}$$

在对棱柱体明渠非均匀渐变流水面曲线型式作定性分析之后，理应将基本微分方程积分，以便对水面曲线进行定量计算。但是实践证明，将基本微分方程进行普遍积分非常困难，常常需要引进一些假设。所以此处着重介绍简明实用的逐段试算法，这种方法不受明渠形式的限制，对棱柱体及非棱柱体明渠均可适用。

明渠恒定非均匀渐变流微分方程为

$$i\,\mathrm{d}s = \mathrm{d}h + (\alpha+\xi)\,\mathrm{d}\!\left(\frac{v^2}{2g}\right) + \frac{Q^2}{K^2}\mathrm{d}s \tag{2.181}$$

因渐变流中局部损失很小，可以忽略，即取 $\xi=0$，$\alpha=1$，上式可改写为

$$\mathrm{d}\!\left(h+\frac{v^2}{2g}\right) = \left(i-\frac{Q^2}{K^2}\right)\mathrm{d}s \tag{2.182}$$

先将上式的微分方程针对一段 Δs 流程写作差分方程，把水力坡度 J 用流段内平均水力坡度去代替，则有

$$\Delta s = \frac{\Delta E_s}{i-J} = \frac{E_{sd}-E_{su}}{i-J} \tag{2.183}$$

上式是逐段试算法计算水面曲线的基本公式，式中 ΔE_s 为流段的两端断面上比能差值，ΔE_{sd}、ΔE_{su} 分别表示 Δs 流段的下游及上游断面的断面比能。

流段内的平均水力坡度一般采用：

$$\overline{J} = \frac{1}{2}(J_u + J_d) \qquad (2.184)$$

$$\overline{J} = \frac{Q^2}{R^2} \qquad (2.185)$$

计算平均值或可采用以下三种方法之一计算：

$$\overline{K} = \overline{A}\,\overline{C}\,\sqrt{R} \qquad (2.186)$$

$$\overline{K}^2 = \frac{1}{2}(K_u^2 + K_d^2) \qquad (2.187)$$

$$\frac{1}{\overline{K}^2} = \frac{1}{2}\left(\frac{1}{K_u^2} + \frac{1}{K_d^2}\right) \qquad (2.188)$$

计算方法用逐段试算法计算水面曲线的基本方法，是先把明渠划分为若干流段，然后对每一流段心应用以上公式，由流段的已知断面求未知断面，然后逐段推算。根据不同情况，实际计算可能有两种类型：

（1）已知流段两端的水深，求流段的距离 Δs。这种类型计算，对棱柱体渠道，可以将已知参数代入上式，直接解出 Δs 值，不需要试算如果计算任务是为了绘制棱柱体明渠的水面曲线，则已知一端水深 h_1，可根据水面曲线的变化趋势，假定另一端水深 h_2，从而求出其 Δs，根据逐段计算的结果便可将水面曲线绘出。但对非棱柱体明渠则不可能使用这种方法，只能采用下述第 2 种类型的试算法。

（2）已知流段一端的水深和流段长 Δs，求另一端断面水深计算时可假定另一端断面水深，从而按照上式算得一个 Δs，若此 Δs 与已知 Δs 相等则假定水深即为所求，若不等，需重新假设，直至算得的 Δs 同已知的 Δs 相等为止。分段试算法，是以差分方程代替微分方程，在 Δs 流段内把断面比能 E_s 及水力坡度 J 视为线性变化，因而计算的精度和流段的长度有关，一般流段不宜取得太长，分段越多其精度越高。

2.4.7 堰流

阻挡水流、涌高水位并使水流经其顶部下泄的泄水建筑物称为堰。闸也具有阻挡水流、涌高水位的作用，但闸使水流从闸门底缘和闸底板之间的孔口流出，有更加灵活调节流量的特点。

1. 堰流的分类

堰流的主要水力特征是：上游水位涌高，水流趋近堰顶时，流线收缩，流速增大，由缓流逐渐过渡为急流，溢流水面不仅不受任何约束而具有连续的自由表面，而且具有明显的降落。

不同形状、大小的堰之间的主要区别在于堰顶厚度 δ 对过堰水流的影响不同，因此，在水力计算中，常根据堰顶厚度 δ 与堰上水头 H 的比值大小，将相应的堰流分为三类。

1）薄壁堰流。当 $\delta/H < 0.67$ 时，过堰的水舌形状不受堰顶厚度 δ 的影响，水舌下缘与堰顶呈线性接触，水面为单一的降落曲线。这种堰流称为薄壁堰流。

2）实用堰流。当 $0.67 \leqslant \delta/H < 2.5$ 时，过堰水流受到堰顶的约束和顶托，水舌与堰

顶呈面接触，但水面任呈单一的降落曲线，这种堰流称实用堰流。工程中常用的实用堰有曲线型实用堰和折线形实用堰。

3）宽顶堰流。当 $2.5 \leqslant \delta/H < 10$ 时，堰顶厚度对水流的顶托作用较为明显，使得水流在进口处出现第一次跌落后，在堰顶形成与堰顶接近于平行的有波动的水面，然后出现第二次水面跌落，这种堰流称为宽顶堰流。

2. 堰流的水力计算公式

应用能量方程可推导堰流水利计算的基本公式。先取通过堰顶的水平面为基准面，第一个过水断面取在堰前水面无明显下降的 0—0 断面，该断面堰顶以上的水深 H 称为堰上水头，第二个过水断面应取在基准面与水舌中线的交点所在的 1—1 过水断面，如图 2.25 所示。根据以上分析对两个断面列出能量方程：

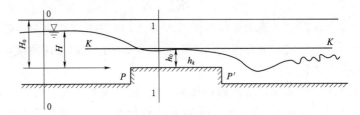

图 2.25 能量方程示意图

$$H + \frac{\alpha_0 v_0^2}{2g} = \left(z + \frac{p}{\gamma}\right)_{cp} + (\alpha_1 + \zeta)\frac{v_1^2}{2g} \tag{2.189}$$

式中：v_1 为断面的平均流速；α_0、α_1 为相应断面的动能修正系数；ζ 为局部水头损失系数。

令

$$H + \frac{\alpha_0 v_0^2}{2g} = H_0 \tag{2.190}$$

式中：H_0 为堰上总水头。

将压强系数 K_1 代入上式，可得

$$\left(z + \frac{p}{\gamma}\right)_{cp} = K_1 H_0 \tag{2.191}$$

则能量方程改为

$$H_0 - K_1 H_0 = (\alpha_1 + \zeta)\frac{v_1^2}{2g} \tag{2.192}$$

$$v_1 = \frac{1}{\sqrt{\alpha_1 + \zeta}}\sqrt{2g(H_0 - K_1 H_0)} = \varphi\sqrt{2g(H_0 - K_1 H_0)} \tag{2.193}$$

其中

$$\varphi = \frac{1}{\sqrt{\alpha_1 + \zeta}} \tag{2.194}$$

式中：φ 为流速系数。

1—1 断面一般为矩形断面，设宽度为 b，水舌厚度为 H_0，K_2 为堰顶水流的水股收

缩系数，则 1—1 断面的面积为 $A_1 = K_2 H_0 b$，通过的流量为

$$Q = K_2 H_0 b v_1 = K_2 H_0 b \varphi \sqrt{2g(1-K_1)H_0} \tag{2.195}$$

记

$$m = \varphi K_2 \sqrt{2g(1-K_1)} \tag{2.196}$$

式中：m 称为堰流的流量系数，则

$$Q = mb \sqrt{2g} H_0^{1.5} \tag{2.197}$$

式中：m 为流量系数；Q 为流量，m^3/s；g 为重力加速度，采用 $9.81m/s^2$；H_0 为堰上总水头，m。

上式为堰流的水力计算的基本公式。

从上可知过堰流量为堰上全水头的 1.5 次方成正比例。

影响流量系数 m 的主要因素有 φ、K_1、K_2，其中，φ 主要反映局部水头损失的影响，K_1 表示堰顶 1—1 断面的平均测压管水头与堰上水头的比值，K_2 反映堰顶水流的收缩程度，显然，这些系数均与堰上水头、上游堰高、堰顶轮廓形状、尺寸等因素有关。

如果上游水位较高，影响 1—1 断面的水流条件时，则在相同水头 H_0 的作用下，其过流量将小于上式计算值，这时称为淹没出流，需要在流量计算中乘以一个小于 1 的淹没系数 σ_s，以反映其影响；当堰顶存在边墩或闸墩时，即堰顶宽度小于上游河渠宽度时，过堰水流在平面上受到横向约束，流线出现横向收缩，使水流的有效宽度小于实际的堰顶宽度，局部水头损失增大，过堰流量将有所减小，这种情况就需要在流量计算中乘以一个小于 1 的侧收缩影响系数 ε_1，以反映其影响。

综上所述，堰流的水力基本计算公式为

$$Q = m\varepsilon_1 \sigma_s b \sqrt{2g} H_0^{\frac{3}{2}} \tag{2.198}$$

若堰流为自由出流时，取 $\sigma_s = 1$；堰流为无侧收缩时，取 $\varepsilon_1 = 1$。

2.4.8 闸孔出流

闸孔出流如图 2.26 所示。

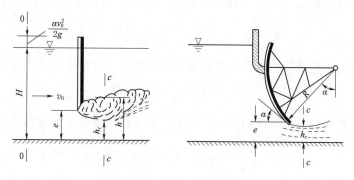

图 2.26 闸孔出流示意图

收缩断面的水深 h_c 小于闸门开度 e，令

$$h_c = \varepsilon_2 e \tag{2.199}$$

式中：ε_2 为闸孔出流的垂直收缩系数，其值的大小取决于闸门的形式、相对开度以及闸底坎形式。按照下表选用。取闸门上游的渐变流过水断面为 1—1 断面，以平地板为基准面，列 1—1 断面和收缩断面 c—c 之间的能量方程。

$$H + \frac{\alpha_0 v_0^2}{2g} = h_c + \frac{\alpha_c v_c^2}{2g} + h_w \tag{2.200}$$

两断面之间距离较短，且为急变流，可以只考虑局部水头损失，不考虑沿程水头损失。闸前全水头为

$$H + \frac{\alpha_0 v_0^2}{2g} = H_0 \tag{2.201}$$

则有

$$v_c = \frac{1}{\sqrt{\alpha_c + \xi}} \sqrt{2g(H_0 - h_0)} \tag{2.202}$$

则闸孔出流的流量为

$$Q = A_c v_c = A_c \frac{1}{\sqrt{\alpha_c + \xi}} \sqrt{2g(H_0 - h_0)} = b h_c v_c = b \varepsilon_2 e v_c \tag{2.203}$$

即

$$Q = \varphi b \varepsilon_2 e \sqrt{2g(H_0 - \varepsilon_2 e)} \tag{2.204}$$

在流量系数和垂直侧收缩系数已知的前提下，给定上游的水位和闸孔开度，利用式（2.204）可以求出过闸流量 Q。为了便于应用，还可以对式（2.204）进行化简整理：

$$Q = \varphi \varepsilon_2 \sqrt{1 - \varepsilon_2 \frac{e}{H_0}} be \sqrt{2gH_0} \tag{2.205}$$

令

$$\mu = \varphi \varepsilon_2 \sqrt{1 - \varepsilon_2 \frac{e}{H_0}} \tag{2.206}$$

μ 称为闸孔出流的流量系数，则

$$Q = \mu be \sqrt{2gH_0} \tag{2.207}$$

如果闸孔为淹没出流，则在上式中乘一个小于 1 的修正系数 σ_s，得出淹没出流的计算公式：

$$Q = \sigma_s \mu be \sqrt{2gH_0} \tag{2.208}$$

对于宽顶堰上平板闸门的闸孔出流，流量系数按以下经验公式进行计算：

$$\mu = 0.6 - 0.176 \frac{e}{H} \tag{2.209}$$

对于曲线型实用堰上平板闸门的闸孔出流，流量系数按以下经验公式进行计算：

$$\mu = 0.65 - 0.186 \frac{e}{H} + \left(0.25 - 0.357 \frac{e}{H}\right) \cos\theta \tag{2.210}$$

2.5　弯道流

弯道流（图 2.27）会形成表层水流向凹岸、底层水流向凸岸的横向缓流，以及凹高

凸低的水面横比降。横向环流的存在导致凹侧冲淤、凸侧淤积的现象。过小的弯道弯曲半径会形成过大的横向环流，影响弯道的横向稳定性，因此采用较大的弯曲半径是有利的。

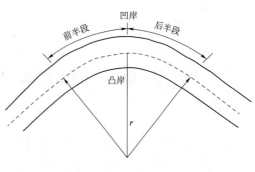

图 2.27　弯道流示意图

1）弯道前半段的最小稳定半径：

$$\frac{r}{B}\ln\left(1+\frac{B}{r}\right)=\frac{v}{v'} \qquad (2.211)$$

弯道前半段的最小弯道半径：

$$r=3B \qquad (2.212)$$

式中：B 为水面宽，m；v 为弯道上游直渠段的断面平均流速，m/s；v' 为根据凹岸图纸计算的允许不冲流速，m/s。取两个中较大值为弯道最小稳定半径（一般 $r=5B$）。

2）通航渠道的最小弯道半径 $R_0=40\sqrt{A}$，且应大于 3～5 倍的船长。

3）灌溉、动力渠道的弯道半径小于 5 倍水面宽时，凹岸应采取防冲措施。

4）衬砌渠道的弯道半径应不小于 2.5 倍水面宽。

5）未衬砌的灌溉、动力渠道的弯道半径应不小于 5 倍水面宽度。

$$R_0=11v^2\sqrt{A}+12 \qquad (2.213)$$

式中：R_0 为渠道最小容许弯道半径，m；A 为渠道过水有效断面面积，m^2；v 设计流量时渠道断面平均流速，m/s。

在最大横比降断面上，凹岸与凸岸的水面高差 Δh 可由下式计算：

$$\Delta h=\frac{\alpha v^2}{gr}\frac{A}{h} \qquad (2.214)$$

式中：v 为弯道上游直渠段的断面平均流速，m/s；A 为过水断面面积，m^2；h 为水深，m；α 为水流动能修正系数；g 为重力加速度，采用 $9.81m/s^2$。

参考文献

陈柏儒，王羿，赵延风，等. 2018. 抛物线类渠道水力最佳及实用经济断面统一设计方法 [J]. 灌溉排水学报. 37（9）：91-99.

李永红. 2015. 明渠正常水深数值求解方法研究 [D]. 杨凌：西北农林科技大学.

王正中，陈柏儒，王羿，等. 2018. 平底抛物线形复合渠道水力最佳断面及实用经济断面统一设计方法 [J]. 水利学报. 49（12）：1460-1470.

吴持恭. 2003. 水力学 [M]. 北京：高等教育出版社.

张迪，张春娟，申永康. 2002. U 形渠道的水力计算 [J]. 杨凌职业技术学院学报.（2）：39-41.

张生贤，沈军，林文. 1992. 实用明渠水力简捷计算法 [J]. 灌溉排水.（4）：31-35.

赵文龙，吕昌斌，王志强. 2011. 渠道改造 U 形及弧形底梯形断面的设计 [J]. 黑龙江水利科技. 39（1）：85-86.

第 3 章　渠道水力计算的数学方法

在水力计算中，对大部分渠道断面特征水深的求解，实质上是求解含参单变量超越方程或高次方程，此类方程多为五次及五次以上的非线性代数方程，其根不可能用根式表示，即不存在理论上的解析解，对这类方程的求解一般应用试探法、二分法、迭代法、近似解析法、仿生算法等。随着科技的发展，各种非线性问题日益引起科技人员的重视，特别是许多工程计算中的一些问题都可以归结于求解某种非线性方程，因而对非线性方程解法的研究引起众多学者的兴趣。本章结合特征水深的求解特点，将非线性代数方程解法进行归纳总结。

3.1　试探法与二分法

根据零点存在定理，如果函数 $y=f(x)$ 在区间 $[a, b]$ 连续，且 $f(a)f(b)<0$，则在该区间内必存在零点 α，α 为方程 $f(x)=0$ 的根。可用试探法和二分法求 α 的值。

3.1.1　试探法

取正整数 n，令 $h=(b-a)/n$，$x_k=a+kh(k=0\sim n)$，依次计算 $f(x_0)$，$f(x_1)$，$f(x_2)$，…。如果 $f(x_k)=0$，则取 x_k 为 α，如果 $f(x_{k-1})f(x_k)<0$，则取 $0.5(x_{k-1}+x_k)$ 为 α。

3.1.2　二分法

二分法是求非线性代数方程 $f(x)=0$ 的可靠方法。取区间 $[a, b]$ 的中点 $c=0.5(a+b)$，计算 $f(c)$，如果 $f(c)\approx0$，则取 c 为 α；如果 $f(a)f(c)<0$，则取 $b=c$，否则取 $a=c$，如此便可使区间 $[a, b]$ 缩小一半，重复以上过程，直到果 $f(c)\approx0$。二分法需要预先找到区间 $[a, b]$，使得 $f(a)f(b)<0$，这常常不是一件容易的事；另外，二分法收敛速度较慢，运算量大，通常用于求根所在的大体范围（邓建中等，2001）。

3.2　迭代法

迭代法又称逐次逼近法，是利用计算机解决问题的一种基本方法，也是求解非线性代数方程近似解最常用的方法。

迭代法是不断用变量的旧值递推新值的过程，将方程 $f(x)=0$ 改写为同解方程 $x=\varphi(x)$，取定根 α 的近似值 x_0 后，反复计算下式：

$$x_{k+1}=\varphi(x_k), \quad k=0,1,2,\cdots \tag{3.1}$$

使序列 x_1, x_2, …逐次逼近根 α。$\varphi(x)$ 称为迭代函数,式（3.1）称为迭代公式,数列 $\{x_k\}$ 称为迭代序列,x_0 称为迭代初值。

如果存在一点 x^*,使得迭代序列 $\{x_k\}$ 满足

$$\lim_{k\to\infty}x_k=x^* \tag{3.2}$$

称上述迭代序列是收敛的,否则称迭代序列是发散的。

迭代序列是否收敛和收敛速度的快慢,同迭代函数 $\varphi(x)$ 有关,需要依据迭代法收敛定理来判定。

迭代法收敛定理:设 $\varphi(x)$ 满足条件（邓建中等,2001）:

(1) 当 $x\in[a, b]$ 时,$\varphi(x)\in[a,b]$;

(2) 存在正数 $L<1$,使对任意 $x\in[a, b]$,满足:

$$|\dot{\varphi}(x)|\leqslant L<1 \tag{3.3}$$

则 $x=\varphi(x)$ 在 $[a, b]$ 上有唯一根 α,且对任意初值 $x_0\in[a, b]$,迭代序列 $x_{k+1}=\varphi(x_k)(k=0, 1, 2, \cdots)$ 收敛于 α。

3.2.1 迭代方法

迭代公式的建立是应用迭代法的关键,根据迭代公式建立方式的不同可分为不同的迭代法,如简单迭代法、牛顿迭代法、改进的牛顿迭代法、弦割法等。

1. 简单迭代法

通过对方程 $f(x)=0$ 做恒等数学变形,可得到迭代公式（3.1）,称为简单迭代法,不同的数学变换技巧可得到不同形式的迭代公式,如对于方程 $x^3-2x-5=0$,按照不同的变换技巧,可得到如下几种迭代公式:

$$x_{k+1}=\sqrt[3]{2x_k+5}, k=0,1,2,\cdots \tag{3.4}$$

$$x_{k+1}=(2x_k^3+5)/(3x^2-2), k=0,1,2,\cdots \tag{3.5}$$

$$x_{k+1}=(x_k^3-5)/2, k=0,1,2,\cdots \tag{3.6}$$

由式（3.4）和式（3.5）所产生的迭代序列是收敛的,而由式（3.6）所产生的迭代序列则是发散的。

2. 牛顿迭代法

由简单迭代法得到的迭代公式（3.1）往往只是线性收敛,为了得到超线性收敛的迭代法,则需要采用 $f(x)$ 的近似公式。

令 x_k 为根 α 的某近似值,根据泰勒级数公式（邓建中等,2001）

$$0=f(\alpha)=f(x_k)+f'(x_k)(\alpha-x_k)+\frac{1}{2!}f''(x_k)(\alpha-x_k)^2+\cdots$$

$$+\frac{1}{n!}f^n(x_k)(\alpha-x_k)^n+\frac{1}{(n+1)!}f^{n+1}(x_k)(\alpha-x_k)^{n+1} \tag{3.7}$$

保留式（3.7）右边的前两项（忽略高次项）,得到

$$0=f(\alpha)\approx f(x_k)+f'(x_k)(\alpha-x_k) \tag{3.8}$$

当 $f'(x_k)\neq0$ 时

$$\alpha \approx x_k - \frac{f(x_k)}{f'(x_k)} \tag{3.9}$$

将 α 替换为 x_{k+1}，则得到牛顿迭代公式

$$x_{k+1} \approx x_k - \frac{f(x_k)}{f'(x_k)} \tag{3.10}$$

牛顿迭代法是二阶收敛的，为了提高效率或简化计算，在牛顿迭代法的基础上，可发展出不同形式的改进牛顿迭代法和简化牛顿迭代法。

3. 弦割法

牛顿迭代法需要求原函数的导数，而实际问题中导数有时难以计算或计算工作量很大，为了避免复杂的求导问题，可将曲线 $y=f(x)$ 上点 $[x_k, f(x_k)]$ 处的切线斜率 $f'(x_k)$ 改用两点连线的斜率来代替，从而得到弦割法（邓建中等，2001），即用

$$\frac{f(x_k) - f(x_{k-1})}{x_k - x_{k-1}} \tag{3.11}$$

或

$$\frac{f(x_k) - f(x_0)}{x_k - x_0} \tag{3.12}$$

来代替 $f'(x_k)$，则可得到双点或单点弦割法：

$$x_{k+1} = x_k - \frac{f(x_k)(x_k - x_{k-1})}{f(x_k) - f(x_{k-1})} \tag{3.13}$$

$$x_{k+1} = x_k - \frac{f(x_k)(x_k - x_0)}{f(x_k) - f(x_0)} \tag{3.14}$$

弦割法的收敛阶数虽然低于牛顿迭代法，但迭代一次仅需要计算一次函数值 $f(x_k)$，不需要计算导数值 $f'(x_k)$，效率较高。

3.2.2 迭代初值的选取方法

迭代法的收敛速度不仅与迭代公式的格式有关，还与迭代初值有关，只有合理的迭代初值与合理的迭代公式配套使用，才能保证迭代过程收敛较快（邓建中等，2004）。目前在对迭代方法的研究中，通常对迭代公式加以改进以提高收敛速度，而对合理迭代初值的选取问题研究较少，合理迭代初值的选取比较困难。本节提出含参变量非线性方程或超越方程迭代法求解的一种初值选取策略（王正中等，2011），即以参变量定义域内收敛速度最慢处方程的解为一次初值，并将该含参变量的超越方程或高次方程在此处进行二阶泰勒级数展开，舍去高阶余量，进一步求解该二次方程得到初值，将初值代入迭代公式仅需迭代一次即可得到精度较高的近似计算公式。下面通过一个具体例子来详细说明该方法。

1. 工程实例

水力学中求解二次抛物线形河渠共轭水深的无量纲方程为（冷畅俭，2013）：

$$x^{-3/2} + \frac{3}{5}x^{5/2} = y^{-3/2} + \frac{3}{5}y^{5/2} = \frac{1}{\beta} \tag{3.15}$$

式中：x，y 为待求变量，β 为参变量。

该方程为高次方程，无解析解，需用迭代法求其值。根据该式物理意义，易得 x，y

的迭代公式分别为

$$x = [(1+0.6x^4)\beta]^{2/3} \tag{3.16}$$

$$y = \left[\frac{1}{(0.6+y^{-4})\beta}\right]^{2/5} \tag{3.17}$$

根据迭代法收敛定理，易证式（3.16）、式（3.17）是收敛的。

2. 一次初值

根据式（3.16）、式（3.17）的特点发现，随着 y/x 的增大，迭代逼近真值的速度增加很快。根据这一特点，在工程常用范围内 $y/x \in [2, 20]$，在 y/x 的最小处 x 和 y 的解作为一次迭代初值，即以 $y/x = 2$ 处方程式（3.15）的解作为初值，这样可使值较小时误差最小，而 y/x 增大时增大的误差在更快的收敛速度下同样较小，解得

$$x_0 = 1.09\beta^{2/3} \tag{3.18}$$

$$y_0 = \frac{1.057}{\beta^{2/5}} \tag{3.19}$$

将式（3.18）及式（3.19）作为迭代初值分别代入式（3.16）及式（3.17）中迭代一次后变为

$$x = (\beta + 0.85\beta^{11/3})^{2/3} \tag{3.20}$$

$$y = (0.6\beta + 0.8\beta^{-3/5})^{-2/5} \tag{3.21}$$

3. 二次初值

对式（3.15）进行变形，令

$$f(y) = y^{-3/2} + \frac{3}{5}y^{5/2} - \frac{1}{\beta} \tag{3.22}$$

按照本例的工程背景，在工程常用范围内 $y/x \in [2, 20]$，对式（3.22）展开成二阶泰勒级数，其余项三阶导数为 $-105/8y_0^{-9/2} + 9/8y_0^{-1/2}$，在 1.37 处时值已非常小，故在 1.37 附近将函数 $f(y)$ 通过泰勒公式展开，舍去高次项，即为二次函数：

$$f(y) \approx f(1.37) + f'(1.37)(y - 1.37) + \frac{f''(1.37)}{2}(y - 1.37)^2 \tag{3.23}$$

令 $f(y) = 0$，并求解二次方程得

$$y_0 = \frac{3.6 + \sqrt{7.6/\beta - 12.12}}{3.8} \tag{3.24}$$

再令

$$f(x) = x^{-3/2} + \frac{3}{5}x^{5/2} - 1/\beta \tag{3.25}$$

同理，在 0.7 附近将函数 $f(y)$ 通过泰勒公式展开，舍去高次项，即为二次函数：

$$f(x) \approx f(0.7) + f'(0.7)(x - 0.7) + \frac{f''(0.7)}{2}(x - 0.7)^2 \tag{3.26}$$

令 $f(x) = 0$，并求解二次方程得

$$x_0 = \frac{13.24 - \sqrt{29.88/\beta - 50.60}}{14.94} \tag{3.27}$$

将式（3.27）及式（3.24）作为迭代初值分别代入式（3.16）及式（3.17）中并迭代

一次后变为

$$x = \left[\beta + 0.6\beta \left(\frac{13.24 - \sqrt{29.88/\beta - 50.60}}{14.94} \right)^{4} \right]^{2/3} \qquad (3.28)$$

$$y = \left[0.6\beta + \beta \left(\frac{3.6 + \sqrt{7.6/\beta - 12.12}}{3.8} \right)^{-4} \right]^{-2/5} \qquad (3.29)$$

分别对由一次迭代初值得出的直接计算式（3.20）、式（3.21）及由二次迭代初值得出的直接计算式（3.27）、式（3.28）做误差分析，用 x 的真值反算 β，将 β 代入式（3.27）、式（3.20）得到 x 的近似值，并与真值比较，从而求出 x 的相对误差 $\Delta x\%$，同理可求得 y 的相对误差 $\Delta y\%$，相对误差分布图见图 3.1 及图 3.2。

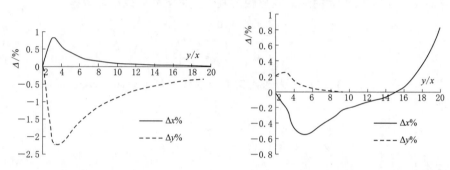

图 3.1　相对误差分布图（一次迭代初值）　图 3.2　相对误差分布图（二次迭代初值）

通过相对误差计算可知，将迭代初值代入迭代公式中仅需一次迭代便可得到满足工程需要的解，综合考虑精度问题及公式的简捷性，推荐式（3.20）及式（3.28）分别作为 x 和 y 的直接计算公式。

3.2.3　加速收敛技术

前面介绍了几种常用的迭代方法，每种方法均有其优缺点：简单迭代法的优点是计算简单，但收敛速率慢；牛顿迭代法和弦割法收敛速度快，但迭代格式复杂，且对初值要求严格。国内外学者针对各种迭代法的特点提出了不少加速迭代的方法（邓建中，1993；马子彦，1996；邓建中，1998；Levin，1972；Smith et al.，1979；Drummond J E.，1984；杨立夫，1997；邸书灵等，2002；冯新龙等，2003；王永刚，1996；谢文平，2004；张克新等，2006；单华宁，1998；邓建中等，2001），得到了广泛的应用。

本节提出两种加快简单迭代法收敛速度的技术（王正中，2010），以命题的形式将这两种方法提出来。

1. 两个定义

若方程 $f(x)=0$ 可化为同解方程 $x=\varphi(x)$，以其为迭代方程，存在正数若 $L<1$，$\varphi(x)$ 在区间 $x \in [a, b]$ 满足 $|\varphi'(x)| \leqslant L < 1$，则根据迭代法收敛定理，该迭代方程必将收敛。

定义 1：对迭代方程，若迭代函数 $\varphi(x)$ 在区间 $x \in [a, b]$ 内满足：

$$0 < \varphi'(x) < 1 \qquad (3.30)$$

则称迭代函数 $\varphi(x)$ 为单调收敛函数。

定义 2：对迭代方程，若迭代函数 $\varphi(x)$ 在区间 $x\in[a,b]$ 内满足：

$$-1<\varphi'(x)<0 \tag{3.31}$$

则称迭代函数 $\varphi(x)$ 为交错收敛函数。

2. 加速迭代收敛速度的两个命题

(1) 命题 1：对于单调收敛的迭代方程 $\varphi(x)$。

1) 当迭代函数 $\varphi(x)$ 的二阶导数 $\varphi''(x)$ 在区间 $x\in[a,b]$ 内满足 $\varphi''(x)>0$ 时，则：小于迭代方程解的迭代初值收敛速度更快；而大于迭代方程解的迭代初值收敛速度较慢。

2) 当迭代函数 $\varphi(x)$ 的二阶导数 $\varphi''(x)$ 在区间 $x\in[a,b]$ 内满足 $\varphi''(x)<0$ 时，则：大于迭代方程解的迭代初值收敛速度更快；而小于迭代方程解的迭代初值收敛速度较慢。

证明：

对于单调收敛的迭代方程 $x=\varphi(x)$，在 $x\in[a,b]$ 内，

$$0<\varphi'(x)<1 \tag{3.32}$$

当其二阶导数 $\varphi''(x)>0$ 时，表明 $\varphi'(x)$ 为增函数，将区间 $x\in[a,b]$ 从方程 $x=\varphi(x)$ 的解 α 处分为两个区间 $[a,\alpha]$ 和 $(\alpha,b]$，若取小于真值 α 的初值 $x_0=\alpha-\Delta$ 和大于真值 α 的初值 $x_0=\alpha'+\Delta$ $(\Delta>0)$，只要能证明：

$$|\varphi(x_0)-\varphi(\alpha)|<|\varphi(x_0')-\varphi(\alpha)| \tag{3.33}$$

则表明小于真值的迭代初值收敛速率快，而大于真值的迭代初值收敛速率较慢。

显然，式 (3.33) 左端：

$$|\varphi(x_0)-\varphi(\alpha)|=|\varphi(\alpha-\Delta)-\varphi(\alpha)|=|\varphi'(\xi)\Delta| \tag{3.34}$$

其中，$\xi\in[\alpha-\Delta,\alpha]$。

式 (3.33) 右端：

$$|\varphi(x_0')-\varphi(\alpha)|=|\varphi(\alpha+\Delta)-\varphi(\alpha)|=|\varphi'(\xi')\Delta| \tag{3.35}$$

其中，$\xi\in[\alpha,\alpha+\Delta]$。

因而 $\xi'>\xi$，又因 $\varphi'(x)$ 在 $[a,b]$ 为增函数，故

$$\varphi'(\xi')>\varphi'(\xi)>0 \tag{3.36}$$

由式 (3.34)~式 (3.36) 可以证明式 (3.33) 成立，即命题为真。

同理可证明：对于单调收敛的迭代方程 $x=\varphi(x)$，当迭代函数 $\varphi(x)$ 的二阶导数 $\varphi''(x)$ 在区间 $x\in[a,b]$ 内满足时数 $\varphi''(x)<0$，则：大于迭代方程解的迭代初值收敛速度更快；而小于迭代方程解的迭代初值收敛速度较慢。

(2) 命题 2：对于交错收敛的迭代方程 $x=\varphi(x)$，按二分法取初值比简单迭代法直接迭代收敛速度更快，即迭代格式。

$$x_{k+1}=\varphi[0.5\varphi(x_k)+0.5x_k] \tag{3.37}$$

比迭代格式 $x_{k+1}=\varphi[\varphi(x_k)]$ 更为有效。

证明：取迭代方程 $x=\varphi(x)$ 的解为 α，则

$$\alpha=\varphi(\alpha) \tag{3.38}$$

若取某一初值 $x_0<\alpha$，则由交错收敛函数的定义知 $\varphi'(x)<0$，则有

$$\varphi(x_0)>\varphi(\alpha)=\alpha>x_0 \tag{3.39}$$

对以上命题需证明：

$$|\varphi[0.5\varphi(x_0)+0.5x_0]-\alpha|<|\varphi(x_0)-\alpha| \tag{3.40}$$

根据式（3.39）可将式（3.40）进行等价变换：

$$2\alpha-\varphi(x_0)<\varphi\left[\frac{\varphi(x_0)+x_0}{2}\right]<\varphi(x_0) \tag{3.41}$$

由式（3.39）可知：

$$\frac{\varphi(x_0)+x_0}{2}>x_0 \tag{3.42}$$

由 $|\varphi'(x)|<1$，得

$$\varphi(x_0)-\alpha<\alpha-x_0 \tag{3.43}$$

即

$$\frac{\varphi(x_0)+x_0}{2}<\alpha \tag{3.44}$$

再由式（3.39）得

$$2\alpha-\varphi(x_0)<\alpha \tag{3.45}$$

根据 $\varphi'(x)<0$，并由式（3.42）、式（3.43）得

$$\varphi(\alpha)<\varphi\left[\frac{\varphi(x_0)+x_0}{2}\right]<\varphi(x_0) \tag{3.46}$$

而 $\varphi(\alpha)=\alpha$，则由式（3.45）、式（3.46）得

$$2\alpha-\varphi(x_0)<\varphi\left[\frac{\varphi(x_0)+x_0}{2}\right]<\varphi(x_0) \tag{3.47}$$

式（3.41）得证，即当 $x_0<\alpha$ 时，式（3.40）成立，命题为真。当 $x_0>\alpha$ 时，亦可证明式（3.40）成立。

【算例】

问：用迭代法求解超越方程 $xe^x-1=0$ 在 $x\in[0,1]$ 内 $x=0.5$ 附近的根。

解：记原超越方程为 $f(x)=xe^x-1=0$，将该方程改写为下面的迭代公式：

$$x=\varphi(x)=e^{-x}$$

因为：$-1<\varphi'(x)=-\dfrac{1}{e^x}<0$，则 $x=\varphi(\alpha)$ 属交错收敛函数。取迭代初值 $x=0.5$，分别按以下计算。

命题 2 中的迭代格式：

$$x_{k+1}=\varphi[0.5\varphi(x_k)+0.5x_k]=e^{-\left(\frac{e^{-x_k}+x_k}{2}\right)}$$

不加速的简单迭代法：

$$x_{k+1}=\varphi(x_k)=e^{-x_k}$$

牛顿迭代法:

$$x_{k+1}=x_k-\frac{f(x_k)}{f'(x_k)}=x_k-\frac{x\,\mathrm{e}^x-1}{\mathrm{e}^x+x\,\mathrm{e}^x}$$

求解,各迭代方法的结果列于表 3.1。

表 3.1 迭 代 计 算 结 果

加速迭代法		简单迭代法		牛顿迭代法	
k	x_k	k	x_k	k	x_k
0	0.5000	0	0.5000	0	0.5000
1	0.5751	1	0.6065	1	0.5710
2	0.5662	2	0.5452	2	0.5672
3	0.5673	3	0.5797	3	0.5671
4	0.5671	4	0.5601	4	0.5671
5	0.5671	5	0.5712		
		6	0.5649		
		7	0.5684		
		8	0.5664		
		9	0.5676		
		10	0.5669		
		11	0.5671		
		12	0.5671		

由各种方法的迭代结果可以看出,采用本书加速技术后的简单迭代法要比未使用加速技术的简单迭代法迭代速率更快。牛顿迭代法的迭代速度也很快,但考虑到牛顿迭代法需求原函数的导数,实际问题中导数有时难以计算或计算工作量很大,而作者推荐的方法无须导数信息,故本节所提出的加速迭代的技术仍不失为一种好的方法。

选择使用某种迭代方法,要保证迭代收敛并且收敛要快,对于收敛慢的序列可用加速收敛技术促使其收敛。寻求高效的迭代算法历来是数值计算方法的核心环节。简单迭代法的优点是简单,但收敛速率慢,如果能提高其收敛速度,无疑也是一种理想的迭代方法。本节定义了单调收敛函数和交错收敛函数,并根据其收敛特点,提出并证明了加快其收敛速度的两个命题。运用这两个命题可以克服简单迭代法收敛速度慢的问题,并和现代计算机技术相结合,可收到理想的效果。

3.3 近似解析法

含参变量非线性代数方程的近似解析法是用某种解析表达式来近似表示方程中变量之间的关系,为了符合工程实际要求,通常对解析表达式有一定的精度要求。获得非线性代数方程近似解析表达式的方法主要有回归分析法、优化迭代法、泰勒公式、拉格朗日定理等(邓建中等,2001)。

3.3.1　回归分析法

回归分析就是处理变量之间的相关关系的一种数学方法，它是最常用的数理统计方法，也是获得近似解析公式的较通用的方法，回归分析包括一元回归分析和多元回归分析（邓建中等，2001；李佩成，1996）。

回归分析方法是在大量观察数据的基础上，利用数理统计方法建立因变量与自变量之间的回归关系函数表达式。以一元回归分析为例，在科学实验的统计方法中，往往要从一组实验数据 (x_i, y_i) 中寻找出自变量 x 和因变量 y 之间的函数关系 $y=f(x)$。由于观测数据往往不够准确，因此并不要求 $y=f(x)$ 经过所有的点 (x_i, y_i)，而只要求在给定的点 x_i 上误差最小即可。通常我们采用最小二乘法作为评判标准。

应用回归分析法求解非线性方程近似解析表达式时，通常先通过迭代法获得因变量和自变量的离散数据，通过对离散数据进行回归分析获得满足精度要求的解析表达式。

3.3.2　优化迭代法

由前所述，合理的迭代公式与合理的迭代初值配套使用可以保证迭代过程收敛较快，有时仅需一次迭代即可得到满足精度要求的解，故可将迭代公式的一次迭代式作为非线性代数方程解的近似解析公式，详见 3.2.2 迭代初值的选取方法，此种方法也称为优化迭代法。

3.3.3　泰勒公式

如果函数 $y=f(x)$ 在点 x_0 处存在直至 n 阶的导数，则当 $x \rightarrow x_0$ 时：

$$f(x)=f(x_0)+f'(x_0)(x-x_0)+\frac{f''(x_0)}{2!}(x-x_0)^2+\cdots$$

$$+\frac{f^{(n)}(x_0)}{n!}(x-x_0)^n+o[(x-x_0)^n] \tag{3.48}$$

上式也称为函数数 $y=f(x)$ 在点 x_0 处的泰勒公式，形如 $o[(x-x_0)^n]$ 的余项称为佩亚诺余项（邓建中等，2001）。

当 $x_0=0$ 时，我们得到

$$f(x)=f(0)+f'(0)x+\frac{f''(0)}{2!}x^2+\cdots+\frac{f^{(n)}(0)}{n!}x^n+o(x^n) \tag{3.49}$$

式（3.49）称为带佩亚诺余项的马克劳林公式。

合理应用泰勒公式，可以得到非线性方程的近似解析表达式。

3.3.4　拉格朗日定理

令 $\zeta=a+t\phi(\zeta)$，任意函数 $f(\zeta)$ 可以表示为关于 t 的幂级数形式。

$$f(\zeta)=f(a)+\sum_{n=1}^{\infty}\frac{t^n}{n!}\left(\frac{d^{n-1}}{dx^{n-1}}[f'(x)\phi^n(x)]\right)\bigg|_{x=a} \tag{3.50}$$

利用此定理可以求出非线性方程用无穷级数表示的解析解（邓建中等，2001）。

3.3.5 高斯-勒让德函数

高斯-勒让德算法是一种用于计算 π 的算法。它以迅速收敛著称，只需 25 次迭代即可产生 π 的 4500 万位正确数字。$n=1$、2、3、…时，随 n 值变化方程的解相应变化，构成一组由正交多项式组成的多项式序列，这组序列称为勒让德多项式。勒让德多项式 $P_n(x)$ 是 n 项多项式，表示为

$$P_n(x) = \frac{1}{2^n n!} \frac{d^n}{dx^n} \left[(x^2 - 1)^n \right] \tag{3.51}$$

式中：$P_n(x)$ 为勒让德多项式。

3.3.6 高斯超几何函数

在数学中，高斯超几何函数或普通超几何函数 $F_g(a, b; c; z)$ 是一个用超几何级数定义的函数，很多特殊函数都是它的特例或极限。所有具有三个正则奇点的二阶线性常微分方程的解都可以用超几何函数表示。当 c 不是 0，-1，-2，…时，对于 $|z| < 1$，超几何函数可用如下幂级数定义：

$$F_g(a, b; c; z) = \sum_{n=0}^{\infty} \frac{a^{(n)} b^{(n)}}{c^{(n)}} \frac{z^{(n)}}{n!} \tag{3.52}$$

式中：$F_g(a, b; c; z)$ 为高斯超几何函数，其中 $a \sim c$ 为高斯超几何函数系数，其中 $a^{(n)}$，$b^{(n)}$，$c^{(n)}$ 是 Pochhammer 符号，即为广义阶乘函数，定义为

$$a^{(n)} = \begin{cases} 1 & , n = 0 \\ a(a+1) \cdots (a+n-1) & , n > 1 \end{cases}$$

当 a 或 b 是 0 或负整数时级数只有有限项。

3.3.7 准线性函数

在工程实践中，描述事物变化规律最为简单的函数关系式为（赵延风等，2011）

$$y = kx^a + b \quad (k \neq 0, a > 0) \tag{3.53}$$

式中：y 为函数；x 为自变量；a 为指数；k，b 为常数。

当自变量 x 的指数为 1 时，y 为线性函数；自变量 x 的指数为 2 时，y 为二次抛物线函数。但有些事物的变化规律不适合用线性函数或者二次抛物线函数来直接描述，例如自变量的指数为非 1 非 2 的正数时，甚至自变量 x 还可能是一个函数式时，其函数形式为

$$y = k[f(x)]^a + b \quad (k \neq 0, a > 0) \tag{3.54}$$

当式（3.56）中的指数 a 在 x 的某一取值区间内为大于 0 的常数时，$[f(x)]^a$ 是在 x 取值区间内与 x 一一对应的值，用 X 表示，那么 X 与 x 具有一一对应关系；在一定误差范围内，当 $[f(x)]^a$ 的参数在其定义域某一区间内，使函数 y 与 X 之间呈线性关系时，把具有该种线性关系的函数称为准线性函数，其可简写成

$$y = kx + b \quad (k \neq 0) \tag{3.55}$$

对于式（3.55），当 $X = x$ 时，函数 y 即为线性函数：

$$y = kx + b \quad (k \neq 0) \tag{3.56}$$

第 3 章　渠道水力计算的数学方法

实际上，线性函数和二次抛物线函数都是抛物线类函数的特例，线性函数也是准线性函数的特例。当函数直接用 x 作为自变量时，函数 y 为抛物线类函数；当函数间接用 x 作为自变量即直接用 X 作为自变量时，函数 y 为准线性函数。

3.4　仿生算法

针对渠道断面特征水深基本方程的特点，通常可将其化为非线性优化问题，然后应用求解非线性优化模型的仿生算法进行求解（金菊良等，2001；陈应华等，2006；张宽地等，2011），包括遗传算法、粒子群算法等，下面分别简要介绍这两类仿生算法的特点。

3.4.1　遗传算法

近年来受到科学家及工程师广泛重视的基因遗传（genetic algorithm，GA）算法，被广泛应用，GA 算法不要求导数信息，它是从一个新的角度去进行优化搜索，其算法机理基于生物进化论中的适者生存的自然遗传机制，在某一个设计集合组成的群体中，通过杂交、突变等方式产生具有更高平均适应能力的下一代，通过优胜劣汰而最终获得最优解，GA 算法的适者生存的自然机制恰好与广义的优化内涵相吻合。

继 Bledsoe 于 1961 年提出将生物学中的一些概念用于系统分析研究，Holland 于 1975 年提出了基因遗传的系统概念与方法后，GA 算法开始吸引大量的研究者和探索者。作为一种优化方法，GA 算法存在以下几种显著特征：

1）GA 算法对优化问题的限制极少，既无不可微要求，也无连续性要求，仅要求优化问题是一个可计算问题，即可以处理任意形式的目标函数和约束；

2）GA 算法与传统优化方法的主要区别：GA 算法同时搜索空间内的许多点，因而可有效地防止搜索过程过早地收敛于局部最优解，从而有较大把握求得全局最优解；

3）GA 算法虽具有随机性，但它并不是在解空间中盲目地进行穷举式搜索，而是一种启发式搜索；

4）GA 算法的操作对象是一组可行解，而非单个可行解；搜索轨道有数条，而非单条，易于采用并行机制作并行高速运算，因而具有很大的发展潜力。

与常规方法不同，GA 算法将优化问题视为一种生存环境，将优化过程视为一种进化过程，它尝试模拟生物演变中的"适者生存"规律及基因遗传操作方式。根据各种解方案的"好"与"坏"，将其赋予不同的适应度（fitness），以后的操作均基于这种适应度的大小来进行，这些操作有三种：繁殖、杂交和突变。GA 算法仍属于随机算法范畴，与多数随机方法不同的是，它仅搜索那些最有可能找到优化方案的区域，该法的突出优点是稳定性好。GA 算法的操作步骤为：基因编码、产生祖先、评价个体优劣、选种、杂交、突变、群体重新组合、群体适应度趋于稳定，算法终止。GA 算法采取群体搜索策略和群体中个体信息的交换，搜索时不依赖于梯度信息，故可用于传统搜索方法难以解决的非线性问题，可广泛应用于组合优化、自适应控制、规划设计和机器学习等领域。

目前，在遗传算法的基础上已发展了各种各样的改进算法，这必将进一步扩展遗传算法的应用领域。

50

3.4.2 粒子群算法

粒子群算法，也称粒子群优化算法（particle swarm optimization，PSO），是近年来发展起来的一种新的仿生算法（纪震等，2009）。

PSO 算法属于进化算法的一种，和遗传算法相似，它也是从随机解出发，通过迭代寻找最优解，通过适应度来评价解的品质，但它比遗传算法规则更为简单，它没有遗传算法的"交叉"和"变异"操作，它通过追随当前搜索到的最优值来寻找全局最优。这种算法以其实现容易、精度高、收敛快等优点引起了学术界的重视，并且在解决实际问题中展示了其优越性。

PSO 模拟鸟群的捕食行为。设想这样一个场景：一群鸟在随机搜索食物，在这个区域里只有一块食物，所有的鸟都不知道食物在那里，但是它们知道当前的位置离食物还有多远，那么找到食物的最优策略是什么呢？最简单有效的方法就是搜寻目前离食物最近的鸟的周围区域，PSO 从这种模型中得到启示并用于解决优化问题。PSO 中每个优化问题的解都是搜索空间中的一只鸟，我们称为"粒子"，所有的粒子都有一个由被优化的函数决定的适应值（fitness value），每个粒子还有一个速度决定它们飞翔的方向和距离，然后粒子们就追随当前的最优粒子在解空间中搜索。PSO 初始化为一群随机粒子（随机解），然后通过迭代找到最优解。在每一次迭代中，粒子通过跟踪两个"极值"来更新自己，第一个极值就是粒子本身所找到的最优解，这个解叫作个体极值 pBest，另一个极值是整个种群目前找到的最优解，这个极值是全局极值 gBest，另外也可以不用整个种群而只是用其中一部分作为粒子的邻居，那么在所有邻居中的极值就是局部极值。

3.5 常用软件

以上所介绍的非线性代数方程求解方法大都需要通过计算软件实现，MATLAB 以其强大的编程及计算能力而被广泛地应用于求解非线性代数方程中（王沫然，2006）。

MATLAB 是美国 Mathworks 公司开发的大型数学计算软件，集数学计算、仿真和函数绘图为一体，并拥有友好的界面，自产生之日起，就以其强大的功能和良好的开放性在科学计算软件中独占鳌头。它的操作和功能函数指令就是以平时计算机和数学书上一些简单英文单词表达的，初学者很容易掌握。另外 MATLAB 也是一个开放的环境，自带的 M 语言更是被誉为"第四代编程语言"，允许用户应用 M 语言开发自己的应用程序（王沫然，2006）。

MATLAB 提供了专门的数据插值函数，常用的插值函数有：Lagrange 插值、Hermite 插值、三次样条 Spline2 插值和分段线性插值。对于拟合问题，提供了多项式拟合函数及最小二乘法拟合，常用到的是多项式最小二乘法拟合。它同时提供了各种专业工具箱，如遗传算法工具箱（GAOT）就是其中之一，它简单易用，并且易于修改，为解决多峰值、非线性问题提供了有效的途径。

还有其他的软件（例如 Mathematica、R、Python 和 Maple）也都可以方便渠道水力学问题的求解。

参考文献

陈应华，袁晓辉，袁艳斌．2006．粒子群优化在临界水深计算中的应用［J］．水电能源科学．(1)：55 -
57，100．

邓建中．1993．Steffffensen 迭代加速法的改进［J］．西安交通大学学报．(3)：104 - 109．

邓建中．1998．求解非线性方程的逐次反插法［J］．工程数学学报．(4)：3 - 5．

邓建中，刘之行．2001．计算方法［M］．西安：西安交通大学出版社．

邸书灵，刘展威，刘玉宏．2002．关于非线性方程加速迭代的注记［J］．工科数学．(5)：82 - 86．

冯新龙，曾红玉．2003．加速牛顿迭代收敛的新方法［J］．新疆大学学报（自然科学版）．(2)：
122 - 124．

纪震，廖惠连，吴青华．2009．粒子群算法及应用［M］．北京：科学出版社．

金菊良，张欣莉，丁晶．2001．用加速遗传算法计算梯形明渠的临界水深［J］．四川大学学报（工程科
学版）．(1)：12 - 15．

冷畅俭．2013．含参变量非线性方程求解方法及其在水力计算中的应用［D］．杨凌：西北农林科技
大学．

李佩成．1996．怎样建立经验公式［M］．西安：西安地图出版社．

马子彦．1996．方程迭代求根加速收敛的算法研究．微机发展．(6)：28 - 30．

单华宁．1998．无穷序列加速收敛的一个方法［J］．南京理工大学学报．(6)：3 - 5．

王沫然．2016．MATLAB 与科学计算教程［M］．北京：电子工业出版社．

王石刚，刘莉，肖尚宏，等．1995．结构优化的 ga 算法．应用力学学报．(3)：106 - 110，129．

王永刚．1996．建议一个新的加速收敛因子［J］．西安公路交通大学学报．(4)：71 - 74．

王正中，陈柏儒，王羿，等．2018．平底抛物线形复合渠道水力最佳断面及实用经济断面统一设计方法
［J］．水利学报．49 (12)：1460 - 1470．

王正中，刘计良，冷畅俭，等．2011．含参变量超越方程及高次方程迭代法求解的初值选取方法［J］.
数学的实践与认识．41 (15)：117 - 120．

王正中，刘计良，潘灵刚，等．2010．加快迭代收敛速度的两个命题［J］．数学的实践与认识．40
(12)：205 - 209．

谢文平．2004．牛顿迭代收敛的加速［J］．航空计算技术．(4)：34 - 36．

杨立夫．1997．迭代过程的加速［J］．陕西工学院学报．(1)：67 - 69．

张克新，李自玲．2006．数值计算中的几种加速算法的比较［J］．中国水运（学术版）．(5)：68 - 69．

赵延风，王正中，方兴，等．2011．排灌输水隧洞正常水深的简捷算法［J］．排灌机械工程学报．
29 (6)：523 - 528．

Levin D. 1972. Development of non - linear transformations for improving convergence of sequences ［J］.
International Journal of Computer Mathematics. 3 (1 - 4)：371 - 388.

Smith D A，Ford W F. 1979. Acceleration of linear and logarithmic convergence ［J］. SIAM Journal on
Numerical Analysis. 16 (2)：223 - 240.

第4章 正常水深计算方法

水工输水建筑物中，常常采用渠道、涵洞、渡槽等明渠输水建筑物。均匀流的运动规律是渠槽水力设计的依据，均匀流的特征及其形成条件在分析明渠非均匀流问题时有重要作用。明渠内均匀流动的水深称为正常水深，用 h_0 表示。明渠均匀流的流量基本迭代公式为

$$\left(\frac{nQ}{\sqrt{i}}\right)^{0.6} = \frac{A}{\chi^{0.4}} \tag{4.1}$$

式中：Q 为流量，m^3/s；A 为过水断面面积，m^2；n 为渠道粗糙系数；χ 为湿周，m；i 为渠道的底坡比降。

复杂线形断面渠道一般其正常水深方程为高次方程，无解析解。

4.1 矩形断面渠道正常水深

4.1.1 矩形断面渠道正常水深研究方法

国外学者的研究早于国内，在 20 世纪 50 年代就开始对矩形断面特征水深计算方法进行研究，特别是 90 年代以后，对其特征水深进行了深入研究。基本研究方法有迭代法、图解法、数值求解法三种。王耀臣（1985）通过引入参数化简迭代公式，但是参数计算及公式形式复杂，并不利于迭代计算。葛节忠和王成现（2006）对基本公式恒等变形，推导出迭代公式，提出了迭代初值的取值范围。

数值求解法是主要研究内容。对于矩形断面，主要体现在以下四个方面。

（1）明渠摩阻方程法。Prabhata（1994）根据明渠摩阻方程，提出了窄深型、宽浅型、通用型的矩形正常水深计算公式，宽浅型矩形计算公式最大误差为 1%，通用型计算公式最大误差为 3%。

（2）级数展开法。Prabhata et al.（2004）根据拉格朗日定理，给出谢才公式和曼宁方程的级数展开式，直接求解矩形的正常水深。Rajesh Srivastava（2006）对该文进行了评价和讨论，并提出相对简单、实用的公式。

（3）初值迭代法。林焱山（1980）利用矩形断面临界水深具有解析解的特点，以临界水深作为正常水深的迭代初值，配合迭代公式，求解正常水深。赵延风等（2008a）引入无量参数，采用曲线拟合的方法，拟合初值函数。

（4）函数替代法。许延生等（2000，2001）采用分裂算法和耦合算法，推求替代函数，计算原理复杂，但是计算精度比较高。李诚（1999）、文辉和李风玲（2010a）、滕凯（2012a）先后引入无量纲参数，采用曲线拟合法，拟合替代函数。

4.1.2 矩形断面渠道正常水深计算

矩形断面正常水深方程涉及高次方程的求解，无解析解。现有的求解公式多采用曲线拟合法求解。现有的公式有 Prabhata K. Swamee（1994）公式、Prabhata K. Swamee（2004）公式、Rajesh Srivastava（2006）公式、王耀臣（1985）公式、林焱山（1998）公式、李诚（1999）公式、许延生（2000）公式、许延生（2001a）公式、许延生（2001b）公式、赵延风（2008a）公式、文辉（2010a）公式、滕凯（2012a）公式等 12 套公式。

前 5 套公式结构复杂或适用范围太小，不纳入对比范围。从简捷、准确、通用三方面综合考察对比了后 7 套公式，各个公式都存在不同的优缺点，主要表现在以下几个方面。

1）从结构简单形式看，李诚（1999）公式、滕凯（2012a）公式相对简单，许延生（2001）公式的两个公式最为复杂。从计算原理分析，许延生（2000）公式最为复杂，其他公式的计算原理相对简单，公式的复杂程度相近。

2）从适用范围分析，许延生（2000，2001）公式的适用范围最广。

3）从计算精度分析，在各自的适用范围内，许延生（2000，2001）公式计算精度最高。除李诚（1999）公式不能满足工程常用范围外，其余公式均能满足工程常用范围。

矩形断面正常水深计算公式综合评价见表 4.1。

表 4.1　　　　　　　　　矩形断面渠道正常水深计算公式综合评价

公 式 名 称	η_j 适用范围	最大相对误差/%	综 合 评 价
李诚（1999）公式	(0, 3]	0.58	简捷，通用性弱，精度较高
赵延风（2008a）公式	[0.05, 5]	0.20	简捷，通用性强，精度高
文辉（2010a）公式	(0, 10]	0.75	较简捷，通用性强，精度较高
滕凯（2012a）公式	(0, 5]	0.50	简捷，通用性强，精度较高
许延生（2000）公式	(0, ∞)	0.27	较简捷，通用性强，精度高
芦琴（2005）公式	(0, 5]	0.06	较简捷，通用性强，精度高

表 4.1 表明 6 套公式中，除李诚（1999）公式不能满足工程常用范围外，其余公式均能满足工程常用范围。综合考虑，推荐许延生（2000）公式。具体如下。

许延生等（2000）应用算子分裂思想将矩形明渠均匀流方程分裂为两个简单算式，通过耦合方法建立了整个定义域内的统一近似算式。数值计算公式为

$$\begin{cases} \eta = \alpha\left[(1+\alpha)^{-0.87} + 2\alpha\right]^{2/3} \\ \eta = \dfrac{h_0}{b} \\ \alpha = \left(\dfrac{Q^3 n^3}{i^{3/2} b^8}\right)^{1/5} \end{cases} \tag{4.2}$$

其中，适用范围为：$\eta \in (0, \infty)$，最大相对误差小于 0.27%。

【算例】 一矩形断面明渠，流量 $Q = 50\text{m}^3/\text{s}$，底坡 i 为 0.00075，粗糙系数 n 为 0.025，已知底宽 $b = 8\text{m}$ 时，求均匀流水深 h。

解： 采用式（4.2）求该矩形断面均匀流水深的步骤如下：

$$\alpha = \left(\frac{Q^3 n^3}{i^{3/2} b^8}\right)^{1/5} = 0.355372362$$

$$\eta = \alpha\left[(1+\alpha)^{-0.87} + 2\alpha\right]^{2/3} = 0.461636346$$

$$h = b\eta = 3.693090774(\text{m})$$

利用计算机可得精确解为 $h^* = 3.693090772\text{m}$，相对误差为 $e = \dfrac{h-h^*}{h^*} \times 100\% = 6 \times 10^{-8}\%$。

4.2 梯形断面渠道正常水深

4.2.1 梯形断面渠道正常水深研究方法

梯形渠道断面形式分为等腰梯形和不等腰梯形两种。由于等腰梯形明渠在工程上普遍存在，因此对于等腰梯形明渠的正常水深，国内外研究相对较多，出现了不同计算方法、迭代公式、数值求解公式。国外学者对等腰梯形明渠特征水深的研究可以追溯到20世纪20年代甚至更早，其计算方法一般为图解法和数值求解（沙尔马诺夫斯基，蔡永久1956）。

梯形断面正常水深的迭代法、图表法、编程电算法及数值法如下：

Abdul – Ilah Y. Mohammed（1998）提出了等腰梯形的迭代公式；Ramappa G. Patil et al.（2005）提出了计算正常水深快速收敛的迭代公式。王耀臣（1985）给出了梯形渠道正常水深的迭代公式，公式最终结构形式简单，但是参数计算公式复杂。宋定春（1989）提出了采用加权方法和迭代值修正加速收敛法，并讨论了权系数的取值范围及计算推荐值应用迭代法计算正常水深，所得公式计算精度很高，但由于多系数造成公式结构复杂。齐清兰（1998）提出用牛顿迭代法改造迭代公式，提高收敛阶，减少迭代次数。随后相继有杨红鹰等（1999）、熊宜福（2003）、葛节忠等（2004，2006）、葛节忠和王成现（2006）等对迭代公式改进，致力于减少迭代次数，提高计算效率。

朱郑伯（1988）提出无量纲水深参数，得到不同边坡系数下，无量纲水深与流量和底宽的曲线关系，列出其系数表，可以直接计算正常水深，计算精度高，但是，曲线系数没有计算公式，必须查表。樊建军（1990）、肖睿书等（1994）对基本迭代公式变形后，查相关参数表或关系图以选取合理的初值，迭代求解正常水深。

运用MATLAB编程计算的有 Harinarayan Tiwari et al.（2012）、赵延风（2008b）。乔文忠等（2002）利用二分法编程迭代计算正常水深。杨艳（2011）采用Office常用软件Excel编制计算表格程序计算。张宽地等（2009a）用模式搜索算法求解梯形明渠正常水深，提供了一种新的求解思路。

4.2.2 梯形断面渠道正常水深计算

求解梯形断面的正常水深，数值求解法仍然为主要方法，具体如下：

1. 明渠摩阻方程法

Prabhata K. Swamee（1994）根据明渠摩阻方程，提出了等腰梯形明渠的计算公式，该公式的适用范围为 $0.5 \leqslant m \leqslant 3.5$，最大误差为 3%。

2. 级数展开法

Prabhata K. Swamee et al. (2004) 根据拉格朗日定理，给出曼宁和谢才公式的级数展开式，以直接求解等腰梯形的正常水深；Rajesh Srivastava (2006) 对该文进行了评价和讨论，并提出相对简单和误差较小的公式。

3. 初值迭代法

郝树棠 (1995) 对迭代公式简化，并且提出初值的选取，经 1~2 次迭代即可算出满意的值。王正中等 (1998) 通过对梯形明渠均匀流基本方程的数学变换，得到计算无量纲正常水深的迭代式，利用最佳逼近拟合原理得到无量纲正常水深与边坡系数的关系，求解无量纲正常水深的初值，用迭代公式进行一次迭代得到无量纲正常水深的直接计算公式。Ali R. Vatankhah and Said M. Easa (2011) 对迭代方程进行了变化，采用曲线拟合的方法拟合初值函数。Ali R. Vatankhah (2013) 对显式方程进行了对比分析，提出推荐方程。

4. 函数替代法

谢崇高 (1994) 提出参数，并对参数分四个区域，拟合替代函数，列出系数表，显式求解。Ravi C Shrestha (2005) 通过大量数据的回归计算，给出了正常水深的数值求解公式，但是计算误差偏大，最大偏差达到 37.4%。

4.2.3 等腰梯形断面与不等腰梯形断面

梯形渠道断面形式分为等腰梯形和不等腰梯形两种。

(1) 等腰梯形断面。国内外学者对直接计算等腰梯形明渠的正常水深公式研究成果多于其他断面形式，随之出现了评价、讨论、改进的研究成果 (李蕊 2008；赵延风 等 2009；刘计良 等 2012)。

等腰梯形的正常水深显式求解公式已经出现多套，但是从公式的来源来说，基本上分为四类：即明渠摩阻方程法，如 Prabhata K. Swamee (1994) 公式；级数展开法，如 Swamee et al. (2004) 公式；直接归纳法，如 Ra vi C Shrestha (2005) 公式；无量纲参数法，如 Ali R. Vatankhah (2011) 公式、王正中 (1998) 公式等。但是前三类方法由于公式复杂，研究较少，普遍以研究无量纲参数法为主。

截至目前，计算公式已经形成多套，并且参数有无量纲水深和无量纲水面宽，主要研究成果为无量纲水深。已经形成 6 套公式，包括 Ali R. Vatankhah (2011) 公式、王正中 (1998) 公式、刘庆国 (1999) 公式、李蕊 (2008) 公式、赵延风 (2009) 公式和李永红 (2014) 公式。

对等腰梯形断面，6 套公式的具体综合评价结果见表 4.2。

表 4.2 　　　　　　　　等腰梯形断面渠道正常水深计算公式综合评价

公式名称	适用范围		最大相对误差/%	综合评价
	m	η_t		
Ali R. Vatankhah (2011) 公式	(0, 3]	(0, 1]	0.7	较简捷，通用性较强，精度较高
王正中 (1998) 公式	(0, 4]	(0, 2]	1.8	简捷，通用性强，精度较低

公 式 名 称	适用范围		最大相对误差/%	综 合 评 价
	m	η_t		
刘庆国（1999）公式	[0.25, 3]	[0.227, 0.625]	0.6	较简捷，通用性弱，精度较高
李蕊（2008）公式	(0, 4]	(0, 2]	17.3	简捷，通用性强，精度低
赵延风（2009）公式	[0.1, 10]	(0, 2]	1.2	较简捷，通用性强，精度较低
李永红（2014）公式	[0.2, 10]	(0, 3.4]	0.99	较简捷，通用性强，精度较高

在工程常用范围 $\eta_t \in (0, 2]$，$m \in (0.2, 4]$，以工程上最为常用的边坡系数 m 为 1、1.5、2、2.5 的情况下，对相对比较成熟的 7 套公式（Ali R. Vatankhah, 2011；郝树棠，1995；王正中，1998；刘庆国，1999a，1999b；张迪，2003；李蕊，2008；赵延风，2009）进行归纳和总结。张迪（2003）公式和郝树棠（1995）公式，只是对初值的选取提出了方法，并未给定初值函数，其余 5 套公式存在不同的优缺点，主要表现在以下方面。

1）从结构简单形式看，除赵延风（2009）公式和 Ali R. Vatankhah（2011）公式相对复杂外，其余公式基本接近。

2）从适用范围分析，赵延风（2009）公式适用范围最广，刘庆国（1999a）公式适用范围最小。

3）从计算精度分析，这 5 套在各自的适用范围内，刘庆国（1999a）公式计算精度最高。

综合考虑，推荐李永红（2014）公式。

Ali R. Vatankhah（2011）公式、刘庆国（1999a，1999b）公式、赵延风（2009）公式和李永红（2014）公式具体如下：

1. Ali R. Vatankhah（2011）公式

Ali R. Vatankhah（2011）采用曲线拟合法推导出近似求解方程。基本公式为

$$\begin{cases} \alpha_t = \dfrac{\eta_t^{5/3}(1+m\eta_t)^{5/3}}{(1+2\eta_t\sqrt{1+m^2})^{2/3}} \\[3mm] \eta_t = \dfrac{h_0}{b} \end{cases} \tag{4.3}$$

数值计算公式为

$$\begin{cases} \eta_t = \dfrac{\alpha_t^{3/5}(1+2\eta_{t0}\sqrt{1+m^2})^{2/5}}{1+m\eta_{t0}} \\[3mm] \eta_{t0} = \dfrac{1+0.856\alpha_t^{3/5}(1+m^{1.263})(1-0.0585m\alpha_t^{3/5})}{\alpha_t^{-3/5}+1.945m} \\[3mm] \alpha_t = \dfrac{nQ}{b^{8/3}\sqrt{i}} \end{cases} \tag{4.4}$$

适用范围为：$0 \leqslant m \leqslant 3$，$0 \leqslant \eta_t \leqslant 1$，最大相对误差不大于 0.7%。

2. 赵延风（2009）公式

通过引入无量纲水面宽度，采用曲线拟合的方法得到迭代初值。基本公式为

$$\begin{cases} \alpha_t = \dfrac{\lambda_t^2 - 1}{[m + (\lambda_t - 1)\sqrt{1+m^2}]^{0.4}} \\ \lambda_t = 1 + \dfrac{2m}{b}h_0 \end{cases} \tag{4.5}$$

数值计算公式为

$$\begin{cases} \lambda_t = \sqrt{\alpha_t [m + (\lambda_{t0} - 1)\sqrt{1+m^2}]^{0.4} + 1} \\ \lambda_{t0} = (\alpha_t k^{0.4} + 1)^{0.5} \\ k = \alpha_t (0.3m + 0.25) + m(0.15m + 1.125) \\ \alpha_t = \dfrac{4}{b}\left(\dfrac{mnQ}{i^{0.5}b}\right)^{0.6} \end{cases} \tag{4.6}$$

适用范围为：$0.1 \leqslant m \leqslant 10$，$0 \leqslant \eta_t \leqslant 2$，最大相对误差不大于 1.2%。

3. 刘庆国（1999a，1999b）公式

刘庆国的迭代公式采用回归法，得到初值计算公式。数值计算公式为

$$\begin{cases} \eta_t = \dfrac{(1 + 2\sqrt{1+m^2}\,\eta_{t0})^{0.4}\alpha_t^{0.6}}{1 + m\eta_{t0}} \\ \eta_{t0} = 0.91\alpha_t^{0.56} - 0.58\alpha_t \lg m \\ \alpha_t = \dfrac{nQ}{b^{8/3}\sqrt{i}} \end{cases} \tag{4.7}$$

适用范围为：$0.25 \leqslant m \leqslant 3$ 和 $0.227 \leqslant \eta_t \leqslant 0.625$，最大相对误差不大于 0.6%。

4. 李永红（2014）公式

$$\begin{cases} \alpha_t = \dfrac{\eta_t + m\eta_t^2}{(1 + 2\eta_t \sqrt{1+m^2})^{0.4}} \\ \eta_t = \dfrac{\sqrt{1 + 4m\alpha_t(1 + 2\eta_t \sqrt{1+m^2})^{0.4}} - 1}{2m} \\ \eta_t = \dfrac{h_0}{b} \end{cases} \tag{4.8}$$

初值采用如下公式计算：

$$\begin{cases} \eta_{t0} = k_1 \alpha^{k_2} \\ k_1 = 0.857m^{-0.264} \\ k_2 = (0.07m^{-0.839} - 0.029)\ln\alpha + 0.192m^{-0.474} + 0.65 \end{cases} \tag{4.9}$$

适用范围为：$0.2 \leqslant m \leqslant 10$，$0 \leqslant \eta_t \leqslant 3.4$，最大相对误差不大于 0.99%。

【算例】 有一梯形断面渠道，已知流量 $Q = 2.5\text{m}^3/\text{s}$，底坡 $i = 0.002$，粗糙系数 $n = 0.025$，底宽为 $b = 0.8\text{m}$，根据不同的边坡系数 m，求正常水深 h_0。

解：根据题意，假设 6 种不同的边坡系数 m 分别为 1、2、4、6、8、10。使用李永红（2014）公式 [即式（4.8）和式（4.9）] 求梯形断面正常水深 h_0 步骤如下：

$$\alpha_t = \frac{\eta_t + m\eta_t^2}{(1+2\eta_t\sqrt{1+m^2})^{0.4}}$$

再根据如下公式计算初值：

$$\begin{cases} \eta_{t0} = k_1\alpha^{k_2} \\ k_1 = 0.857m^{-0.264} \\ k_2 = (0.07m^{-0.839} - 0.029)\ln\alpha + 0.192m^{-0.474} + 0.65 \end{cases}$$

在不同边坡系数下的无量纲水深 η_{t0}，代入如下公式获得计算值：

$$\eta_t = \frac{\sqrt{1+4m\alpha_t(1+2\eta_{t0}\sqrt{1+m^2})^{0.4}} - 1}{2m}$$

求得相应的 η_{t1} 以及对应的相对误差。具体结果见表 4.3。

表 4.3   不同边坡系数下的梯形断面渠道正常水深计算结果表

边坡系数 m	α_t	初值 η_{t0}	计算值 η_{t1}	计算值 h_{01}/m	迭代值 η_t	迭代值 h_0/m	相对误差 $\Delta\%$
1.0	1.222416	1.013990	1.0329619	1.033	1.037675	1.038	0.45
2.0	1.222416	0.835254	0.8458984	0.846	0.848481	0.848	0.30
4.0	1.222416	0.690144	0.6931035	0.693	0.693828	0.694	0.10
6.0	1.222416	0.617907	0.6144368	0.614	0.613586	0.614	0.14
8.0	1.222416	0.571505	0.5628088	0.563	0.560678	0.561	0.38
10.0	1.222416	0.538028	0.5250933	0.525	0.521933	0.522	0.61

（2）不等腰梯形断面。不等腰梯形明渠正常水深的基本方程为高次方程，无法直接求解。传统采用试算法及图解法进行求解，使用既不方便，误差又大。为此，李永红（2015）一方面从明渠均匀流基本方程入手，对其进行基本变形，得到无量纲正常水深的迭代公式，并从数学上证明了迭代公式的收敛性。另一方面，通过对无量纲正常水深 η_t 与已知参数 m_1、m_2、α_t 之间关系的分析及数值计算，利用最佳逼近拟合原理得到正常水深的数值计算式。以此近似计算式为初值，用迭代方程进行一次迭代得到不等腰梯形明渠正常水深的数值计算公式。不等腰梯形的迭代公式为

$$\eta_t^{j+1} = \frac{\sqrt{1+\alpha_t(m_1+m_2)[1+\eta_t^j(\sqrt{1+m_1^2}+\sqrt{1+m_2^2})]^{0.4}} - 1}{m_1+m_2} \tag{4.10}$$

其中

$$\eta_t = \frac{h_0}{b} \tag{4.11}$$

$$\alpha_t = \frac{2}{b^{1.6}}\left(\frac{nQ}{\sqrt{i}}\right)^{0.6} \tag{4.12}$$

采用曲线拟合的最小二乘法，分析在不同边坡系数下 η_t 与 α_t 的关系，再根据不同边坡系数，分析曲线函数的系数与边坡系数的关系，从而由边坡系数、已知 α_t，计算确定初值 η_{t0}。

迭代初值 η_{t0} 使用如下方程计算：

$$\eta_{t0}=\mathrm{e}^{\left[0.01952\left(\frac{m_1+m_2}{2}\right)^{-0.641}-0.035\right](\ln\alpha_t)^2+0.9128\left(\frac{m_1+m_2}{2}\right)^{-0.114}\ln\alpha_t+79.22\left(\frac{m_1+m_2}{2}\right)^{-0.002}-80} \tag{4.13}$$

依据确定的无量纲正常水深的初值，可以直接求解无量纲正常水深的值，即

$$\eta_t=\frac{\sqrt{1+\alpha_t(m_1+m_2)\left[1+\eta_{t0}(\sqrt{1+m_1^2}+\sqrt{1+m_2^2})\right]^{0.4}}-1}{m_1+m_2} \tag{4.14}$$

无量纲正常水深的显性求解公式的取值范围为 m_1，$m_2\in[0.1,4]$，$\eta_t\in(0,2]$。在工程常用范围内，显性计算公式只是在部分点相对误差大于 1%，最大值为 1.46%，如果再迭代一次，则整个范围的相对误差小于 0.5%。对于 $\eta_t<1$，即深宽比小于 1，显性计算结果相对误差 $\Delta_{\max}<1\%$。

【算例】 有一梯形断面渠道，已知流量 $Q=2.5\mathrm{m^3/s}$，底坡 $i=0.002$，粗糙系数 $n=0.025$，底宽为 $b=0.8\mathrm{m}$，根据不同组合的边坡系数 m_1 和 m_2，求解正常水深 h_0。

解： 根据题意，假设 4 种不同组合的边坡系数（m_1，m_2）分别为（1.0，2.0）、（1.5，2.0）、（1.5，2.5）、（2.0，2.5）。

根据式（4.12）得到综合参数 α_t

$$\alpha_t=\frac{2}{b^{1.6}}\left(\frac{nQ}{\sqrt{i}}\right)^{0.6}=2.444832$$

再根据如下公式计算迭代初值 η_{t0}

$$\eta_{t0}=\mathrm{e}^{\left[0.01952\left(\frac{m_1+m_2}{2}\right)^{-0.641}-0.035\right](\ln\alpha_t)^2+0.9128\left(\frac{m_1+m_2}{2}\right)^{-0.114}\ln\alpha_t+79.22\left(\frac{m_1+m_2}{2}\right)^{-0.002}-80}$$

在不同组合边坡系数下的无量纲正常水深 η_{t0}，代入公式

$$\eta_t=\frac{\sqrt{1+\alpha_t(m_1+m_2)\left[1+\eta_{t0}(\sqrt{1+m_1^2}+\sqrt{1+m_2^2})\right]^{0.4}}-1}{m_1+m_2}$$

求得相应的 η_{t1} 以及对应的相对误差。具体结果见表 4.4。

表 4.4　　　　　　　不同边坡系数下的梯形断面渠道正常水深计算结果表

边坡系数		α_t	初值	计算值		迭代值		相对误差
m_1	m_2		η_{t0}	η_{t1}	h_0/m	η_t	h_0/m	$\Delta/\%$
1.0	2.0	2.4448319	0.948356	0.928963	0.929	0.924306	0.924	0.504
1.5	2.0	2.4448319	0.911987	0.887757	0.888	0.881985	0.882	0.654
1.5	2.5	2.4448319	0.881862	0.855756	0.856	0.849543	0.850	0.731
2.0	2.5	2.4448319	0.856297	0.827363	0.827	0.820493	0.820	0.837

4.3　U 形断面渠道正常水深

4.3.1　U 形断面渠道正常水深研究方法

由于 U 形断面过水能力强，被认为是水力最优断面之一。在断面设计上，许多学者

提出不同设计方法。张迪等（2002）分析了过水面积、湿周、水力半径的影响因素及对过流能力的影响，提出断面底圆半径与上部直立段高度的选取以及流量计算的方法。赵文龙（2011）阐述了U形断面参数的选择和断面尺寸的计算。

在U形断面渠道正常水深计算上，基本研究方法有迭代法、图表法、程序电算法及数值法4种。刘崇选（1992）给出了标准U形断面过水能力的计算参数表和正常水深计算的迭代公式，并且证明了迭代的收敛性。辛孝明（1995）给出了迭代式。葛节忠等（2004）、葛节忠和王成现（2006）通过均匀流公式导出了水深大于半径的U形断面正常水深计算的迭代公式，并给出迭代初值选取的方法。卜漱和（1986）给出了U形断面的正常水深求解图。孙颖娜等（2001）利用VB 6.0进行编程，求解U形渠道的正常水深。

数值求解法研究为主流，国内外对U形的正常水深显式求解公式已有多套，多是以无量纲水深为参数，先采用曲线拟合，通过迭代寻找近似求解公式。滕凯等（1995a，1995b，2013）采用曲线拟合的办法，给出了数值求解公式。张新燕等（2013）引入无量纲水深，采用麦考特优化法，以离差平方和最小为目标，最优化拟合给出U形渠道正常水深的数值求解公式。

4.3.2 U形断面渠道正常水深计算

从简捷、准确、通用三方面综合考察对比了上述3套公式，具体见表4.5，它们分别运用不同的方法，对基本公式进行改造，选取无量纲水深，计算U形的正常水深，但是，各个公式都存在不同的优缺点，主要表现在以下方面。

1）从结构简单形式看，滕凯（2013）公式相对简单而且有理论依据，张新燕（2013）公式最为复杂。

2）从适用范围分析，张新燕（2013）公式适用范围最广。

3）从计算精度分析，在工程常用范围内，滕凯（1995a，1995b）公式的计算精度最高。

表 4.5   U形断面渠道正常水深计算公式综合评价

公 式 名 称	适用无量纲水深范围	最大相对误差/%	综 合 评 价
滕凯（1995a）公式	(1, 1.85]	0.14	较简捷，通用性较弱，精度高
滕凯（2013）公式	[0.005, 2]	0.57	简捷，通用性较强，精度较高
张新燕（2013）公式	[0.01, 90]	0.93	较简捷，通用性强，精度较高
李永红（2015）公式	(0, 10]	0.24	较简捷，通用性强，精度高

表4.5表明4套公式中，适用范围最大的为张新燕（2013）公式。对于滕凯（1995a）公式，滕凯和张丽伟（2013）的系数1.7，经验算系数必须变为1.71，才能达到其适用范围。4套公式中，滕凯（1995a）公式的范围最小，李永红（2015）公式的适用范围小于张新燕（2013）公式范围，但是已经包括工程实际出现情况。从计算相对误差分析过程看，张新燕（2013）公式的复杂程度较大，特别是对于 $h_0 \leqslant r$ 时，公式的复杂程度更为突出，滕凯（2013）公式最为简捷。从计算精度分析，滕凯（1995a）公式和李永红（2015）公式的计算精度最高，对于 $h_0 \leqslant r$ 时，4套公式的计算精度接近，都不超过

0.5%；对于 $h_0 > r$ 时，李永红（2015）公式的计算精度最高。

结合工程实际出现的情况，对 4 套公式综合分析，滕凯（2013）公式适用范围既能符合工程实际，计算精度和简捷度较高，完全满足工程需要，是计算 U 形明渠正常水深的最佳公式。

1. 滕凯（1995a）公式

采用优化拟合的方法，提出了 U 形渠道直线段的正常水深计算公式。基本公式为

$$\begin{cases} \alpha_u = \dfrac{[0.5\pi + 2(\eta_u - 1)]^{5/3}}{[\pi + 2(\eta_u - 1)]^{2/3}} \\ \eta_u = h_0/r \end{cases} \tag{4.15}$$

数值计算公式为

$$\begin{cases} \eta_u = \sqrt{50.2928 + 8.3403(\alpha_u - 0.9895)} - 6.0917 \\ \alpha_u = nQ/(r^{8/3}\sqrt{i}) \end{cases} \tag{4.16}$$

适用范围为：$1 < \eta_u \leqslant 1.85$，最大相对误差为 0.14%。

2. 滕凯（2013）公式

采用优化拟合的方法，经逐次逼近拟合计算，获得 U 形渠道正常水深的计算公式。基本公式为

$$\begin{cases} \alpha_u = \dfrac{\arccos(1-\eta_u) - (1-\eta_u)\sqrt{1-(1-\eta_u)^2}}{[\arccos(1-\eta_u)]^{0.4}} & (0 \leqslant \eta_u \leqslant 1) \\ \alpha_u = \dfrac{0.5\pi - 2(1-\eta_u)}{(0.5\pi - 1 + \eta_u)^{0.4}} & (1 \leqslant \eta_u \leqslant 2) \\ \eta_u = \dfrac{h_0}{r} \end{cases} \tag{4.17}$$

数值计算公式为

$$\begin{cases} \eta_u = (1.7\alpha_u^{-1.136} - 0.2613)^{-0.68} \\ \alpha_u = (nQ/\sqrt{i})^{0.6}(2^{2/5}/r^{1.6}) \end{cases} \tag{4.18}$$

适用范围为：$0.005 < \eta_u \leqslant 2$，最大相对误差为 0.677%。

3. 张新燕（2013）公式

采用麦考特优化法，以离差平方和最小为目标，利用 SAS 软件编程，通过最优化拟合建立了 U 形渠道正常水深的计算公式，基本公式见式（4.19）。

数值计算公式为

$$\begin{cases} \eta_u = -0.0019 + 0.12\alpha_u^{0.5} + 1.08\alpha_u - 1.172\alpha_u^{1.5} \\ \qquad + 1.356\alpha_u^2 - 0.859\alpha_u^{2.5} + 0.251\alpha_u^3 & (\alpha_u \in (0, 1.31]) \\ \eta_u = 0.413 + 0.349\alpha_u^{1.5} + 0.039\alpha_u^2 & (\alpha_u \in (1.31, 830.16]) \\ \alpha_u = 2^{0.4}(nQ/\sqrt{i})^{0.6}/r^{1.6} \end{cases} \tag{4.19}$$

适用范围为：$\alpha_u \in (0, 830.16]$，最大误差小于 1%。

4. 李永红（2015）公式

$$\alpha_u = \left(\frac{nQ}{\sqrt{i}}\right)^{0.6}\frac{2}{r^{1.6}} \tag{4.20}$$

$$\begin{cases} \eta_u = 2.926 - \sqrt{8.562 - 2.8664\alpha_u^{0.765}} & (\alpha_u \in [0.0062, 1.9874)) \\ \eta_u = 0.0929\alpha_u^{1.8} + 0.2407\alpha_u + 0.2328 & (\alpha_u \in (1.9874, 11.55]) \\ \alpha_u = 2r^{-1.6}(nQ/\sqrt{i})^{0.6} \end{cases} \quad (4.21)$$

$$h_0 = \eta_u r \quad (4.22)$$

适用范围为：$0 < \eta_u \leqslant 10$，最大相对误差为 0.24%。

【算例】 已知某输水渡槽设计过流量 Q 分别为 $5.0 \text{m}^3/\text{s}$，$32.0 \text{m}^3/\text{s}$，经设计方案比较，拟选用标准 U 形断面，设计半径 $r = 3.0\text{m}$，槽底设计坡降 $i = 1/14000$，槽内壁粗糙系数 $n = 0.0225$，分别计算 2 种设计流量情况下渡槽的正常水深 h 值：

解：使用滕凯 (2013) 公式进行算例计算。

当流量 Q 分别为 $5.0 \text{m}^3/\text{s}$，$32.0 \text{m}^3/\text{s}$ 时，根据已知参数使用式 (4.21) 可得

$$\alpha_{u1} = \frac{2^{2/5}}{r^{1.6}}\left(\frac{Q_1 n}{\sqrt{i}}\right)^{0.6} = 0.73846$$

$$\alpha_{u2} = \frac{2^{2/5}}{r^{1.6}}\left(\frac{Q_2 n}{\sqrt{i}}\right)^{0.6} = 2.24924$$

将 α_{u1}、α_{u2} 分别代入 $\eta_u = (1.7\alpha_u^{-1.136} - 0.2613)^{-0.68}$ 即可分别解得 η_{u1}、η_{u2} 为

$$\eta_{u1} = (1.71\alpha_{u1}^{-1.136} - 0.2613)^{-0.68} = 0.5939$$

$$\eta_{u2} = (1.71\alpha_{u2}^{-1.136} - 0.2613)^{-0.68} = 1.8050$$

则有：$h_1 = \eta_{u1}r = 1.7816\text{m}$，$h_2 = \eta_{u2}r = 5.4149\text{m}$。经利用计算机编程计算，可得精确解分别为 $h_1 = 1.7819\text{m}$，$h_2 = 5.4125\text{m}$。公式的计算相对误差分别为 0.017%、0.044%。

4.4 弧形底梯形断面渠道正常水深

4.4.1 弧形底梯形断面渠道正常水深研究方法

在弧形底梯形断面设计方面，高玉芳等（2005）推导出利用最佳水力断面求解实用断面的设计公式，后来季国文（1997）、荣丰涛（2003）、赵文龙（2011）在断面尺寸计算方面提出不同的公式和方法。弧形底梯形断面正常水深计算以迭代法和数值计算为主，所用方法和成果主要体现在以下几个方面。

（1）迭代法。吕宏兴（1991，1994，2004）给出了正常水深与临界水深范围的判别方法和迭代公式。田媛（1990）给出了圆底形渠道正常水深和渠底圆弧半径计算的迭代公式。张洪恩（1991）从工程实际情况出发提出直线段的外倾角范围，并给出了正常水深的计算方法和迭代公式。

（2）图表法。借助其他计算简单的断面求解弧底梯形正常水深，并提出校正系数或参数取值表。张喜昌（1987）、王双（2010）等借助延长上部梯形，使延长部分的面积等于底弧面积，借助梯形求解。而董为民（2005）则延长下部梯形，借助外切梯形求解。刘崇选（1990，1992）给出了借助标准 U 形代替弧底梯形计算的要求和范围以及系数表，引

用无量纲参数，并且给出参数取值表。张生贤等（1992）、邹珊（2009）引用无量水深，谢建钢（1996，2000）采用流量和分界流量的比值作为参数。K. Babaeyan - Koopaei（2001）给出了弧底梯形边坡系数在［1，3］的正常水深无量纲曲线图，借助此图可以求解正常水深。

（3）程序法。孙颖娜等（2001）利用 VB6.0 进行编程求解弧底梯形渠道中的正常水深。王顺久等（2002）采用实数编码遗传算法求解正常水深。赵晨等（2006）、成铁兵（2007）、叶培聪（2008）、龙洪林（2012）、徐文秀（2008）等采用 VC 编程语言、Excel、MATLAB 等软件编制程序进行正常水深。

（4）数值计算。滕凯等（1996a，2001）、滕凯和周辉（2012）先后采用曲线拟合的办法、级数展开法，给出了 m 为参变量的正常水深数值计算公式。王正中等（1997）得到无量纲正常水深的迭代公式，采用最佳逼近原理拟合，提出了正常水深的数值计算公式。李风玲等（2006，2007，2010）运用拟合的方法得到了窄深式、宽浅式等弧底梯形渠道无量纲正常水深的 3 套数值计算公式。张新燕等（2013）采用麦考特法最优化拟合，提出一套弧底梯形渠道正常水深的数值计算公式。刘计良等（2012）总结分析部分现有公式，推荐了弧底梯形正常水深的数值计算公式。

国内外对弧底梯形的正常水深显式求解公式已有 8 套（滕凯，1996a；滕凯，2001；王正中，1999；李风玲，2006；李风玲，2007；李风玲，2010；滕凯，2012；张新燕，2013），都是以无量纲水深为参数，除滕凯（2001）公式采用泰勒级数展开式求解外，其余采用曲线拟合或逼近原理，寻找近似求解公式。

4.4.2　弧形底梯形断面渠道正常水深计算

从简捷、准确、通用三方面综合考察对比了上述 8 套公式运用不同的方法，对基本公式进行改造，选取无量纲水深，计算弧底梯形的正常水深。但是，各个公式都存在不同的优缺点，主要表现在以下方面。

1）从结构简单形式看，李风玲（2010）公式相对简单，滕凯（1996a）公式最为复杂。

2）从适用范围分析，张新燕（2013）公式适用范围最广。

3）从计算精度分析，滕凯（1996a）公式的计算精度最高。

进一步挑选王正中（1999）公式、滕凯（2012）公式与李永红（2015）公式进行综合评价。对照范围为水深超过底弧矢高，边坡系数为 $m \leqslant 4$。评价结果见表 4.6。

表 4.6　　　　　　　　　弧底梯形断面渠道正常水深 3 套计算公式的综合评价

公式名称	适用范围		最大相对误差/%	综合评价
	$\eta_h (\beta_h)$	m		
王正中（1999）公式	［0.2，10］	（0.5，4］	1.67	简捷，通用性强，精度较低
滕凯（2012）公式	［h_0/e，4］，且 $h_0/e \geqslant 0.15$	［0.3，4］、$m \neq 2$	1.509	较简捷，通用性弱，精度较低
李永红（2015）公式	（0，45）	［0.15，10］	0.92	较简捷，通用性强，精度较高

结果表明 3 套公式的适用范围，范围最大的为王正中（1999）公式，次之为李永红（2015）公式，对滕凯（2012）公式的适用范围，在 $m=2$ 时 80% 的点相对误差超过 1%。从计算相对误差分析过程看，3 套公式的复杂程度比较接近，李永红（2015）公式稍微复杂，相对较简单的为滕凯（2012）公式，没有初值。从计算精度分析，李永红（2015）公式的计算精度最高，最大相对误差不超过 0.41%，次之王正中（1999）公式。结合工程实际出现的情况，对三套公式综合分析，李永红（2015）公式适用范围既能符合工程实际，计算精度又高，完全满足工程需要，是计算弧底梯形明渠正常水深的推荐公式。综合考虑，推荐李永红（2015）公式。3 套公式具体如下：

1. 王正中（1999）公式

采用最佳逼近拟合原理和数值计算分析，对通过极限法取得的迭代初值进行修正，得到弧底梯形正常水深的数值计算公式。基本公式为

$$\begin{cases} \alpha_h = \dfrac{(m\eta_h - m + \sqrt{1+m^2})^2 + \arcsin\dfrac{1}{\sqrt{1+m^2}} - 1}{\left[2m\sqrt{1+m^2}(\eta_h-1) + 2m^2 + 2m\arcsin\dfrac{1}{\sqrt{1+m^2}}\right]^{0.4}} \\ \eta_h = \dfrac{h_0}{r} \end{cases} \tag{4.23}$$

数值计算公式为

$$\begin{cases} \eta_h = 1 - \sqrt{1+m^2}/m + \lambda_h/(2m) \\ \lambda_h = 2\sqrt{f + \alpha_h(\sqrt{1+m^2}\,\lambda_0 - 2f)}^{\,0.4} \\ \lambda_0 = 2.4\varphi[\alpha_h^5(1+m^2)]^{0.125} \\ \varphi = (m\alpha_h^{1.2})^{-0.16} \quad (m\alpha_h^{1.2}<1) \\ \varphi = 1 \quad (m\alpha_h^{1.2} \geqslant 1) \\ \alpha_h = (Qnm/\sqrt{i})^{0.6}/r^{1.6} \\ f = 1 - m\arcsin(1/\sqrt{1+m^2}) \end{cases} \tag{4.24}$$

适用范围为：水深在底弧外，$0.1 \leqslant \eta_h \leqslant 4.0$，$0 \leqslant m \leqslant 4$，最大相对误差为 0.95%。

2. 滕凯（2012）公式

采用逐次逼近拟合法得出弧底梯形渠道正常水深的近似计算公式。基本公式为

$$\begin{cases} \alpha_{h1} = (4\arcsin\sqrt{0.5\eta_h})^{0.6}\left[1 - \dfrac{\sin(4\arcsin\sqrt{0.5\eta_h})}{4\arcsin\sqrt{0.5\eta_h}}\right] & (h_{h0} \leqslant e) \\[4mm] \alpha_{h2} = \dfrac{m^{0.6}\left[m + m(\eta_h-1)^2 + 2\sqrt{1+m^2}(\eta_h-1) + \arcsin\dfrac{1}{\sqrt{1+m^2}}\right]}{(\sqrt{1+m^2})^{0.4}} & (h_{h0} \geqslant e) \end{cases}$$

$$\tag{4.25}$$

其中

$$\eta_h = \frac{h_0}{r} \tag{4.26}$$

数值计算公式为

$$
\begin{cases}
\eta_h = 0.54\alpha_{hh}^{0.81} \quad (Q \leqslant Q_0) \\
\eta_h = e^{[A-5a_a^{0.5s}d0.000]} \\
A = 0.685m^{2.238} + 0.42m^{-121} + 10.585 \\
B = 0.787m^{2.17} + 0.056\theta^{-2.17}10.909 \\
\alpha_{h1} = 2(nQ/\sqrt{i})^{0.6}/r^{16} \\
\alpha_{h2} = (nQ/\sqrt{i})^{0.6}/r^{1.6} \\
Q_0 = (1.12r^{8/3}\sqrt{i}/n)[1-\sqrt{m^2/(1+m^2)}]^{0.6}
\end{cases}
\tag{4.27}
$$

适用范围为：水深在底弧外，$0.1 \leqslant \eta_h \leqslant 4.0$，$0.3 \leqslant m \leqslant 4.0$，最大相对误差为 2.01%。

3. 李永红（2015）公式

通过对正常水深方程进行数学变换，得到计算其无量纲水面宽的迭代公式。利用逐渐逼近原理得到无量纲水面宽的迭代初值。在此只对水深超过底弧矢高情况进行计算，对于水深在底弧内的情况，参阅 U 形断面水深求解方法。

无量纲水面宽的直接计算公式为

$$
\begin{cases}
k_h = \dfrac{k_{h0}^2 - 0.4\alpha_h k_{h0}(0.5m\theta_0 + k_{h0} - 1)^{-0.6} + \alpha_h(0.5m\theta_0 + k_{h0} - 1)^{0.4} + 1 - t}{2k_{h0} - 0.4\alpha_h(0.5m\theta_0 + k_{h0} - 1)^{-0.6}} \\
k_{h0} = \sqrt{\alpha_h(0.5m\theta_0 + 1.26m^{-0.08}\alpha_h^{0.66m^{0.24}} - 1)^{0.4} + 1 - t} \quad (0.15 \leqslant m < 0.75) \\
k_{h0} = \sqrt{\alpha_h(0.5m\theta_0 + 1.15m^{-0.02}\alpha_h^{0.55m^{0.02}} - 1)^{0.4} + 1 - t} \quad (0.75 \leqslant m \leqslant 10) \\
\alpha_h = 2^{0.4}r^{-1.6}(nmQ/\sqrt{i})^{0.6}\sin^{-2}(0.5\theta_0) \\
t = \dfrac{m}{2\sin^2(0.5\theta_0)}(\theta_0 - \sin\theta_0) \\
h_0 = \beta_h b = \dfrac{r\sin(0.5\theta_0)}{m}(k_h - 1)
\end{cases}
\tag{4.28}
$$

实际工程中深宽比 β_h 取值一般不会大于 45，边坡系数 m 取值一般小于 10，故可将 β_h、m 的范围取为 $\beta_h \in (0, 45]$，$m \in [0.15, 10]$。在该取值范围内，最大相对误差 $\Delta_{\max} < 1\%$。

【算例】　有一弧形底梯形渠道，已知流量 $Q = 30\text{m}^3/\text{s}$，底坡 $i = 0.002$，粗糙系数 $n = 0.025$，底弧半径 r 为 2.5m，根据不同的边坡系数 m，求正常水深 h_0。

解： 根据题意，假设 6 种不同的边坡系数 m 分别为：0.15、0.25、0.5、1.0、2.0、2.5。

步骤如下：

1）根据 $m = \text{ctg}\dfrac{\theta_0}{2}$ 求出 θ_0。

2）根据 $Q_d = \dfrac{\sqrt{i}}{n}\sqrt[3]{\dfrac{r^8(\theta_0 - \sin\theta_0)^5}{32\theta_0}}$ 求出 Q_d，判定水面所在的位置。

3）根据 $\alpha_h = \left(\dfrac{nmQ}{\sqrt{i}}\right)^{0.6} \dfrac{2^{0.4}}{r^{1.6}\sin^2\dfrac{\theta_0}{2}}$ 求出 α_h。

4）根据 $t = \dfrac{m}{2\sin^2\dfrac{\theta_0}{2}}(\theta_0 - \sin\theta_0)$ 求出 t。

5）根据
$$\begin{cases} k_{h0} = \sqrt{\alpha_h(0.5m\theta_0 + 1.26m^{-0.08}\alpha_h^{0.66m^{0.24}} - 1)^{0.4} + 1 - t} & (0.05 \leqslant m \leqslant 0.75) \\ k_{h0} = \sqrt{\alpha_h(0.5m\theta_0 + 1.15m^{-0.02}\alpha_h^{0.55m^{0.02}} - 1)^{0.4} + 1 - t} & (0.75 \leqslant m \leqslant 10) \end{cases}$$
求出 k_{h0}。

6）根据 $k_h = \dfrac{k_{h0}^2 - 0.4\alpha_h k_{h0}(0.5m\theta_0 + k_{h0} - 1)^{-0.6} + \alpha_h(0.5m\theta_0 + k_{h0} - 1)^{0.4} + 1 - t}{2k_{h0} - 0.4\alpha_h(0.5m\theta_0 + k_{h0} - 1)^{-0.6}}$ 求
出 k_h。

7）根据 $k_h = 1 + 2m\dfrac{h}{b} = 1 + 2m\beta_h$ 求出 β_h。

8）根据 $h = \dfrac{r\sin\dfrac{\theta_0}{2}}{m}(k_h - 1)$ 求出 h。

9）根据 $h_0 = h + r$ 求出正常水深 h_0。

表 4.7　　　　　　不同边坡系数的弧形底梯断面渠道正常水深计算结果表

边坡系数 m	α_h	计算值		迭代值		相对误差/%	
		β_{h1}	h_{01}/m	β_h	h_0/m	$\Delta\beta_h$	Δh_0
0.15	0.541694	0.20714	1.052	0.20650	1.049	0.31	0.30
0.25	0.764766	0.25475	1.310	0.25402	1.307	0.29	0.27
0.50	1.363728	0.37188	1.927	0.37100	1.923	0.24	0.20
1.0	3.30724	0.59150	2.823	0.59149	2.823	0.00	0.00
2.0	12.53210	0.97117	3.554	0.97108	3.553	0.01	0.01
2.5	20.77484	1.13638	3.682	1.13614	3.681	0.02	0.01

从计算结果表 4.7 看，不同边坡系数下的正常水深计算精度满足工程要求。

4.5　城门洞形断面渠道正常水深

4.5.1　城门洞形断面渠道正常水深研究方法

水工隧洞在水利工程应用广泛，隧洞的断面形式较多。按照输水的受压状态的不同，可分为有压隧洞和无压隧洞。对于无压隧洞一般采用的断面形式为圆拱直墙形或圆拱曲墙形，直墙形断面通常称为城门洞形。水利部东北勘测设计研究院（2003）、华东水利学院（1989）、李炜（2006）、索丽生，刘宁（2013）等对圆拱直墙式断面形状和尺寸进行了探索，一般拱形中心角 $2\theta_0$ 取 $0.5\pi \sim \pi$，其取值主要和拱端推力有关；高宽比为 $1 \sim 1.5$，根据水力条件和地质条件取值。在拱端推力较小的情况下，按照直墙的形式设计。

城门洞形包括普通型、标准型两类。在普通型中，目前的研究内容以中心角 $2\theta_0 = \pi$ 且 $H = 2r$ 为主，为了方便分析，沿用该断面命名——普通型；对于 $2\theta_0 < \pi$ 或 $H \neq 2r$ 的情况，命名为任意普通型。

标准城门洞形断面因侧边底部是以 $1/4$ 顶弧半径为半径（$0.25r$）的 $1/4$ 圆弧，其水力要素完全不同于普通城门洞形断面，因而计算公式完全不同。由于该断面几何图形较复杂，正常水深的计算需要求解超越方程或者高次方程，一般大多采用试算法，计算工作量大，虽然可以通过计算机编程解决，但推广有一定的局限性，尤其是在基层单位。因此，推出简单、精度较高的显函数计算公式很有必要。

城门洞形的正常水深计算以图表法和数值求解法为主，并且主要集中在普通型和标准型断面的研究。

（1）图表法。张步南等（1992）、张生贤等（1992）给出了普通型的 β 法计算参数表。陈立云（2007）利用水深超过直墙段的流量与分界流量之比，推导出水面线在顶弧部分的普通型水深迭代公式，并给出求解曲线图。

（2）数值计算。数值求解均采用不同的方法对无量纲水深和综合参数之间的关系进行曲线拟合，以拟合函数作为替代函数，数值求解正常水深。滕凯等（1998）、滕凯（2012b）先后给出标准型正常水深（$h_0 > 0.25r$）和普通型拟合近似求解公式。文辉等（2007）、文辉和李风玲（2008）采用拟合法提出普通型正常水深的数值计算公式，随后又推导出任意城门洞形中 $2\theta_0 = \pi$ 的正常水深数值计算公式。赵延风等（2009b，2011a）通过引入无量纲正常水深和准线性函数，采用优化拟合原理，得到普通型正常水深的数值计算公式。张宽地等（2009b，2010）通过新型的粒子群优化方法，以最大误差绝对值最小为目标函数，采用 Matlab7.1 软件编程求参数初始值并进行最优逼近拟合，得到普通型正常水深的数值计算公式。陈萍等（2012）采用优化拟合的方法获得了普通型正常水深（$h_0 > r$）的数值计算公式。Ali R. Vatankhah（2013）提出了适用标准型、普通型正常水深整体数值计算公式。刘计良等（2012）对标准型、普通型的部分数值计算公式进行了误差分析，并提出推荐公式。

4.5.2 城门洞形断面渠道正常水深计算

1. 普通型

对于任意普通型城门洞形断面，文辉（2008）应用拟合法提出了近似计算公式，基本公式为

$$\begin{cases} \alpha_c = (2\eta_c)^{5/3}/(2\eta_c+2)^{2/3} & (0 \leqslant h_0 \leqslant h) \\ \alpha_c = \dfrac{[2k+1.5708 - \arccos(\eta_c-k) + (\eta_c-k)\sqrt{1-(\eta_c-k)^2}]^{5/3}}{[5.1416+2k-2\arccos(\eta_c-k)]^{2/3}} & (d < h_0 \leqslant h+r) \\ \eta_c = h_0/r \end{cases}$$

$$(4.29)$$

数值计算公式为

$$
\begin{cases}
\eta_c = 0.4603\alpha_c^{0.5012} + 0.3922\alpha_c - 0.0078 & (\alpha_c \leqslant \alpha_c^*) \\
\eta_c = A\alpha_c + B & (\alpha_c > \alpha_c^*) \\
A = 0.0319k^2 - 0.1646k + 0.755 \\
B = 0.0074k^2 + 0.07446k + 0.128 \\
\alpha_c = Qn/(r^{8/3}\sqrt{i}) \\
k = h/r \\
\alpha_c^* = 2k^{5/3}/(1+k)^{2/3}
\end{cases}
\tag{4.30}
$$

适用范围为：$2\theta_0 = \pi$ 且洞体高宽比为 $\in [1, 1.5]$，$\eta_c \geqslant 0.05$，最大相对误差为 0.62%。

【算例】 已知某城门形输水导流隧洞，底宽 $b = 4\text{m}$，直墙高度为 3m，拱顶为半圆，底坡 $i = 1/500$，粗糙系数 $n = 0.014$，分别求流量为 $Q = 20\text{m}^3/\text{s}$、$Q = 55\text{m}^3/\text{s}$ 时的正常水深 h。

解：

$$
\alpha_c^* = (2\eta_c)^{5/3}/(2\eta_c + 2)^{2/3} = 2.134136
$$

$$
\alpha_{c1} = \frac{nQ}{\sqrt{i}\, r^{\frac{8}{3}}} = \frac{0.014 \times 20}{\sqrt{\dfrac{1}{500}} \times 2^{\frac{8}{3}}} = 0.986044
$$

$$
\alpha_{c2} = \frac{nQ}{\sqrt{i}\, r^{\frac{8}{3}}} = \frac{0.014 \times 55}{\sqrt{\dfrac{1}{500}} \times 2^{\frac{8}{3}}} = 2.711622
$$

因为 $\alpha_{c1} < \alpha_c^*$，则可得

$$
\beta = 0.4603k^{0.5012} + 0.3922k - 0.0078 = 0.835996
$$

$h = \beta r = 0.835996 \times 2 = 1.672(\text{m})$（通过计算机可得精确值为 1.668m），相对误差为 0.2637%。

因为 $\alpha_{c2} > \alpha_c^*$，则可得

$$
A = 0.0319k^2 - 0.1646k + 0.755 = 0.579875
$$

$$
B = 0.0074k^2 + 0.07446k + 0.128 = 0.256250
$$

$$
\eta_c = A\alpha_c + B = 1.828652
$$

$h = \beta r = 1.828652 \times 2 = 3.657(\text{m})$（通过计算机可得精确值为 3.653m），相对误差为 0.1253%。

国内外针对普通型共有 7 套公式。从简捷、准确、通用三方面综合考察对比了这些公式。通过比较指出：陈萍（2012）公式只适用圆弧段的水深求解，其余公式适用范围比较接近，赵延风（2009b）公式的适用范围相对较广。从计算相对误差分析过程看，现有公式的复杂程度比较接近，Ali R. Vatankhah（2013）公式相对复杂，但是计算精度最高，其误差分布比较平稳，最大相对误差为 0.05%。评价和对照结果见表 4.8。

表 4.8　　　　　　　　**普通城门洞形断面渠道正常水深计算公式综合评价**

公 式 名 称	适用范围 η_c	最大相对误差/%	综 合 评 价
文辉（2007）公式	(0.05, 1.8]	0.19	简捷，通用性强，精度高
赵延风（2009）公式	(1, 1.8]	0.61	简捷，通用性较弱，精度较高
张宽地（2010）公式	[0.2, 1.55]	0.23	较简捷，通用性较弱，精度高
陈萍（2012）公式	[1, 1.8]	0.60	较简捷，通用性较弱，精度较高
滕凯（2012）公式	[0.06, 1.65]	0.79	较简捷，通用性较弱，精度较高
Ali R. Vatankhah（2013）公式	[0.01, 1.64]	0.05	较简捷，通用性较弱，精度高
李永红（2015）公式	[0.005, 1.65]	0.42	较简捷，通用性较弱，精度高

综上所述，对普通型城门洞形断面，推荐公式为文辉（2007）公式。

文辉（2007）公式为

$$\begin{cases} \alpha_c = (2\eta_c)^{5/3}/(2\eta_c+2)^{2/3} & (0 \leqslant h_0 \leqslant r) \\ \alpha_c = \dfrac{[2+0.5\pi-\arccos(\eta_c-1)+(\eta_c-1)\sqrt{1-(\eta_c-1)^2}]^{5/3}}{[4+\pi-2\arccos(\eta_c-1)]^{2/3}} & (r < h_0 \leqslant 2r) \\ \eta_c = h_0/r \end{cases} \quad (4.31)$$

数值计算公式为

$$\begin{cases} \eta_c = 0.4933\alpha_c^{0.5293} + 0.3539\alpha_c - 0.0045 & (0 < \alpha_c \leqslant 1.260) \\ \eta_c = 8.47 \times 10^{-8} \alpha_c^{16.464} + 0.599\alpha_c + 0.244 & (1.260 < \alpha_c \leqslant 2.375) \\ \alpha_c = Qn/(r^{8/3}\sqrt{i}) \end{cases} \quad (4.32)$$

适用范围为：$0 < \eta_c \leqslant 1.8$，最大相对误差为 0.2%。

【算例】　已知某城门形输水隧洞的拱顶半径 $r = 7.5\text{m}$，底坡 $i = 1/750$，粗糙系数 $n = 0.014$，利用本文近似公式求流量为 $Q = 600\text{m}^3/\text{s}$ 和 $Q = 1200\text{m}^3/\text{s}$ 时的正常水深 h。

解：

当 $Q = 600\text{m}^3/\text{s}$ 时，

$$\alpha_c = \frac{nQ}{\sqrt{2}\,r^{\frac{8}{3}}} = 1.067366$$

$$\eta_c = 0.4933\alpha_c^{0.5293} + 0.3539\alpha_c - 0.0045 = 0.883861$$

$h = \beta r = 0.883861 \times 7.5 = 6.62896(\text{m})$（通过计算机可得精确值 6.62906m），相对误差为 -0.0016%。

当 $Q = 1200\text{m}^3/\text{s}$ 时，

$$\alpha_c = \frac{nQ}{\sqrt{2}\,r^{\frac{8}{3}}} = 2.134731$$

$$\eta_c = 8.47 \times 10^{-8} \alpha_c^{16.464} + 0.599\alpha_c + 0.244 = 1.545101$$

$h = \beta r = 1.545101 \times 7.5 = 11.58826(\text{m})$（通过计算机可得精确值 11.61114m），相对误差为 0.1971%。

2. 标准型

对标准城门洞形的正常水深数值求解，共有 3 套公式，都是以无量纲水深为参数。从简捷、准确、通用 3 方面综合考察对比了这 3 套公式，评价结果见表 4.9。3 套公式中，赵延风（2011a）公式的适用范围最广，而滕凯（1998）公式没有包括底弧部分，适用范围最小。从计算相对误差分析过程看，除了 Ali R. Vatankhah（2013）公式没有采用分段计算外，其余的复杂程度比较接近，都采用分段计算，因此 Ali R. Vatankhah（2013）公式相对简单。从计算精度分析，Ali R. Vatankhah（2013）公式的计算精度最高，其误差分布比较平稳，最大相对误差为 0.16%，次之为赵延风（2011a）公式。

表 4.9　　标准城门洞形断面渠道正常水深计算公式综合评价

公 式 名 称	适用范围 η_c	最大相对误差/%	综 合 评 价
滕凯（1998）公式	[0.25, 1.8]	0.49	较简捷，通用性较弱，精度高
赵延风（2011）公式	[0.05, 1.8]	0.38	较简捷，通用性强，精度高
Ali R. Vatankhah（2013）公式	[0.01, 1.64]	0.16	简捷，通用性强，精度高

结合工程实际出现的情况，对 3 套公式综合分析，推荐公式为赵延风（2011）公式。

滕凯（1998）公式采用优化拟合法，得到标准城门洞形正常水深的数值计算公式。基本公式为

$$\begin{cases} \alpha_c = \dfrac{(2\eta_c - 0.0268)^{5/3}}{(2\eta_c + 1.0 + 0.25\pi)^{2/3}} & (0.25r \leqslant h_0 \leqslant r) \\[4mm] \alpha_c = \dfrac{\left[3.544 - \dfrac{\pi}{180}\arccos(\eta_c - 1) + (\eta_c - 1)\sqrt{1 - (\eta_c - 1)^2} \right]^{5/3}}{\left[3 + 1.25\pi - \dfrac{\pi}{90}\arccos(\eta_c - 1) \right]^{2/3}} & (r < h_0 \leqslant 2r) \\[4mm] \eta_c = \dfrac{h_0}{r} \end{cases} \quad (4.33)$$

数值计算公式为

$$\begin{cases} \eta_c = 0.428\alpha_c^{0.421} + 0.428\alpha_c - 0.0215 & (0.166 \leqslant \alpha_c \leqslant 1.278) \\ \eta_c = 1.262 \times 10^{-6}\alpha_c^{13.24} + 0.583\alpha_c + 0.254 & (1.278 < \alpha_c \leqslant 2.403) \\ \alpha_c = Qn/(r^{8/3}\sqrt{i}) \end{cases} \quad (4.34)$$

适用范围为：$0.25 \leqslant \eta_c \leqslant 1.8$，最大相对误差为 0.48%。

赵延风（2013）公式引入准线性函数，采用函数逼近原理，得到正常水深数值计算公式，基本公式为

$$
\begin{cases}
\alpha_c = \dfrac{0.625\left[\arccos(1-4\eta_c)-(1-4\eta_c)\sqrt{1-(1-4\eta_c)^2}\,\right]}{\left[1.5+0.5\arccos(1-4\eta_c)\right]^{0.4}} \\[2mm]
\qquad +\dfrac{0.375\left[1-\arccos(1-4\eta_c)\right]}{\left[1.5+0.5\arccos(1-4\eta_c)\right]^{0.4}} \qquad\qquad (0<h_0<0.25r) \\[4mm]
\alpha_c = \dfrac{2\eta_c-0.0268}{(2\eta_c+1.7584)^{0.4}} \qquad\qquad\qquad\qquad\quad (0.25r \leqslant h_0 < r) \\[4mm]
\alpha_c = \dfrac{3.544-\arccos(\eta_c-1)+(\eta_c-1)\sqrt{1-(\eta_c-1)^2}}{\left[6.926699-2\arccos(\eta_c-1)\right]^{0.4}} \quad (r \leqslant h_0 < 2r) \\[4mm]
\eta_c = \dfrac{h_0}{r}
\end{cases}
\tag{4.35}
$$

数值计算公式为

$$
\begin{cases}
\eta_c = 0.73\alpha_c+0.001 & (0.067 \leqslant \alpha_c < 0.340) \\[1mm]
\eta_c = 0.778\alpha_c^{1.29}+0.057 & (0.340 \leqslant \alpha_c < 1.159) \\[1mm]
\eta_c = -3.113(1.146-\alpha_c^{0.25})^{0.5}+2.025 & (1.159 \leqslant \alpha_c \leqslant 1.692) \\[1mm]
\alpha_c = (Qn/\sqrt{i})^{0.6}\, r^{-1.6}
\end{cases}
\tag{4.36}
$$

Ali R. Vatankhah（2013）公式采用曲线拟合法，得到城门洞形正常水深的数值求解方程式，基本公式为

$$
\begin{cases}
\alpha_c = \dfrac{\left[\arccos(1-4\eta_c)+24\eta_c-(1-4\eta_c)\sqrt{1-(1-4\eta_c)^2}\,\right]^{5/3}}{64\left[3+\arccos(1-4\eta_c)\right]^{2/3}} & (0 \leqslant h_0 < 0.25r) \\[4mm]
\alpha_c = \dfrac{(2\eta_c+\pi/32-1/8)^{5/3}}{(2\eta_c+1.0+0.25\pi)^{2/3}} & (0.25r \leqslant h_0 < r) \\[4mm]
\alpha_c = \dfrac{\left[15/8+17\pi/32-\arccos(\eta_c-1)+(\eta_c-1)\sqrt{1-(\eta_c-1)^2}\,\right]^{5/3}}{\left[3+1.25\pi-2\arccos(\eta_c-1)\right]^{2/3}} & (r \leqslant h_0 \leqslant 2r) \\[4mm]
\eta_c = h_0/r
\end{cases}
$$

$$
\tag{4.37}
$$

数值计算公式为

$$
\begin{cases}
\eta_c = 0.834\alpha_c^{\left[(0.6073+0.147\alpha_c^{0.474})/(1-0.4155\alpha_c^{2.704}+0.453\alpha_c^{2.6})\right]} \\[2mm]
\alpha_c = Qn/(r^{-8/3}\sqrt{i})
\end{cases}
\tag{4.38}
$$

适用范围为：$0.01 < \eta_c \leqslant 1.64$，最大相对误差为 0.13%。

【算例】　某灌区引水灌溉隧洞拟采用标准城门洞形断面，初设圆弧半径 $r=7.5\mathrm{m}$，隧洞表面糙率 $n=0.014$，隧洞底比降 $i=0.0005$，当流量分别为 $Q_1=5\mathrm{m^3/s}$，$Q_2=200\mathrm{m^3/s}$，$Q_3=750\mathrm{m^3/s}$ 时，试计算洞内的正常水深值。

解：根据赵延风（2011）公式［式（4.36）］计算的 α_c 值及其对应的应用范围，分别计算并代入式（4.36）中计算正常水深，即

$$h_1 = r(0.73\alpha_c+0.001) = 0.4397(\mathrm{m})$$
$$h_2 = r(0.778\alpha_c^{1.29}+0.057) = 4.2603(\mathrm{m})$$

$$h_3 = r[-3.113(1.146 - \alpha_c^{0.25})^{0.5} + 2.025] = 11.7173(\text{m})$$

而正常水深的数值解分别为 0.4401m，4.2571m，11.6975m，求得的正常水深的相对误差分别为 -0.108%，0.074%，0.170%。

4.6 圆形断面渠道正常水深

4.6.1 圆形断面渠道正常水深研究方法

由于圆形断面的水力条件优于矩形断面，并且施工相对简单，在工程上，较为常用，正常水深计算的研究相对较多。在圆形断面渠道正常水深计算上，基本研究方法有以下四种：

1. 迭代法

Abdul-Ilah Y. Mohammed（1998）提出了圆形的迭代公式。Ramappa G. Patil et al.（2005）提出了计算正常水深快速收敛的迭代公式。吕宏兴等（2003）、葛节忠等（2004）葛节忠和王成现（2006）、冯兴龙等（2011）均通过均匀流公式导出了无压流圆形断面正常水深计算的迭代公式，只不过葛节忠等提出了迭代初值的选取方法。通过均匀流公式导出了无压流圆形断面正常水深计算的迭代公式。

2. 图表法

Dr. W. H. Hager 和卜漱和（1986）给出了圆形断面的正常水深求解图。郝海有（2009）研究推导了计算圆形明渠的计算图表。吴晓辉等（2004）绘制了水深比和满流比的关系曲线。

3. 程序法

殷彦平等（2011）将圆形断面均匀流水深的计算建模为一个非线性约束优化问题，应用混合模式搜索算法加以求解。马子普等（2011）通过建立在一定流量条件下求解其正常水深的数学模型，采用 Matlab 语言进行了编程计算和绘图求解。

4. 数值求解法

数值求解法又分为如下四种：

（1）明渠摩阻方程法。Prabhata K. Swamee（1994）根据明渠摩阻方程，提出了圆形明渠的基本公式，并通过拟合得到计算公式，该公式的适用范围为 $h_0 \leqslant 0.944D$，最大误差为 1%。

（2）级数展开法。Prabhata K. Swamee and Pushpa N. Rathie（2004）根据拉格朗日定理，给出曼宁和谢才公式的级数展开式，以直接求解圆形的正常水深，Rajesh Srivas-tava（2006）对该文进行了评价和讨论。

（3）初值迭代法。刘庆国（2000）根据规范的要求，推导出圆形断面无压输水隧洞正常水深的迭代计算公式，并且利用回归分析拟合出迭代函数的近似表达式，以此求出迭代初值，再迭代一次，可以得到较为精确的计算结果。张宽地等（2009c）通过对圆形断面均匀流方程的数学变换，得到其正常水深的牛顿迭代公式，同时，通过对正常水深对应的中心角与引入参数之间关系的分析及数值计算，利用最优一致逼近原理分别得到了正常水深对应中心角的近似计算式，并以此近似计算式为初值，用迭代方程进行一次迭代得到了圆形断面均匀流水深的数值计算公式。

（4）函数替代法。谢崇高（1994）对圆心角分为五个区间，分别拟合，给出数值计算公式。陈水俤（1995）根据与满流的关系，定义了水深、流量、面积、流速等比值，分析水深比与其他的关系，利用曲线拟合的办法，得出计算水深比的数值计算。韩会玲等（1994）引入充满度参数，利用数据回归的方法，得到正常水深的数值计算公式；王正中等（1997）同样引入充满度参数，采用最优逼近原理得到数值计算公式；随后，引入同样参数，采用不同的拟合方法，得到数值计算公式的有：滕凯等（1996b）、胡秀华等（1999）、文辉等（2006，2012）、赵延风等（2008c，2010）、Ali R. Vatankhah et al.（2011）、王志云等（2012）。

4.6.2　圆形断面渠道正常水深计算

国内外对圆形断面正常水深的数值计算公式已经出现多套，主要以充盈度为参数，采用曲线拟合或逼近原理，寻找替代方程，唯有张宽地（2009c）公式选用合理初值，采用迭代法计算。

对11套公式（Ali R. Vatankhah，2011；韩会玲，1994；陈水俤，1995；滕凯，1996；王正中，1997；胡秀华，1999；文辉，2006；赵延风，2008；张宽地，2009；王志云，2012；李永红（2015）公式）进行归纳和总结见表4.10。

表4.10　　　　　　　　　　圆形断面渠道正常水深计算公式综合评价

公 式 名 称	适用范围 η_y	最大相对误差 $\Delta_{max}/\%$	综 合 评 价
Ali R. Vatankhah（2011）公式	[0.005，0.82]	0.35	较简捷，通用性强，精度高
韩会玲（1994）公式	[0.35，0.8]	1.15	简捷，通用性较弱，精度较低
陈水俤（1995）公式	[0.2，0.82]	1.18	简捷性弱，通用性较强，精度较低
滕凯（1996a）公式	[0.1，0.4]	0.81	以隐函数出现，无法直接求解
王正中（1997）公式	[0.2，0.82]	1.50	较简捷，通用性较强，精度较低
胡秀华（1999）公式	[0.05，0.9]	1.58	较简捷，通用性强，精度较低
文辉（2006）公式	[0.1，0.8]	0.71	较简捷，通用性强，精度较高
赵延风（2008）公式	[0.01，0.8]	0.90	较简捷，通用性强，精度较高
张宽地（2009c）公式	[0.005，0.85]	0.32	简捷性弱，通用性强，精度高
王志云（2012）公式	[0.01，0.8]	0.44	较简捷，通用性强，精度高
李永红（2015）公式	(0，0.9]	0.09	较简捷，通用性强，精度高

各个公式都存在不同的优缺点，主要表现在以下方面：①从结构简单形式看，最简单的为韩会玲（1994）公式；②从适用范围分析，王正中（1997）公式适用范围最广；③从计算精度分析，这11套在各自的适用范围内，Ali R. Vatankhah（2011）公式计算精度最高。

综合考虑，推荐的计算公式为以充盈度为参数的李永红（2015）公式；而以 θ 为参数的为张宽地（2009c）公式。

1. Ali R. Vatankhah（2011）公式

采用曲线拟合法，得到圆形断面数值求解方程式。基本公式为

$$\begin{cases} \alpha_y = \dfrac{\left[\arccos(1-2\eta_y)-(1-2\eta_y)\sqrt{1-(1-2\eta_y)^2}\right]^{5/3}}{2^{10/3}\left[\arccos(1-2\eta_y)\right]^{2/3}} \\ \eta_y = h_0/d \end{cases} \tag{4.39}$$

数值计算公式为

$$\begin{cases} \eta_y = 1.025\alpha_y^{(-0.55\alpha_y^{1.1}-14.55\alpha_y^{4.136}+0.4645)} \\ \alpha_y = \dfrac{nQ}{d^{8/3}\sqrt{i}} \end{cases} \tag{4.40}$$

适用范围为：$0.005 \leqslant \eta_y \leqslant 0.82$，最大误差为 0.35%。

2. 王正中（1997）公式

利用最佳逼近拟合原理，得到圆形断面数值求解方程式。基本公式为

$$\begin{cases} \alpha_y = 2\arccos(1-2\eta_y)\left[1-\dfrac{\sin(2\arccos(1-2\eta_y))}{2\arccos(1-2\eta_y)}\right]^{5/3} \\ \eta_y = h_0/d \end{cases} \tag{4.41}$$

数值计算公式为

$$\begin{cases} h_0 = \dfrac{\arccos(1-\alpha_y/4)}{153}d & (\eta_y < 0.82) \\ \eta_y = \dfrac{820+56.7(\alpha_y-2\pi)+\arcsin(2.1\alpha_y-4.2\pi)}{1000} & (\eta_y \geqslant 0.82) \\ \alpha_y = \dfrac{20nQ}{d^{8/3}\sqrt{i}} \end{cases} \tag{4.42}$$

适用范围为：$0.2 \leqslant \eta_y \leqslant 1$，最大相对误差为 1.7%。

3. 李永红（2015）公式

引入无量纲正常水深参数并对圆形过水断面正常水深的基本方程进行恒等变形，然后根据优化拟合原理对恒等变形公式进行分析处理，从而导出了一种新的圆形过水断面水深近似计算公式，误差分析及实例计算结果表明，该近似计算公式形式简单，适用范围广，计算精度高，工程常用范围内其正常水深计算的最大相对误差小于 0.74%。

根据优化拟合原理，得到均匀流近似计算公式。数值计算公式为

$$\begin{cases} h_0 = d\left[1.258-(1.584-0.605\alpha_y^{0.75})^{0.5}\right] \\ \alpha_y = \dfrac{2^{2.6}}{d^{1.6}}\left(\dfrac{nQ}{\sqrt{i}}\right)^{0.6} \end{cases} \tag{4.43}$$

适用范围为：$0.05 \leqslant \eta_y \leqslant 0.8$，最大相对误差为 0.73%。

【算例】　某电站输水管道断面为圆形，已知断面底坡 $i=0.001$，糙率 $n=0.015$，断面直径 $d=15\text{m}$，试确定流量分别为 $Q=840.0\text{m}^3/\text{s}$ 和 $Q=0.2\text{m}^3/\text{s}$ 时的正常水深。

解：使用赵延风（2010）公式进行求解如下：

当 $Q＝840.0 \text{m}^3/\text{s}$ 时，

$$\alpha_y = \frac{2^{2.6}}{d^{1.6}}\left(\frac{nQ}{\sqrt{i}}\right)^{0.6} = 2.891707$$

$$h_0 = d[1.258 - (1.584 - 0.605\alpha_y^{0.75})^{0.5}] = 11.4848(\text{m})$$

当 $Q＝0.2 \text{m}^3/\text{s}$ 时，

$$\alpha_y = \frac{2^{2.6}}{d^{1.6}}\left(\frac{nQ}{\sqrt{i}}\right)^{0.6} = 0.019373$$

$$h_0 = d[1.258 - (1.584 - 0.605\alpha_y^{0.75})^{0.5}] = 0.1796(\text{m})$$

4.7　马蹄形断面渠道正常水深

4.7.1　马蹄形断面渠道正常水深研究方法

马蹄形适用于地质条件差，或洞轴线与岩层夹角较小的情况，因此，在无压和有压隧洞中，都可能出现。由于断面形式的不同，面积和湿周的计算也不尽相同，计算比较复杂，并且文献统计（华东水利学院 1989），在我国建成的水利工程中，采用马蹄形断面的相对较少，118 个隧洞中，只有 7 个采用马蹄形断面。但是随着施工技术的发展，其在工程应用中增多，如四川省的福堂水电站、金元水电站、锦屏二级水电站等，引水隧洞采用了该断面形式，长度大多超过 10km、温州市梅屿防洪排涝隧洞（张迈等 2008）。马蹄形无论受力结构还是过流能力都优于城门洞形，这也是后期学者研究的原因之一，目前出现的有五种基本断面形式，分别为标准I型、标准II型和标准III型以及平底I型、平底II型马蹄形断面。

张润生等（1994）、谭新莉（2003）、Gary P. Merkley（2005）先后给出了标准II型马蹄形断面水深、面积、湿周等关于断面高度 H（或半径 r）的几何关系式。在马蹄形断面渠道正常水深计算方面的研究成果，主要包括如下。

1. 迭代法

李永刚（1995）对标准II型马蹄形断面的特征水深，分段提出基本迭代公式，给出迭代初值选取公式。吕宏兴等（2001）通过数学推导，给出了标准I型、标准II型过水断面水力要素计算公式和正常水深迭代公式，并提出判别水深范围的分界流量。张志昌等（2013）根据明渠均匀流理论、明渠恒定非均匀流理论和能量方程，分析了标准I型马蹄形断面的水力特性，提出了不同工况下的正常水深迭代公式、弗劳德数、收缩水深迭代公式。

2. 图表法

宁希南（1999，2008）采用 BASIC 语言和 LISP 语言编程，运用 AutoCAD 技术，编制了标准I型、标准III型简明水力计算图表。

3. 程序法

杨树正（1987）对马蹄形断面编制 BASIC 程序求解正常水深。

4. 数值求解法

（1）仿生优化算法。王顺久等（2002b）将正常水深计算转化为非线性优化问题，采用实数编码的遗传算法进行标准Ⅰ型、标准Ⅱ型过水断面的正常水深求解。张宽地等（2011）通过数学变换，得到了标准Ⅰ型、标准Ⅱ型正常水深求解的分段非线性约束优化问题，引入将粒子群算法，调整权重函数与最优粒子之间的距离，以加速收敛速度和提高粒子的搜索能力，计算马蹄形断面正常水深。

（2）函数替代法。Jiliang Liu et al.（2010）引入无量纲参数 t（t 为顶弧半径与底弧或侧弧半径之比），采用逐步逼近原理，对标准Ⅰ型、标准Ⅱ型马蹄形断面提出统一的数值计算公式。Pooyan Hosieni et al.（2012）、M. Bijankhan et al.（2012）、S. K. Gupta et al.（2012）对文献（Jiliang Liu et al. 2010）进行了讨论，Jiliang Liu et al.（2012）对这些讨论进行了答复。赵延风等（2012）通过引入准一次函数、准二次函数的概念，采用逐次逼近，得到标准Ⅰ型、标准Ⅱ型马蹄形断面正常水深的数值计算公式。Ali R. Vatankhah et al.（2011）、滕凯等（2013）通过曲线拟合，分别提出标准Ⅰ型、标准Ⅱ型马蹄形明渠正常水深的数值计算公式。采用拟合法得到数值计算公式，适用于标准Ⅰ型、标准Ⅱ型马蹄形的还有文辉等（2008）、滕凯等（1997）。刘计良等（2012）对标准Ⅰ型、标准Ⅱ型部分近似计算公式进行了误差分析，并提出推荐公式。

文辉和李风玲（2013）对平底Ⅱ型马蹄形断面引入的无量纲参数与无量纲水深关系进行分析，采用拟合优化原理，得到正常水深的数值计算公式。李风玲等（2014）通过曲线拟合得到平底Ⅰ型马蹄形断面正常水深的数值计算公式。

4.7.2　标准Ⅰ型马蹄形断面渠道正常水深

国内外针对标准Ⅰ型共有 5 套公式（文辉，2008；赵延风，2012；滕凯，2013；Ali R. Vatankhah，2011；Jiliang Liu，2010）。李永红（2015）从简捷、准确、通用三方面综合考察对比了上述公式。文辉（2008）公式和滕凯（2013）公式没有包括底弧部分，赵延风（2012）公式和 Jiliang Liu（2010）公式的适用范围广。从计算相对误差分析过程看，现有公式的复杂程度比较接近，滕凯（2013）公式和 Ali R. Vatankhah（2011）公式相对简单，没有分段求解。从计算精度分析，文辉（2008）公式和赵延风（2012）公式的计算精度最高，文辉（2008）公式的误差分布比较平稳，次之为赵延风（2012）公式。

结合工程实际出现的情况，综合分析，推荐赵延风（2012）公式，适用范围广，计算精度高，能满足工程需要。

表 4.11　　　　　　　　马蹄形断面渠道正常水深计算公式综合评价

公　式　名　称	断面形状	适用范围 η_m	最大相对误差 Δ_{max} /%	综　合　评　价
文辉（2008）公式		[0.129, 1.71]	0.21	较简捷，通用性弱，精度高
赵延风（2012）公式		[0.01, 1.80]	0.32	较简捷，通用性强，精度高
滕凯（2013）公式	标准Ⅰ型	[0.182, 1.66]	0.92	简捷，通用性弱，精度较高
Ali R. Vatankhah（2011）公式		[0.100, 1.64]	0.66	简捷，通用性较强，精度较高
Jiliang Liu（2010）公式		[0.001, 1.57]	0.51	较简捷，通用性强，精度较高

公 式 名 称	断面形状	适用范围 η_m	最大相对误差 Δ_{max}/%	综 合 评 价
滕凯 (2013) 公式	标准Ⅱ型	[0.177, 1.67]	0.33	较简捷，通用性弱，精度高
赵延风 (2012) 公式		[0.010, 1.80]	0.30	较简捷，通用性强，精度高
Ali R. Vatankhah (2011) 公式		[0.100, 1.73]	0.62	简捷，通用性强，精度较高
Jiliang Liu (2010) 公式		[0.010, 1.57]	0.52	较简捷，通用性较强，精度较高
李风玲 (2014) 公式	平底Ⅰ型	[0.050, 1.45]	0.47	较简捷性，通用性强，精度高
文辉 (2013) 公式	平底Ⅱ型	[0.050, 1.41]	0.41	较简捷，通用性强，精度高
李永红 (2015) 公式	标准Ⅲ型	[0.010, 1.85]	0.79	较简捷，通用性强，精度较高

赵延风 (2012) 公式采用逐次逼近的方法，基本公式为

$$
\begin{cases}
\left(\dfrac{nQ}{\sqrt{i}}\right)^{0.6}\dfrac{1}{r^{1.6}}=\dfrac{9[\sigma_1-0.5\sin(2\sigma_1)]}{(6\sigma_1)^{0.4}} & \sigma_1\in[0.0817,0.2945] \\[4mm]
\left(\dfrac{nQ}{\sqrt{i}}\right)^{0.6}\dfrac{1}{r^{1.6}}=\dfrac{C_1-9[\gamma_1+0.5\sin(2\gamma_1)-4/3\sin2\gamma_1]}{(12\theta_1-6\gamma_1)^{0.4}} & \gamma_1\in[0,0.2945] \\[4mm]
\left(\dfrac{nQ}{\sqrt{i}}\right)^{0.6}\dfrac{1}{r^{1.6}}=\dfrac{C_1+0.5(\pi-\varphi_1+\sin\varphi_1)}{(12\theta_1+\pi-\varphi_1)^{0.4}} & \gamma_1\in[1.2870,\pi] \\[4mm]
C_1=18[\theta_1-0.5\sin(2\theta_1)+\sin^2\theta_1]
\end{cases}
\tag{4.44}
$$

数值计算公式为

$$
\begin{cases}
\eta_m=0.662\alpha_m^{0.771} & \alpha_m\in[0.0043,0.1200] \\
\eta_m=0.142\alpha_m^2+0.718\alpha_m+0.041 & \alpha_m\in[0.1200,1.0972] \\
\eta_m=-2967(1.137-\alpha_m^{0.25})^{0.5}+2 & \alpha_m\in[1.0972,1.6443] \\
\alpha_m=(Qn/\sqrt{i})^{0.6}r^{-1.6} \\
\eta_m=h_0/r
\end{cases}
\tag{4.45}
$$

适用范围为：$0.0043\leqslant\alpha_m\leqslant1.6443$，最大相对误差为 0.31%。

【算例】　某灌区引水灌溉隧洞拟采用标准马蹄形断面，初设圆弧半径 $r=5$m，隧洞表面粗糙系数 $n=0.014$，隧洞比降 $i=0.0004$，当流量分别为 $Q_1=0.1$m³/s，$Q_2=20$m³/s，$Q_3=220$m³/s 时，试分别计算当采用标准Ⅰ型时洞内各个流量的正常水深。

解：根据如下公式计算得到 x

$$
x=\frac{1}{r^{1.6}}\left(\frac{nQ}{\sqrt{i}}\right)^{0.6}
$$

可知，$x_1=0.0154$，$x_2=0.3710$，$x_3=1.5637$。

对于标准Ⅰ型马蹄形断面，3 种流量的正常水深为

$$h = \begin{cases} 0.662x^{0.771}r = 0.1328(\text{m}) \\ r(0.142x^2 + 0.718x + 0.041) = 1.6344(\text{m}) \\ r[-2.967(1.137 - x^{0.25})^{0.5} + 2] = 7.9688(\text{m}) \end{cases}$$

通过计算机编程计算本例题，采用标准 I 型马蹄形断面时，正常水深的数值解分别为 0.1328m，1.6358m，7.9614m，公式计算的正常水深的相对误差分别为 0.038%，−0.080%，0.094%。

4.7.3 标准 II 型马蹄形断面渠道正常水深

国内外针对标准 II 型共有 5 套公式（滕凯，1997；赵延风，2012；滕凯，2013；Ali R. Vatankhah，2011；Jiliang Liu，2010），但是由于滕凯（1997）公式有 2 套公式，从通用性和精度出发，挑选滕凯（1997）公式参与综合评价和对照分析。滕凯（1997）公式没有包括底弧部分，所有公式适用的上限都满足规范（水利部，1999）要求，Jiliang Liu（2010）公式的适用范围没有达到明满流交替出现的起始点，其他公式均达到或超过该点，因此，赵延风（2012）公式的适用范围最广。从计算相对误差分析过程看，现有公式的复杂程度比较接近，Ali R. Vatankhah（2011）公式相对简单，没有分段求解。滕凯（2013）公式和赵延风（2012）公式的计算精度最高，赵延风（2012）公式的误差分布比较平稳，次之为 Jiliang Liu（2010）公式。

结合工程实际出现的情况，综合分析，推荐的公式为赵延风（2012）公式，虽然公式结构稍微复杂，但是适用范围广，计算精度高，能满足工程需要。

赵延风（2012）公式采用逐次逼近的方法，基本公式为

$$\begin{cases} \left(\dfrac{Qn}{\sqrt{i}}\right)^{0.6} \dfrac{1}{r^{1.6}} = \dfrac{4[\sigma_2 - 0.5\sin(2\sigma_2)]}{(4\sigma_2)^{0.4}}, \sigma_2 \in [0.1, 0.4240] \\ \left(\dfrac{Q^n}{\sqrt{i}}\right)^{0.6} \dfrac{1}{r^{1.6}} = \dfrac{4[C_2 - \gamma_2 - 0.5\sin(2\gamma_2) + \sin\gamma_2]}{(8\theta_2 - 4\gamma_2)^{0.4}}, \gamma_2 \in [0, 0.4240] \\ \left(\dfrac{Q^n}{\sqrt{i}}\right)^{0.6} \dfrac{1}{r^{1.6}} = \dfrac{4C_2 + 0.5(\pi - \varphi_2 + \sin\varphi_2)}{(8\theta_2 + \pi - \varphi_2)^{0.4}}, \varphi_2 \in [1.2870, \pi] \\ C_2 = 2\theta_2 - 0.5\sin(2\theta_2) + 2\sin^2\theta_2 \end{cases} \quad (4.46)$$

数值计算公式为

$$\begin{cases} \eta_m = 0.734\alpha_m^{0.773}, \alpha_m \in [0.0038, 0.1587] \\ \eta_m = 0.115\alpha_m^2 + 0.759\alpha_m + 0.054, \alpha_m \in [0.1587, 1.0715] \\ \eta_m = -2.924(1.134 - \alpha_m^{0.25})^{0.5} + 2, \alpha_m \in [1.0715, 1.6251] \\ \alpha_m = (Qn/\sqrt{i})^{0.6} r^{-1.6} \\ \eta_m = h_0/r \end{cases} \quad (4.47)$$

适用范围为：$0.038 \leqslant \alpha_m \leqslant 1.6251$，最大相对误差为 0.31%。

【算例】 某灌区引水灌溉隧洞拟采用标准马蹄形断面，初设圆弧半径 $r = 5\text{m}$，隧洞

表面粗糙系数 $n=0.014$，隧洞比降 $i=0.0004$，当流量分别为 $Q_1=0.1\text{m}^3/\text{s}$，$Q_2=20\text{m}^3/\text{s}$，$Q_3=220\text{m}^3/\text{s}$ 时，试分别计算当采用标准Ⅱ型时洞内各个流量的正常水深。

解： 根据如下公式计算得到 x

$$x=\frac{1}{r^{1.6}}\left(\frac{nQ}{\sqrt{i}}\right)^{0.6}$$

可得：$x_1=0.0154$，$x_2=0.3710$，$x_3=1.5637$。

对于标准Ⅱ型马蹄形断面，3 种流量的正常水深为

$$h=\begin{cases}0.734x^{0.773}r=0.1461\\ r(0.115x^2+0.759x+0.054)=1.7569\\ r[-2.924(1.134-x^{0.25})^{0.5}+2]=8.1654\end{cases}$$

采用标准Ⅱ型马蹄形断面时，正常水深的数值解分别为 0.1459m，1.7597m，8.1519m，公式计算的正常水深的相对误差分别为 0.090%，-0.159%，0.166%，精度均满足工程要求。

4.7.4　标准Ⅲ型马蹄形断面渠道正常水深

对于标准Ⅲ型正常水深的计算，其实质为超越方程及高次方程，无法直接求解。因此，李永红（2011）在前人研究的基础上，通过引入无量纲参数，利用逐渐逼近原理，拟合数值计算公式。李永红（2011）公式如下：

$$\begin{cases}\alpha_m=Qn/(r^{8/3}\sqrt{i})\\ \eta_m=0.736\alpha_m^{0.464},\alpha_m\in[0.000021,0.112502]\\ \eta_m=0.1403\alpha_m^3-0.3948\alpha_m^2+1.0106\alpha_m+0.1606,\alpha_m\in[0.112502,2.209256]\\ \eta_m=h_0/r\end{cases}$$

$$(4.48)$$

η_m 的范围取为 $\eta_m\in[0.01,1.85]$，相应的无量纲参数 α_m 的取值范围为 $[0.000094,2.209256]$。在该取值范围内，最大相对误差 $\Delta\eta_m\leqslant0.79\%$。

【算例】 已知某标准Ⅲ型马蹄形输水隧洞，底坡 $i=1/500$，粗糙系数 $n=0.014$，分别求不同流量 $Q(\text{m}^3/\text{s})$ 和顶拱半径 $r(\text{m})$ 组合下的正常水深 h_0。

解：

1）先求出无量纲流量：

$$\alpha_m=\frac{nQ}{r^{8/3}\sqrt{i}}$$

2）再求出 η_m：

$$\begin{cases}\alpha_m=Qn/(r^{8/3}\sqrt{i})\\ \eta_m=0.736\alpha_m^{0.464} & \alpha_m\in[0.000021,0.112502]\\ \eta_m=0.1403\alpha_m^3-0.3948\alpha_m^2+1.0106\alpha_m+0.1606 & \alpha_m\in[0.112502,2.209256]\\ \eta_m=h_0/r\end{cases}$$

3）求出正常水深 h_0：

$$\eta_m = \frac{h_0}{r}$$

具体结果见表 4.12。

表 4.12　　　　标准Ⅲ型断面的正常水深计算结果表

流量	半径	位置	α_m	精确解		迭代值		相对误差
$Q/(\mathrm{m}^3/\mathrm{s})$	r/m			η_m	h_0/m	η_m	h_0/m	$\Delta h_0/\%$
10	4	底弧段	0.077646	0.2251	0.9004	0.2249	0.8994	0.111
60	4	侧弧段	0.465877	0.5566	2.2264	0.5599	2.2397	0.595
260	4	侧弧段	2.018799	1.7444	6.9777	1.7461	6.9845	0.097
30	6	底弧段	0.079007	0.2269	1.3616	0.2267	1.3600	0.115
260	6	侧弧段	0.684725	0.7119	4.2712	0.7125	4.2751	0.092
760	6	侧弧段	2.001505	1.7324	10.3944	1.7267	10.3601	0.330
80	8	底弧段	0.097828	0.2509	2.0072	0.2503	2.0024	0.241
480	8	侧弧段	0.586968	0.6413	5.1305	0.6461	5.1691	0.753
1650	8	侧弧段	2.017702	1.7431	13.9445	1.7449	13.9590	0.104

从计算结果表看，不同条件下的正常水深计算精度满足工程要求。

4.7.5　平底Ⅰ型马蹄形断面渠道正常水深

对于平底Ⅰ型、平底Ⅱ型和标准Ⅲ型的计算公式只有 1 套公式。李凤玲（2014）公式适用平底Ⅰ型，文辉（2013）公式适用平底Ⅱ型，李永红（2015）公式适用标准 3 型。3 套公式的适用范围下限满足实际工程需要，上限满足规范要求（水利部，1999），但是李凤玲（2014）公式和文辉（2013）公式都没有达到明满交替的起始点。从公式的结构分析，只有李永红（2015）公式需要分段求解。从计算的精度分析，3 套公式的计算相对误差都小于 1%。

李凤玲（2014）公式采用拟合优化原理，基本公式为

$$\begin{cases} \dfrac{Qn}{r^{8/3}\sqrt{i}} = \dfrac{\left\{C_{11}-9\left[\arcsin\dfrac{\beta_d-\eta_m}{3}+0.5\sin\left(2\arcsin\dfrac{\beta_d-\eta_m}{3}\right)-\dfrac{4(\beta_d-\eta_m)}{9}\right]\right\}^{5/3}}{\left(6\theta_1+6\sin\theta_1-6\arcsin\dfrac{\beta_d-\eta_m}{3}\right)^{2/3}} & \eta_m\in[0,\beta_d] \\[4mm] \dfrac{Q^n}{r^{8/3}\sqrt{i}} = \dfrac{(C_{11}+0.5\{\pi-\arccos(\eta_m-\beta_d)+\sin[2\arccos(\eta_m-\beta_d)]\})^{5/3}}{[6\theta_2+6\sin\theta_2+\pi-2\arccos(\eta_m-\beta_d)]^{2/3}} & \eta_m\in(\beta_d,1+\beta_d] \end{cases}$$

$$(4.49)$$

其中

$$C_{11}=9[\theta_1-0.5\sin(2\theta_1)+2\sin^2\theta_1] \qquad (4.50)$$

$$\beta_d=h_d/r \qquad (4.51)$$

81

$$\beta_d = h_d/r, \quad \eta_m = h_0/r \tag{4.52}$$

数值计算公式为

$$\begin{cases} \eta_m = 0.029\alpha_m^{2.806} + 0.825\alpha_m^{0.647} + 0.004 \quad (0.011532 \leqslant \alpha_m \leqslant 1.920151) \\ \alpha_m = Qn/(r^{8/3}\sqrt{i}) \end{cases} \tag{4.53}$$

适用范围为：$0.011532 \leqslant \alpha_m \leqslant 1.920151$，最大相对误差为 0.47%。

【算例】　已知某平底 I 型马蹄形断面隧洞的拱顶半径 $r=3.0\text{m}$，糙率 $n=0.014$，底坡比降 $i=0.0004$，分别计算 $Q=60\text{m}^3/\text{s}$、$Q=50\text{m}^3/\text{s}$ 时的正常水深 h。

解： 当 $Q=60\text{m}^3/\text{s}$ 时，得

$$\alpha_m = Qn/(r^{8/3}\sqrt{i}) = 2.243499$$

其超出 α_m 的取值范围（$0.011532 \leqslant \alpha_m \leqslant 1.920151$），即在该流量时，隧洞内水流会产生明、满流交替的水流状态，以及无压隧洞的封顶等不利现象。要想避免该水流状态，就必须增大设计洞径。因此，再计算正常水深没有意义。

当 $Q=50\text{m}^3/\text{s}$ 时，得

$$\alpha_m = Qn/(r^{8/3}\sqrt{i}) = 1.869583$$

$$\eta_m = 0.029\alpha_m^{2.806} + 0.825\alpha_m^{0.647} + 0.004 = 1.408571$$

$$h = \eta_m r = 4.226$$

4.7.6　平底 II 型马蹄形断面渠道正常水深

文辉（2013）公式采用拟合优化原理，基本公式为

$$\begin{cases} \dfrac{Qn}{r^{8/3}\sqrt{i}} = \dfrac{\left\{ C_{21} - 4\left[\arcsin\dfrac{\beta_d - \eta_m}{2} + 0.5\sin\left(2\arcsin\dfrac{\beta_d - \eta_m}{2}\right) - \dfrac{\beta_d - \eta_m}{2} \right] \right\}^{5/3}}{\left(4\theta_2 + 4\sin\theta_2 - 4\arcsin\dfrac{\beta_d - \eta_m}{2} \right)^{2/3}} & \eta_m \in [0, \beta_d] \\[2em] \dfrac{Qn}{r^{8/3}\sqrt{i}} = \dfrac{(C_{21} + 0.5\{\pi - \arccos(\eta_m - \beta_d) + \sin[2\arccos(\eta_m - \beta_d)]\})^{5/3}}{[4\theta_2 + 4\sin\theta_2 + \pi - 2\arccos(\eta_m - \beta_d)]^{2/3}} & \eta_m \in (\beta_d, 1+\beta_d] \end{cases}$$

$$\tag{4.54}$$

其中

$$C_{21} = 4[\theta_2 - 0.5\sin(2\theta_2) + 2\sin^2\theta_2] \tag{4.55}$$

$$\beta_d = \frac{h_d}{r}, \quad \eta_m = \frac{h_0}{r} \tag{4.56}$$

数值计算公式为

$$\begin{cases} \eta_m = 0.026\alpha_m^{3.06} + 0.834\alpha_m^{0.641} + 0.004 \quad (0.01094 \leqslant \alpha_m \leqslant 1.83920) \\ \alpha_m = Qn/(r^{8/3}\sqrt{i}) \end{cases} \tag{4.57}$$

适用范围为：$0.01094 \leqslant \alpha_m \leqslant 1.83920$，最大相对误差为 0.41%。

【算例】　已知某平底 II 型马蹄形断面隧洞的拱顶半径 $r=2.5\text{m}$，隧洞底坡比降 $i=1/1000$，粗糙系数 $n=0.014$，判别当通过 $Q=60\text{m}^3/\text{s}$、$Q=45\text{m}^3/\text{s}$ 时是急流还是缓流。

解： 当 $Q=60\text{m}^3/\text{s}$ 时：

$$\alpha_m = Qn/(r^{8/3}\sqrt{i}) = 2.30731$$

超出了的计算范围（$0.01094 \leqslant \alpha_m \leqslant 1.83920$），根据 DL/T 5195—2004 水工隧洞设计规范的要求，此时隧洞是无法通过该流量的。

当 $Q = 45\text{m}^3/\text{s}$ 时：

$$\alpha_m = Qn/(r^{8/3}\sqrt{i}) = 1.73048$$

$$\eta_m = 0.026\alpha_m^{3.06} + 0.834\alpha_m^{0.641} + 0.004 = 1.3285$$

得正常水深 $h_n = \eta_m r = 3.321\text{m}$（试算的精确值为 3.316m）相对误差为 0.175%。

4.8 抛物线形断面渠道正常水深

4.8.1 抛物线形断面渠道正常水深研究方法

抛物线形渠道与自然河流形状接近，截面坡比小于允许最大值，水流条件好，抗冻胀，挟沙能力强，在灌区尤其是寒冷地区农田灌溉工程中应用日趋广泛。抛物线形正常水深计算的研究方法和成果主要有：

（1）迭代法。季国文（1997）给出了二次抛物线和悬链线形断面设计的直接计算公式以及正常水深的迭代公式。明万才等（2002）给出了二次抛物线断面设计的直接计算公式和正常水深的迭代公式。

（2）图表法。K. Babaeyan - Koopaei（2001）借助一组无量纲曲线进行求解二次抛物线形断面的正常水深。

（3）程序法。宋涛（1989）编制了二次抛物线渠道横断面的设计电算程序，并且举例验证。

（4）数值求解法。目前研究成果显示，在数值计算方法上，以初值替代法为主。

1）初值迭代法。赵延风等（2011b）对基本方程进行变换处理，推导出迭代公式，以合理初值与迭代公式的配合使用，得到半立方抛物线形渠道断面正常水深的数值计算公式。王羿 等（2011）通过对抛物线形渠道正常水深方程进行恒等变形，采用不动点迭代结合优化拟合提出的初值计算公式计算正常水深。张新燕和吕宏兴（2012）依据明渠均匀流基本原理，基于实用经济断面，通过变量置换和方程变形，利用 R 软件基于麦夸特法优化模型参数，提出迭代初值的计算公式。Ali R. Vatankhah（2013）对明渠均流的基本方程采用无量纲参数代替，并经过数学变换，推导出迭代公式，采用曲线拟合的方法，获得迭代初值公式。

2）函数替代法。文辉和李风玲（2010b）引入无量纲参数和特征水深，采用曲线拟合，得到了半立方抛物线形断面正常水深的数值计算公式。腾凯（2012c）、谢成玉和腾凯（2012）对正常水深基本计算方程的变形整理，通过引入无量纲水深及特征参数，采用优化拟合的方法，经逐次逼近拟合计算，得到了数值计算公式。

Ali R. Vatankhah（2013）公式适用范围最广，谢成玉（2012）公式和王羿（2011）公式的适用范围相对较小，张新燕（2012）公式和李永红（2015）公式 1 的适用范围相对较广，能满足工程需要。从计算相对误差分析过程看，现有公式的复杂程度比较接近，只有谢成玉（2012）公式相对简单，没有初值函数，直接求解，Ali R. Vatankhah（2013）公式最为复杂。从计算精度分析，Ali R. Vatankhah（2013）公式和李永红（2015）公式1的计算精度最高，李永红（2015）公式1、Ali R. Vatankhah（2013）公式和张新燕（2012）公式在无量纲水深 η_p 较小时，相对误差较大，大于5以后，相对误差较小。

二次与半立方抛物线形渠道正常水深计算公式综合评价见表4.13。

表4.13 二次与半立方抛物线形渠道正常水深计算公式综合评价

公式名称	断面形状	适用范围				综合评价
		η_{ep}/η_{sp}		η_p/h_*		
		区间	Δ_{max} /%	区间	Δ_{max} /%	
Ali R. Vatankhah （2013）公式	二次抛物线	(0, 200]	0.09	(0, 4000]	0.18	较简捷，通用性强，精度高
王羿（2011）公式		[0.1, 4.0]	0.58	[0.01, 16]	1.17	较简捷，通用性较弱，精度较低
谢成玉（2012）公式		[0.05, 4.0]	0.26	[0.025, 16]	0.52	简捷，通用性较弱，精度较高
张新燕（2012）公式		≥0.17	0.59	≥0.029	1.18	较简捷，通用性较强，精度较低
李永红（2015）公式		[0.2, 20]	0.17	[0.04, 400]	0.34	较简捷，通用性强，精度高
文辉（2010）公式	半立方抛物线	[0.01, 2.0]	0.61	[0.001, 2.83]	0.91	简捷，通用性弱，精度较高
赵延风（2011）公式		[0.025, 40]	0.30	[0.004, 253.0]	0.46	较简捷，通用性较强，精度高
滕凯（2012）公式		[0.0016, 4.2]	0.27	[0.00006, 8.61]	0.41	简捷，通用性弱，精度高
李永红（2015）公式		[0.005, 200]	0.26	[0.0004, 2828.4]	0.39	较简捷，通用性强，精度高

目前针对半立方抛物线形计算公式共有4套公式。表4.13的综合评价体现出，滕凯（2012）公式和文辉（2010）公式适用范围最小，赵延风（2011）公式适用范围相对较大，只有李永红（2015）公式2适用范围最大。从计算相对误差分析过程看，滕凯（2012）公式和文辉（2010）公式没有初值函数，相对简单；李永红（2015）公式存在初值函数，相对复杂；赵延风（2011）公式最为复杂，实质是二次迭代。总体上，现有公式的复杂程度比较接近。

4.8.2 半立方抛物线形渠道正常水深

目前针对半立方抛物线形计算公式共有4套公式。滕凯（2012）公式和文辉（2010b）公式适用范围最小，赵延风（2011）公式适用范围相对较大。从计算相对误差分析过程看，滕凯（2012c）公式和文辉（2010b）公式没有初值函数，相对简单；赵延风（2011b）公式最为复杂，实质是二次迭代。总体上，现有公式的复杂程度比较接近。除文辉（2010b）公式计算精度最低，其余公式的计算精度都较高。综上，推荐滕凯（2012c）公式。

1. 文辉（2010b）公式

采用优化拟合的方法，基本公式为

$$\begin{cases} \alpha_p = \dfrac{(6/5\eta_{sp}^{5/2})^{5/3}}{\{16/27[(9/4H_p+1)^{3/2}-1]\}^{2/3}} \\ \eta_{sp} = p^{4/3}h_0^{2/3} \end{cases} \tag{4.58}$$

数值计算公式为

$$\begin{cases} \eta_{sp} = 1.1092\alpha_p^{0.292}+0.0121\alpha_p+0.0005 \\ \alpha_p = \dfrac{nQ}{i^{1/2}}p^{16/3} \\ h_0 = (\eta_{sp}p^{-4/3})^{3/2} \end{cases} \tag{4.59}$$

适用范围为：$0.01 \leqslant \eta_{sp} \leqslant 2.00$，最大相对误差为 0.6%。

2. 赵延风 (2011b) 公式

根据迭代理论并采用优化计算确定初值函数的方法进行分析研究。通过引入断面特征水深的概念，对半立方抛物线形渠道正常水深的基本方程进行变换处理，推导出收敛速度较快的迭代公式；在断面特征水深范围即无量纲正常水深 $\eta_{sp} \in [0.025, 40]$ 范围内，对迭代公式进行优化计算，取得合理的迭代初值函数；合理初值与迭代公式的配合使用，得到半立方抛物线形渠道断面正常水深的显函数直接计算公式。在工程常用的断面特征水深范围内，正常水深的最大相对误差小于 0.3%。采用优化拟合的方法，基本公式为

$$\begin{cases} \alpha_p = \dfrac{\eta_{sp}^{5/2}}{[(2.25\eta_{sp}+1)^{3/2}-1]^{0.4}} \\ \eta_{sp} = p^{4/3}h_0^{2/3} \end{cases} \tag{4.60}$$

数值计算公式为

$$\begin{cases} \eta_{sp} = \alpha_p^{0.4}[(1+2.25\eta_{sp0})^{1.5}-1]^{0.16} \\ \eta_{sp0} = \alpha_p^{0.4}[(1+3.28\alpha_p^{0.5})^{1.5}-1]^{0.16} \\ \alpha_p = 0.676p^{3.2}\left(\dfrac{nQ}{i^{1/2}}\right)^{0.6} \\ h_0 = (\eta_{sp}p^{-4/3})^{3/2} \end{cases} \tag{4.61}$$

适用范围为：$0.025 \leqslant \eta_{sp} \leqslant 40$，最大相对误差为 0.3%。

3. 滕凯 (2012c) 公式

采用优化拟合的方法，基本公式为

$$\begin{cases} \alpha_p = \dfrac{\eta_{sp}^{25/6}}{[(2.25\eta_{sp}+1)^{3/2}-1]^{2/3}} \\ \eta_{sp} = p^{4/3}h_{p0}^{2/3} \end{cases} \tag{4.62}$$

数值计算公式为

$$\begin{cases} \eta_{sp} = (0.905\alpha_p^{-0.1422}-0.051)^{-2} \\ \alpha_p = 0.52064p^{16/3}\dfrac{nQ}{i^{1/2}} \\ h_0 = (\eta_{sp}p^{-4/3})^{3/2} \end{cases} \tag{4.63}$$

适用范围为：$0.016 \leqslant \eta_{sp} \leqslant 4.2$，最大相对误差为 0.26%。

【算例】 某半立方抛物线形渠道横断面的曲线方程为 $y = 0.4|x|^{3/2}$，渠道糙率 $n=$

0.025，坡降 $i = 5.2 \times 10^{-4}$，求当过水流量 $Q = 20\text{m}^3/\text{s}$ 时渠道的正常水深 h。

使用滕凯（2012c）公式的步骤如下：

$$\alpha_p = 0.52064 p^{16/3} \frac{nQ}{i^{1/2}} = 0.086131$$

即可得

$$h = \frac{1}{p^2 (0.905 \alpha_p^{-0.1422} - 0.051)^3} = 3.346$$

经计算机编程计算得本例正常水深精确解为 $h = 3.341\text{m}$，相对误差为 0.15%。

4.8.3　二次抛物线形渠道正常水深

国内外针对二次抛物线形有 5 套公式。Ali R. Vatankhah（2013）公式适用范围最广，谢成玉（2012）公式和王羿（2011）公式的适用范围相对较小，张新燕（2012）公式和李永红（2012）公式的适用范围相对较广，能满足工程需要。从计算相对误差分析过程看，现有公式的复杂程度比较接近，只有谢成玉（2012）公式相对简单，没有初值函数，直接求解，Ali R. Vatankhah（2013）公式最为复杂。

从计算精度分析，Ali R. Vatankhah（2013）公式和李永红（2012）公式的计算精度最高，李永红（2012）公式、Ali R. Vatankhah（2013）公式和张新燕（2012）公式在 η_p 较小时，相对误差较大，大于 5 以后，相对误差较小。结合工程实际出现的情况，综合分析，推荐公式为李永红（2012）公式，较简捷，适用范围广，计算精度高，能满足工程需要。

1. Ali R. Vatankhah（2013）公式

采用优化拟合的方法，基本方程为

$$\begin{cases} \alpha_p = \dfrac{\eta_{ep}^{15/2}}{\ln(\eta_{tp} + \sqrt{1 + \eta_{ep}}) + \eta_p \sqrt{1 + \eta_{ep}}} \\ \eta_{ep} = (4 p h_0)^{1/2} \end{cases} \tag{4.64}$$

数值计算公式为

$$\begin{cases} \eta_{ep} = \alpha_p^{2/13} \left[\ln(\eta_{ep0} + \sqrt{1 + \eta_{ep0}^2})^{1/\eta_{p0}} + \sqrt{1 + \eta_{ep0}^2}\right]^{2/13} \\ \alpha_p = \left[(18 n p^{8/3} Q)/(3^{1/3} i^{1/2})\right]^{3/2} \\ \eta_{ep0} = (1 + 1.12 \alpha_p^{0.167})/(1.16 + 0.947 \alpha_p^{-0.177})^{0.841} \end{cases} \tag{4.65}$$

适用范围为：$0 \leqslant \eta_{ep} \leqslant 200$，最大相对误差为 0.008%。

由于 Ali R. Vatankhah（2013）公式在推导过程中存在错误，公式的拟合系数发生偏差，校正后的公式为

$$\begin{cases} \alpha_p = \dfrac{\eta_p^{15/2}}{\ln(\eta_p + \sqrt{1 + \eta_p^2}) + \eta_p \sqrt{1 + \eta_p^2}} \\ \eta_p = (4 p h_{p0})^{1/2} \end{cases} \tag{4.66}$$

数值计算公式为

$$\begin{cases} \eta_p = \alpha_p^{2/13} \left[\ln(\eta_{p0} + \sqrt{1 + \eta_{p0}^2})^{1/\eta_{p0}} + \sqrt{1 + \eta_{p0}^2} \right]^{2/13} \\ \alpha_p = \left[(18np^{8/3}Q)/(3^{1/3}i^{1/2}) \right]^{3/2} \\ \eta_{p0} = (1 + 1.12\alpha_p^{0.182})/(1.16 + 0.947\alpha_p^{-0.177})^{0.841} \end{cases} \quad (4.67)$$

适用范围为：二次抛物线，$0 < \eta_p \leqslant 200$，最大相对误差为 0.09%。在以下公式误差对照分析过程中，以校正后的公式为准。

2. 王羿（2011）公式

通过对抛物线形渠道正常水深方程进行恒等变形，对已知量进行整合，得到快速收敛的无量纲迭代方程式，再用优化拟合分析的方法选取迭代初值，由不动点迭代法提出了无量纲正常水深近似计算公式。误差分析结果表明：抛物线形断面河渠正常水深近似计算公式简单、精确，在工程常用范围内相对误差小于 1%。

采用优化拟合的方法，基本公式为

$$\begin{cases} \alpha_p = \dfrac{\left[\ln(\eta_{ep} + \sqrt{1 + \eta_{ep}^2}) + \eta_{ep}\sqrt{1 + \eta_{ep}^2} \right]^{2/3}}{\eta_{ep}^5} \\ \eta_{ep} = (4ph_0)^{1/2} \end{cases} \quad (4.68)$$

数值计算公式为

$$\begin{cases} \eta_{ep} = \dfrac{\left[\ln(\eta_{ep0} + \sqrt{1 + \eta_{ep0}^2}) + \beta_{p0}\sqrt{1 + \eta_{ep0}^2} \right]^{2/15}}{\alpha_p^{1/5}} \\ \alpha_p = \dfrac{0.08i^{1/2}}{np^{8/3}Q} \\ \eta_{ep0} = 1.18\alpha_p^{-0.24} \end{cases} \quad (4.69)$$

该公式的适用范围为：$0.4 \leqslant \eta_{ep} \leqslant 4$，最大相对误差为 0.6%。

3. 张新燕（2012）公式

采用优化拟合的方法，基本公式为

$$\begin{cases} \alpha_p = \dfrac{\eta_{ep}^3}{\left[\ln(2\eta_{ep} + \sqrt{1 + 4\eta_{ep}^2}) + 2\eta_p\sqrt{1 + 4\eta_{ep}^2} \right]^{2/5}} \\ \eta_{ep} = (ph_0)^{1/2} \end{cases} \quad (4.70)$$

数值计算公式为

$$\begin{cases} \eta_{ep} = \alpha_p^{1/3} \left[\ln(2\eta_{ep0} + \sqrt{1 + 4\eta_{ep0}^2}) + 2\eta_{p0}\sqrt{1 + 4\eta_{ep0}^2} \right]^{2/15} \\ \alpha_{ep} = 0.5684(nQ/i^{1/2})^{3/5}p^{8/5} \\ \eta_{ep0} = 0.055 + 1.2787\alpha_p^{5/11} \end{cases} \quad (4.71)$$

适用范围：$0.049 \leqslant \eta_{ep} \leqslant 19.976$，最大相对误差为 0.55%。

4. 谢成玉（2012）公式

采用优化拟合的方法，基本公式为

$$\begin{cases} \alpha_p = \dfrac{\left[\ln(\eta_{ep} + \sqrt{1 + \eta_{ep}^2}) + \eta_p\sqrt{1 + \eta_{ep}^2} \right]^{2/3}}{\eta_{ep}^5} \\ \eta_{ep} = (4ph_0)^{1/2} \end{cases} \quad (4.72)$$

数值计算公式为

$$\begin{cases} \eta_{ep} = (0.9186\alpha_p^{0.2292} - 0.0438)^{-1} \\ \alpha_p = \dfrac{0.08i^{1/2}}{np^{8/3}Q} \end{cases} \tag{4.73}$$

适用范围为：$0.2 \leqslant \eta_{ep} \leqslant 4$，最大相对误差为 0.26%。

5. 李永红（2012）公式

通过引入无量纲参数，利用逐渐逼近原理，拟合数值计算公式得到迭代公式为

$$\eta_p = \alpha_p [\sqrt{\eta_p(1+\eta_p)} + \ln(\sqrt{\eta_p} + \sqrt{1+\eta_p})]^{4/15} \tag{4.74}$$

无量纲正常水深的初值为

$$\eta_{p0} = e^D \tag{4.75}$$

二次抛物线形断面正常水深的数值计算公式为

$$\begin{cases} h_0 = \dfrac{\alpha_p}{4p}[\sqrt{e^D(1+e^D)} + \ln(\sqrt{e^D} + \sqrt{1+e^D})]^{4/15} \\ \alpha_p = \left(\dfrac{18nQp^{8/3}}{\sqrt[3]{3}\sqrt{i}}\right)^{0.4} \\ D = 0.02(\ln\alpha_p)^2 + 1.22\ln\alpha_p + 0.27 \end{cases} \tag{4.76}$$

$\eta_p \in [0.04, 400]$ 时，相应的无量纲参数 α_p 的取值范围为 $[0.050981, 80.718064]$。在该取值范围内，最大相对误差 $\Delta\eta_p \leqslant 0.34\%$。

【算例】 已知某二次抛物线形明渠，底坡 $i = 1/500$，粗糙系数 $n = 0.014$，分别求两种流量 Q（m^3/s）情况下和形状参数 p 组合时的正常水深 h_0。

解：

1）根据 $\alpha_p = \left(\dfrac{18nQp^{8/3}}{\sqrt[3]{3}\sqrt{i}}\right)^{0.4}$ 求出综合参数 α_p。

2）根据 $D = 0.02(\ln\alpha_p)^2 + 1.22\ln\alpha_p + 0.27$ 求出 D。

3）将 D 代入 $h_0 = \dfrac{\alpha_p}{4p}[\sqrt{e^D(1+e^D)} + \ln(\sqrt{e^D} + \sqrt{1+e^D})]^{4/15}$ 求出 h_0。

具体结果见表 4.14。

表 4.14 二次抛物线形断面的正常水深计算结果表

流量 $Q/(\text{m}^3/\text{s})$	形状参数 p	α_p	精确解		迭代值		相对误差 $\Delta h_0/\%$
			h_0/m	η_p	h_0/m	η_p	
80	0.25	2.606050	4.2352	4.2352	4.2468	4.2468	0.275
0.01	0.5	0.149915	0.0698	0.1395	0.0697	0.1395	0.097

从计算结果表看，不同条件下的正常水深计算精度满足工程要求。

参考文献

卜漱和. 1986. 明渠水力学的正常、临界和共轭水深的计算 [J]. 水力发电. (5)：58 - 62.

陈立云. 2007. 方圆断面渠道的临界水深和正常水深计算 [J]. 四川水利. (1)：53 - 55.

陈萍. 滕凯. 2012. 标准门洞形过水隧洞正常水深的计算 [J]. 水科学与工程技术. (3)：38 - 40.

成铁兵. 2008. 弧底梯形及弧角梯形断面水力计算电算程序 [J]. 杨凌职业技术学院学报. (3)：21 - 23，27.

董为民，赵小利，刘卫华，等. 2005. 底部含圆弧的梯形断面防渗渠道的水力计算 [J]. 水利与建筑工程学报. (3)：54 - 57.

樊建军. 1990. 梯形渠道水跃共轭水深计算的迭代法 [J]. 力学与实践. (6)：42 - 44.

冯兴龙，袁建峰. 2011. 圆形明流洞非恒定流问题的研究 [J]. 内蒙古水利. (3)：20 - 21.

高玉芳，张展羽. 2005. 弧形底梯形渠道实用经济断面计算方法 [J]. 中国农村水利水电. (3)：64 - 65.

葛节忠，王成现. 2006. 几个常用断面明渠均匀流水深和临界水深的迭代算法 [J]. 华北水利水电学院学报. (4)：33 - 36.

韩会玲，孟庆芝. 1994. 非满流圆管均匀流水力计算的近似数值解法 [J]. 给水排水. (10)：25 - 26，5.

郝海有. 2009. 淤地坝涵管无压流水力计算图表法 [J]. 山西水土保持科技. (2)：18 - 19.

郝树棠. 1995. 梯形渠道正常水深和底宽的迭代解 [J]. 力学与实践. (4)：63 - 64.

华东水利学院. 1989. 水工设计手册-第七卷-水电站建筑物 [M]. 北京：水利电力出版社.

季国文. 1997. 圆弧底渠道横断面尺寸的直接求解方法 [J]. 水利水电科技进展. (3)：56 - 57.

李诚. 1999. 矩形沟渠水深与底宽的直接计算公式 [J]. 中南公路工程. (1)：3 - 5.

李凤玲，文辉，陈雄. 2010. U 形渠道水力计算的显式计算式 [J]. 水利水电科技进展. 30 (1)：65 - 67.

李凤玲，文辉，黄寿生. 2006. 窄深式 U 形渠道正常水深的近似计算公式 [J]. 人民黄河. (12)：75 - 76.

李凤玲，文辉，欧军利，等. 2007. 宽浅式 U 形渠道正常水深的近似计算公式 [J]. 人民长江. (8)：170 - 171.

李凤玲，文辉，赵洁，等. 2014. 平底型马蹄形断面正常水深的显式计算式 [J]. 人民黄河. 36 (4)：117 - 119.

李龙. 2012. 公路排水沟槽正常水深计算分析 [J]. 交通世界 (建养. 机械). (4)：120 - 121.

李蕊，王正中，王乃信，等. 2008. 梯形明渠正常水深直接算法 [J]. 人民长江. (5)：50 - 51，57.

李炜等. 2006. 水力计算手册 [M]. 北京：中国水利水电出版社.

李永刚. 1995. 马蹄形隧洞水力计算迭代法 [J]. 人民黄河. (11)：42 - 44，62.

李永红. 2015. 明渠正常水深数值求解方法研究 [D]. 杨凌：西北农林科技大学.

林焱山. 1980. 矩形明渠正常水深的计算 [J]. 煤矿设计. (1)：45 - 42.

刘崇选. 1992. U 形渠道一种简便的水力计算法 [J]. 灌溉排水. (2)：46 - 49.

刘计良，王正中，苏德慧，等. 2012. 典型断面渠道正常水深计算 [J]. 排灌机械工程学报. 30 (3)：324 - 329.

刘庆国. 1999a. 梯形明渠正常水深计算的迭代法 [J]. 东北水利水电. (4)：3 - 5.

刘庆国. 1999b. 梯形明渠正常水深计算的迭代法 [J]. 水利水电工程设计. (3)：3 - 5.

龙洪林. 2012. 基于 matlab 的 U 形明渠特征水深的图解法 [J]. 陕西水利. (4)：138 - 140.

吕宏兴，辛全才，花立峰. 2001. 马蹄形过水断面正常水深的迭代计算 [J]. 长江科学院院报. (3)：7 - 10.

吕宏兴，周维博，刘海军. 2004. U 形渠道的水力特性及水力计算 [J]. 灌溉排水学报. (4)：50 - 52.

吕宏兴，朱林. 1994. 圆形无压隧洞的经济过水断面 [J]. 西北水资源与水工程. (3)：63 - 67.

吕宏兴. 1991. U 形渠道水力最佳断面及水力计算 [J]. 水资源与水工程学报. (4)：42 - 47.

吕宏兴，等. 2011. 水力学 ［M］. 北京：中国农业出版社.

马子普，张根广. 2011.U 形明渠收缩水深的迭代公式推求及程序实现 ［J］. 中国农村水利水电. （10）：113－114，118.

明万才，黄开路，张晓莲. 2002. 抛物线形断面明渠的水力计算探讨 ［J］. 水利科技与经济. （2）：74.

宁希南. 1999. 马蹄形断面暗沟（型）简明水力计算图表 ［J］. 林业建设. （5）：3－5.

宁希南. 2008. 马蹄形断面（型）简明水力计算及其诺谟图 ［J］. 林业建设. （3）：11－14.

齐清兰，张力霆. 1998. 应用牛顿法求解水力计算中高次方程问题 ［J］. 西北水电. （2）：3－5.

乔文忠，刘伟，刘君红. 2002. 采用二分法编程求解明渠均匀流正常水深计算 ［J］. 水利科技与经济. （3）：188－189.

荣丰涛，荣榕. 2003. 弧形底梯形渠道的实用经济断面计算 ［J］. 山西水利科技. （3）：7－9.

沙尔马诺夫斯基，蔡永久. 1956. 狭小梯形渠道里的正常水深与临界水深的计算 ［J］. 新黄河. （6）：41－43.

宋定春. 1996. 溢流坝下游收缩断面水深计算 ［J］. 四川水利. （2）：14－16.

孙颖娜，韦富英，王泽华. 2001.VB6.0 在 U 型渠道断面设计中的应用 ［J］. 水利科技与经济. （3）：145－146.

索丽生，刘宁，高安泽，等. 2013. 水工设计手册-第八卷-水电站建筑物 ［M］. 北京：中国水利水电出版社.

谭新莉. 2003. 马蹄形断面水力学计算 ［J］. 新疆水利. （2）：20－22，48.

滕凯，李建华，李振宇. 1998. 标准门洞型过水断面简捷水力计算法 ［J］. 海河水利. （4）：3－5.

滕凯，吴华，李圣涛. 1996. 圆底三角 U 形明渠均匀流水深的简便计算法 ［J］. 人民黄河. （10）：54－55.

滕凯，张丽伟. 2013. 标准 U 形断面渠槽正常水深的简化计算法 ［J］. 浙江水利科技. 41 （1）：43－44，47.

滕凯，周辉. 2012. 弧底梯形明渠正常水深的简化计算法 ［J］. 黑龙江八一农垦大学学报. 24 （5）：85－88.

滕凯，邹伟，王洪波. 2001. 圆底 U 形渠道均匀流水深计算方法的进一步简化 ［J］. 灌溉排水. （1）：74－77.

滕凯. 2012. 半立方抛物线形渠道正常水深的近似计算公式 ［J］. 长江科学院院报. 29 （12）：30－33.

滕凯. 2012. 标准门洞形隧洞正常水深的简易算法 ［J］. 中国水能及电气化. （9）：24－27.

滕凯. 2012. 矩形断面渠槽水力计算的简化算法 ［J］. 吉林水利. （12）：20－22.

滕凯. 2013. 马蹄形断面隧洞正常水深的简化计算法 ［J］. 华北水利水电学院学报. 34 （5）：31－34，76.

滕凯. 郭铁良，胡允坤，等. 1995.U 形断面渠槽的实用设计法 ［J］. 黑龙江水利科技. （1）：55－57.

王双，周淑杰. 2010. 圆弧底渠道断面的水力近似计算 ［J］. 水利科技与经济. 16 （3）：311，313.

王顺久，侯玉，丁晶，等. 2002. 遗传算法求解圆底 U 形渠道均匀流水深 ［J］. 人民黄河. （7）：42－43.

王耀臣. 1985. 渠道内水深的数解法 ［J］. 铁道建筑. （7）：30－31.

王羿，王正中，赵延风，等. 2011. 抛物线断面河渠正常水深的近似计算公式 ［J］. 人民长江. 42 （11）：107－109.

王正中，冷畅俭，娄宗科. 2012. 圆管均匀流水力计算近似公式 ［J］. 给水排水. （9）：27－28，3.

王正中，宋松柏，王世民. 1999. 弧底梯形明渠正常水深的直接算法 ［J］. 长江科学院院报. （4）：3－5.

王正中，席跟战，宋松柏，等. 1998. 梯形明渠正常水深直接计算公式 ［J］. 长江科学院院报. （6）：3－5.

王志云. 滕凯. 圆形断面正常水深计算方法的进一步简化 ［J］. 吉林水利. （5）：14－15，24.

文辉，李风玲，李霞. 2008. 标准Ⅰ型马蹄形断面正常水深的近似算法 ［J］. 人民黄河. （7）：89－90.

文辉，李风玲，欧军利，等. 2007. 城门洞形断面隧洞正常水深的近似算法 [J]. 给水排水. （7）：19-21.

文辉，李风玲. 2008. 再论城门洞形断面隧洞正常水深的近似计算 [J]. 给水排水. （11）：42-43.

文辉，李风玲. 2010. 立方抛物线形渠道水力计算的显式计算式 [J]. 人民黄河. 32 （1）：75-76.

文辉，李风玲. 2013. 平底马蹄形断面的水力计算 [J]. 农业工程学报. 29 （10）：130-135.

吴晓辉，陈辉. 2004. 圆形隧洞导流无压流时水力计算底坡快速判别方式的探讨 [J]. 江西水利科技. （1）：40-42.

滕凯，刘继忠，李松岩，等. 1997. 马蹄形过水断面均匀流水深的简化计算法 [J]. 人民黄河. （1）：36-38.

肖睿书，闫利国，李习群. 1994. 梯（矩）形给排水渠道水力计算探讨 [J]. 给水排水. （6）：36-40.

谢成玉，滕凯. 2012. 抛物线形断面渠道均匀流水深的近似计算公式 [J]. 水电能源科学. 30 （7）：94-95，172.

谢崇高. 1994. 明渠均匀流正常水深的直接计算 [J]. 贵州水力发电. （1）：44-48.

谢建钢. 1996. U形渠道均匀流水深的简捷计算方法 [J]. 湖南水利. （1）：14-15.

辛孝明，张亮珍，张建明. 1995. 几种常用的水力计算简便法 [J]. 山西水利科技. （4）：20-25.

熊宜福. 2003. 梯形明渠均匀流水深和底宽的简捷计算法 [J]. 长江职工大学学报. （3）：24-29.

徐文秀. 2008. 梯形类渠道断面计算软件的开发与使用 [J]. 东北水利水电. （5）：9-10，53.

许延生，伏广涛，侯召成. 2000. 矩形明渠均匀流水深和底宽的算子分裂算法 [J]. 长江科学院院报. （4）：5-7.

许延生，王楠楠，赵鸣雁. 2001. 矩形明渠均匀流水深及底宽的渐近耦合算法 [J]. 三峡大学学报（自然科学版）. （2）：109-111.

杨红鹰，孙长志，李彦军. 1999. 明渠均匀流正常水深的数值计算 [J]. 黑龙江水利科技. （2）：3-5.

杨树正. 1987. 马蹄形隧洞水力计算的 basic 程序解析法 [J]. 陕西水利. （5）：20-23.

杨伟，刘宗健. 2009. 梯形明渠正常水深和临界水深的迭代计算法 [J]. 企业科技与发展. （8）：61-62，70.

杨艳. 2011. Excel 在《水力学》教学过程中的应用 [J]. 长江工程职业技术学院学报. 28 （3）：69-71.

殷彦平，吕宏兴，张宽地. 2011. 求解圆形排水管道正常水深的一种新方法 [J]. 水利与建筑工程学报. 9 （4）：18-21.

张迪，张春娟，申永康. 2002. U形渠道的水力计算 [J]. 杨凌职业技术学院学报. （2）：39-41.

张洪恩. 1991. 大流量 U形渠道设计初探 [J]. 郑州工学院学报. （3）：125-130.

张宽地，吕宏兴，王正中，等. 2009a. 用模式搜索算法求解梯形明渠正常水深 [J]. 长江科学院院报. 26 （9）：25-28，34.

张宽地，吕宏兴，王光谦，等. 2009b. 普通城门洞形隧洞正常水深的直接计算方法 [J]. 农业工程学报. 25 （11）：8-12.

张宽地，吕宏兴，赵延风. 2009c. 明流条件下圆形隧洞正常水深与临界水深的直接计算 [J]. 农业工程学报. 25 （3）：1-5.

张宽地，吕宏兴，赵延风. 2010. 普通城门洞断面正常水深的近似计算式 [J]. 长江科学院院报. 27 （2）：34-36，41.

张润生，刘学文，彭月琴. 1994. 马蹄形断面隧洞各水力要素的求解 [J]. 山西水利科技. （4）：44-47.

张生贤，沈军，林文. 1992. 实用明渠水力简捷计算法 [J]. 灌溉排水. （4）：31-35.

张喜昌. 1987. 圆弧底渠道断面的水力近似计算 [J]. 农田水利与小水电. （9）：25-26.

张新燕，吕宏兴，朱德兰. 2013. U形渠道正常水深的直接水力计算公式 [J]. 农业工程学报. 29 （14）：115-119.

张新燕，吕宏兴. 2012. 抛物线形断面渠道正常水深的显式计算 [J]. 农业工程学报. 28（21）：121－125.

张志昌，李若冰. 2013. 标准型马蹄形断面水力特性的研究 [J]. 长江科学院院报. 30（5）：55－59.

赵文龙，吕昌斌，王志强. 2011. 渠道改造 U 形及弧形底梯形断面的设计 [J]. 黑龙江水利科技. 39（1）：85－86.

赵延风，刘军，梅淑霞，等. 2009a. 普通城门洞形断面正常水深的近似计算方法 [J]. 武汉大学学报（工学版）. 42（6）：773－775.

赵延风，王正中，方兴，等. 2011a. 半立方抛物线形渠道正常水深算法 [J]. 排灌机械工程学报. 29（3）：241－245.

赵延风，王正中，方兴，等. 2011b. 排灌输水隧洞正常水深的简捷算法 [J]. 排灌机械工程学报. 29（6）：523－528.

赵延风，王正中，芦琴. 2012. 马蹄形断面正常水深的直接计算公式 [J]. 水力发电学报. 31（1）：173－177，188.

赵延风，王正中，许景辉，等. 2008b. Matlab 语言在梯形明渠水力计算中的应用 [J]. 节水灌溉. （4）：38－40，47.

赵延风，张宽地，芦琴. 2008a. 矩形断面明渠均匀流水力计算的直接计算公式 [J]. 西北农林科技大学学报（自然科学版）. （9）：224－228.

赵延风，祝晗英，王正中，等. 2009b. 梯形明渠正常水深的直接计算方法 [J]. 西北农林科技大学学报（自然科学版）. 37（4）：220－224.

赵延风，祝晗英，王正中. 2010. 一种新的圆形过水断面正常水深近似计算公式 [J]. 河海大学学报（自然科学版）. 38（1）：68－71.

赵振兴，何建京. 2010. 水力学 [M]. 北京：清华大学出版社.

朱郑伯，钱寅泉. 1988. 明渠均匀流计算方法的探讨 [J]. 东北林业大学学报. （1）：61－65.

邹珊. 2009. U 形渠道的水力最佳断面及正常水深的计算 [A]. 第四届全国水力学与水利信息学学术大会论文集 [C]. 447－484.

Babaeyan－Koopaei K. 2001. Dimensionless curves for normal－depth calculations in canal sections [J]. Journal of irrigation and drainage engineering. 127（6）：386－389.

Liu J，Wang Z，Fang X. 2010. Iterative formulas and estimation formulas for computing normal depth of horseshoe cross－section tunnel [J]. Journal of irrigation and drainage engineering. 136（11）：786－790.

Merkley G P. 2005. Standard horseshoe cross section geometry [J]. Agricultural water management. 71（1）：61－70.

Srivastava R. 2006. Exact solutions for normal depth problem [J]. Journal of Hydraulic Research. 44（3）：427－428.

Swamee P K，Rathie P N. 2004. Exact solutions for normal depth problem [J]. Journal of hydraulic Research. 42（5）：543－550.

Swamee P K，Rathie P N. 2005. Exact equations for critical depth in a trapezoidal canal [J]. Journal of irrigation and drainage engineering. 131（5）：474－476.

Swamee P K. Normal－depth equations for irrigation canals [J]. 1994. Journal of irrigation and drainage engineering. 120（5）：942－948.

Vatankhah A R，Easa S M. 2011. Explicit solutions for critical and normal depths in channels with different shapes [J]. Flow Measurement and Instrumentation. 22（1）：43－49.

Vatankhah A R. 2012. Direct solutions for normal and critical depths in standard city－gate sections [J]. Flow Measurement and Instrumentation. 28：16－21.

Vatankhah A R. 2013. Explicit solutions for critical and normal depths in trapezoidal and parabolic open channels [J]. Ain Shams Engineering Journal. 4（1）：17－23.

第5章 临界水深计算方法

临界水深是渠道水力计算中一个重要的参数，在水利水电、农田灌排、城市给排水等工程中应用非常广泛，但它的计算需要求解一个一元高次方程或超越方程，无法直接求解。

其定义是相应于断面单位能量最小值的水深称为临界水深，满足条件：

$$\frac{\alpha Q^2}{g} = \frac{A_k^3}{B_k} \tag{5.1}$$

即临界流的基本方程。

式中：Q 为流量，m^3/s；A_k 为相应于临界水深时的过水面积，m^2；B_k 为相应于临界水深时的水面宽度；m；g 为重力加速度，采用 9.81，m/s^2；α 为流速分布不均匀系数。

5.1 矩形断面渠道临界水深

矩形断面临界水深可由下式直接计算可得

$$h_k = \sqrt[3]{\frac{\alpha q^2}{g}} \tag{5.2}$$

$$q = \frac{Q}{b} \tag{5.3}$$

式中：h_k 为临界水深；m；α 为流速分布不均匀系数；g 为重力加速度，一般采用 $9.81 m/s^2$；q 为单宽流量，m/s；Q 为流量，m^3/s；b 为渠底宽度，m。

5.2 梯形断面渠道临界水深

梯形渠道临界水深的计算需要求解一个一元六次方程，无法解析解。传统的求解方法就是查图表或者试算法，这些方法既费时又费力，而且精度不高。不少专家提出了许多近似或者直接的计算方法（郝树棠，1994；苏鲁平，1994；苏鲁平，1995；王正中，1995；Wang ZZ，1998；Prabhata KS，1999；王正中，1999；廖云凤，2001；王正中，2006），不仅形式简单，适用范围广，而且精度高，解决了工程实际问题。

从简捷、准确、通用 3 方面综合考察对比了王正中（1995；1998；1999；2006）公式，廖云凤（2001）公式，Prabhata KS（1999）公式，赵延风（2007）公式。从简捷方面考虑，王正中（1995；1999；2006）公式，廖云凤（2001）公式，赵延风（2007）公式较简捷。

从准确和使用范围方面考虑，王正中公式适用梯形的整个范围，只是在 $1.4 < x < 1.8$

范围内误差略大于 1%，当 $x>50$ 时误差小于 0.01%，最大相对误差是 -1.048%；廖云凤公式适用范围在 $1<x\leqslant55$ 时误差小于 1，当 $x>50$ 时误差逐渐增大，公式不宜再用，最大相对误差是 12.246%；Prabhata KS（1999）公式适用范围在 $1<x<1.1$，$50<x<+\infty$ 时误差小于 1，在 $1.1<x<50$ 时误差大于 1，公式不宜再用，最大相对误差是 2.336%；赵延风公式相对误差整体较小，适用梯形的整个范围，只是在 $1.182<x<1.336$ 范围内误差略大于 1%。

从工程实际考虑，赵延风（2007a）公式的计算精度已经可以满足要求，但从科学研究方面考虑，计算精度要求较高，可用赵延风（2007b）公式进行计算。从公式的理论依据来看，赵延风公式和王正中公式是根据迭代理论严格推导出来的，而廖云凤公式和 Prabhata KS（1999）公式都是经验公式；从公式的计算精度来看，赵延风（2007）公式最大相对误差最小，精度最高；从公式的简捷程度来看，廖云凤公式、王正中公式和赵延风（2007a）公式比较简捷；从公式的适用范围来看，赵延风（2007b）公式适用范围最广，覆盖了整个梯形范围。

因此综合考虑，王正中（1999）公式结构简单，计算精度高，使用方便，适用范围广，满足工程要求，它将是计算梯形明渠临界水深的最优公式。

（1）王正中（1999）公式。

$$y=\frac{\sqrt{1+k_w(1+k_w)^{0.2}}-1}{2} \tag{5.4}$$

其中

$$k_w=\frac{4m}{b}\sqrt[3]{\frac{\alpha q^2}{g}}, h_k=\frac{b}{m}y \tag{5.5}$$

（2）廖云凤（2001）公式。

$$y=k_l(1+k_l)^{-0.372} \tag{5.6}$$

其中

$$k_l=\frac{m}{b}\sqrt[3]{\frac{\alpha q^2}{g}}, h_k=\frac{b}{m}y \tag{5.7}$$

（3）Prabhata KS（1999）公式。

$$y=(k_p^{-2.1}+(2k_p^3)^{-0.42})^{-0.476} \tag{5.8}$$

其中

$$k_p=\frac{m}{b}\sqrt[3]{\frac{\alpha q^2}{g}}, h_k=\frac{b}{m}y \tag{5.9}$$

（4）赵延风（2007b）公式。

通过引入一个无量纲参数—单位水面宽度，对梯形明渠临界水深的基本公式进行恒等变形，得到计算梯形明渠临界水深的迭代公式，再与合理的迭代初值配合使用，推导出梯形断面临界水深的直接计算公式，在梯形断面全部范围内最大相对误差小于 0.082%。

$$x=\sqrt{(k+k^{1.2})^{1/6}+1} \tag{5.10}$$

或

$$x=\sqrt{\left[k+k\left(k+k^{1.2}\right)^{1/6}\right]^{1/6}+1} \qquad (5.11)$$

其中

$$k=\left(\frac{64\alpha m^3 q^2}{gb^3}\right)^2 \qquad (5.12)$$

$$h_k=\frac{b}{2m}(x-1) \qquad (5.13)$$

【算例】 已知某梯形渠道，设计单宽流量为 $q=790\mathrm{m^3/s}$，渠底宽度 $b=10\mathrm{m}$，边坡系数 $m=1$，试用王正中公式（1999）求该梯形明渠的临界水深 h_c。

解：取 $\alpha=1.0$，$g=9.81\mathrm{m/s^2}$，王正中公式（1999）步骤如下：

$$k_w=\frac{4m}{b}\sqrt[3]{\frac{\alpha q^2}{g}}$$

$$y=\frac{\sqrt{1+k_w(1+k_w)^{0.2}}-1}{2}$$

$$h_c=\frac{b}{m}y$$

本例临界水深的精确解为 21.9174m。

5.3 U 形断面渠道临界水深

根据文献（王正中，1999），对 U 形断面（当 $h/D\geqslant1/2$ 时，按 U 形断面进行计算，否则按圆形断面计算）：

$$h_k=h_k'+\frac{4-\pi}{8}D \qquad (5.14)$$

其中

$$h_k'=\sqrt[3]{\frac{\alpha q^2}{g}} \qquad (5.15)$$

$$q=\frac{Q}{B} \qquad (5.16)$$

式中：h_k 为临界水深，m；α 为流速分布不均匀系数；g 为重力加速度，一般采用 $9.81\mathrm{m/s^2}$；q 为单宽流量，m/s；Q 为流量，$\mathrm{m^3/s}$；B 为相应于临界水深时的水面宽度，m；D 为半圆弧的直径，m。此公式系经过数学变化而得，其解为解析解。

5.4 弧形底梯形断面渠道临界水深

（1）王正中（2005）公式。

王正中（2005）通过对弧形底梯形明渠临界水深基本方程的数学变换，应用迭代理论得到其无量纲临界水深快速收敛的迭代公式；结合工程实际在大量分析计算的基础上应用最佳逼近拟合原理确定出了恰当的迭代初值，从而提出了一种简捷、准确、通用的弧形底梯形明渠临界水深的简捷计算方法。

迭代方程为

$$\lambda = 2\sqrt{\beta + \sqrt[3]{k\lambda}} \tag{5.17}$$

其中

$$\beta = 1 - m \arcsin \frac{1}{\sqrt{m^2 + 1}} \tag{5.18}$$

$$k = \frac{\alpha Q^2 m^3}{r^5 g} \tag{5.19}$$

$$x = 1 - \sqrt{\frac{m^2 + 1}{m^2}} + \frac{\lambda}{2m} \tag{5.20}$$

$$x = \frac{h}{r}, \lambda = \frac{b}{r} \tag{5.21}$$

初值计算公式为

$$\lambda_0 = 2.35 \varphi k^{0.2} \tag{5.22}$$

其中

$$\varphi = (km^4)^{-0.1} \tag{5.23}$$

利用初值及初值修正公式、迭代公式详细计算在 m 介于 $[0, 4]$ 之间与 x 介于 $[0, 4]$ 之间的结果及误差。最大绝对误差为 2.24%，满足工程精度要求。

【算例】 已知某输水渠流量 $Q = 40 \text{m}^3/\text{s}$，弧底半径 $r = 2.5 \text{m}$，边坡系数 $m = 1$，求此时的临界水深 h_k。

解：

$$k = \frac{a Q^2 m^3}{r^5 g} = 1.6718$$

$$\beta = 1 - m \times \arcsin \frac{1}{\sqrt{m^2 + 1}} = 1 - \arcsin \frac{1}{\sqrt{2}} = 0.2146$$

由于当 $km^4 \geqslant 1$，系数 $\varphi = 1$，初值计算可得

由

$$\lambda_0 = 2.35 k^{0.2} = 2.35 \times 1.6718^{0.2} = 2.6041$$

得

$$\lambda = 2\sqrt{\beta + \sqrt[3]{k\lambda_0}} = 2.7185$$

$$x = 1 - \sqrt{\frac{m^2 + 1}{m}} + \frac{\lambda}{2m} = 0.9450$$

$$h_k = x \times r = 0.9450 \times 2.5 \text{m} = 2.3625 \text{m}$$

精确解为 2.3879m，相对误差为 -1.06%，满足工程实际的应用。

（2）赵延风（2012）公式。

通过引入判定水深位置的分界流量，并对其临界水深方程进行数学变换，根据迭代理论提出了无量纲水深及无量纲水面宽度的快速迭代公式，进而得到弧形底梯形明渠临界水

深的直接计算公式。分界流量的计算公式为

$$Q_d = \sqrt{\frac{gr^5(\theta - 0.5\sin2\theta)^3}{2\alpha\sin\theta}} \tag{5.24}$$

当渠道通过流量 $Q < Q_d$ 时，水面位于底部圆弧，临界水深的计算公式为

$$h_k = r(0.009k_a^{1.5} + 0.403k_a^{0.75}) \tag{5.25}$$

其中

$$k_a = \sqrt[3]{\frac{16\alpha Q^2}{gr^5}} \tag{5.26}$$

当渠道通过流量 $Q > Q_d$ 时，临界水深采用如下方法计算：

$$k = \sqrt[3]{\frac{2\alpha m^3 Q^2}{g(r\sin\theta)^5}} \tag{5.27}$$

$$\beta = (1 + m^2)(1 - m\theta) \tag{5.28}$$

迭代初值为

$$x = \sqrt{k\left[k + \frac{\beta}{(k+\beta)^{0.2}}\right]^{0.2} + \beta} \tag{5.29}$$

弧形底梯形明渠临界水深计算公式为

$$h_k = r\left[1 - \cos\theta + \frac{\sin\theta}{m}(x-1)\right] \tag{5.30}$$

在无量纲水面宽度 $x \in [1.0, +\infty)$，梯形边坡系数 $m \in (0, +\infty)$ 范围内，梯形段临界水深的最大相对误差均小于 0.107%

【算例】 已知某输水渠道为弧形底梯形断面，弧底半径 $r = 2.5\text{m}$，侧墙直线段边坡系数 $m = 1$，求流量 $Q_1 = 2\text{m}^3/\text{s}$，$Q_2 = 40\text{m}^3/\text{s}$ 时的临界水深 h_k（$\alpha = 1.0$，$g = 9.8\text{m/s}^2$）。

解：先计算分界流量：

$$Q_d = \sqrt{\frac{gr^5(\theta - 0.5\sin2\theta)^3}{2\alpha\sin\theta}} = 3.968\text{m}^3/\text{s}$$

1) 通过流量为

$$Q_1 = 2\text{m}^3/\text{s} < Q_d$$

水面位于底部圆弧段，按式（5.25）计算临界水深。

$$k_a = \sqrt[3]{\frac{16\alpha Q^2}{gr^5}} = 0.4059$$

$$h_k = r(0.009k_a^{1.5} + 0.403k_a^{0.75}) = 0.5182\text{m}$$

临界水深的数值解为 0.5177m，相对误差为 0.092%。

2) 通过流量为

$$Q_2 = 40\text{m}^3/\text{s} > Q_d$$

水面位于上部梯形段，按公式（5.30）计算。

$$k = \sqrt[3]{\frac{2\alpha m^3 Q^2}{g(r\sin\theta)^5}} = 2.6644$$

$$\beta=(1+m^2)(1-m\theta)=0.4292,\left(\theta=\text{arctg}\,\frac{1}{m}=\frac{\pi}{4}\right)$$

$$x=\sqrt{k\left[k+\frac{\beta}{(k+\beta)^{0.2}}\right]^{0.2}+\beta}=1.9365$$

$$h_k=r\left[1-\cos\theta+\frac{\sin\theta}{m}(x-1)\right]=2.3877\text{m}$$

临界水深的数值解为 2.3879m，相对误差为 -0.008%。

5.5 城门洞形断面渠道临界水深

城门洞形断面是输水隧洞工程中一种经常采用的过水断面形式。普通城门洞形断面及标准城门洞形断面的临界水深方程实质上也是含多个未知参数的高阶非齐次反三角方程，理论上无解析解。常见计算方法有图解法或迭代试算法，这些方法都烦琐复杂，而且图解法误差大，还依赖图表，不便应用。

5.5.1 普通城门洞形

普通城门洞形断面水力要素如下式：

$$\begin{cases} h_h=r(1+\cos\theta) \\ A_k=3.5708r^2-\theta r^2+r(h_k-r)\sin\theta \\ B_k=2\left[r^2-(h_k-r)^2\right]^{0.5} \end{cases} \tag{5.31}$$

当 $0\leqslant\alpha Q^2/gr^5\leqslant4$ 时，即 $0\leqslant h_k\leqslant r$ 时，普通城门洞形断面明渠临界水深可按矩形计算；将式（5.31）代入临界流基本方程式中，并经数学变换并应用优化拟合原理，提出一种新的简捷、准确的普通城门洞形断面明渠临界水深计算公式：

$$x=0.58k^{0.4}-\frac{k}{54}-0.936 \tag{5.32}$$

其中

$$k=\frac{\alpha Q^2}{gr^5} \tag{5.33}$$

$$x=\frac{h_k}{r}-1 \tag{5.34}$$

经验证，在工程实用范围内误差小于 1.30%。

5.5.2 标准城门洞形

标准城门洞形断面水力要素如下：

当 $0.25r\leqslant h\leqslant r$ 时

$$\begin{cases} A_k=2(h-0.25r)r+0.4732r^2 \\ B_k=2r \end{cases} \tag{5.35}$$

当 $r<h\leqslant2r$ 时

$$\begin{cases} h_h = r(1+\cos\theta) \\ A_k = 3.544r^2 - \theta r^2 + r(h_k - r)\sin\theta \\ B_k = 2[r^2 - (h_k - r)^2]^{0.5} \end{cases} \quad (5.36)$$

将临界水深 $h_k = e = 0.25r$ 和 $h_k = r$ 分别代入临界流基本方程中可得

$$\begin{cases} \dfrac{Q_e^2}{r^5} = 0.5196 \\ \dfrac{Q_r^2}{r^5} = 37.6836 \end{cases} \quad (5.37)$$

即：当 $0.5196 \leqslant \dfrac{Q_r^2}{r^5} \leqslant 37.6836$ 时，$e \leqslant h_k < r$；当 $\dfrac{Q_r^2}{r^5} \geqslant 37.6836$ 时，$h_k > r$。

临界水深计算公式如下：当 $0.5196 \leqslant \dfrac{Q_r^2}{r^5} \leqslant 37.6836$，$h_k \leqslant r$ 时，将式（5.35）代入临界流基本方程中，经整理得

$$h_k = r(0.0135 + \sqrt[3]{k/4}) \quad (5.38)$$

此式为解析式；当 $\dfrac{Q_r^2}{r^5} \geqslant 37.6836$ 时，将式（5.36）代入临界流基本方程中，经整理得

$$\frac{Q^2}{gr^5} = \frac{[3.544 - \arccos(h_k/r - 1) + (h_k/r - 1)\sqrt{1 - (h_k/r - 1)^2}]^3}{2\sqrt{1 - (h_k/r - 1)^2}} \quad (5.39)$$

代入临界流基本方程中，采用优化拟合法可获得以下计算公式：

$$x = 0.551k^{0.418} - 2.05 \times 10^{-2}k - 0.888 \quad (5.40)$$

其中

$$k = \frac{\alpha Q^2}{gr^5} \quad (5.41)$$

$$x = \frac{h_k}{r} - 1 \quad (5.42)$$

王正中（2004）通过对城门洞形断面的临界流基本方程的数学变换，并应用优化拟合原理，给出其近似解析解，从而提出一种近似计算公式。结果表明：在实用范围内（临界水深度与拱顶半径之比在 1.1 到 1.8 之间），临界水深的最大误差不超过 0.5%。

$$\frac{Q^2}{gr^5} = \frac{\{3.5708 - \arccos(h_k/r - 1) + (h_k/r - 1)[1 - (h_k/r - 1)^2]\}}{2[1 - (h_k/r - 1)^2]} \quad (5.43)$$

以标准剩余差最小为目标值，经逐次优化逼近拟合，获得以下替代函数（近似计算公式）：

$$x = 0.580k^{0.4} - \frac{k}{54} - 0.935 \quad (5.44)$$

其中

$$k = \frac{Q^2}{gr^5} \quad (5.45)$$

$$x = \frac{h_k}{r} - 1 \tag{5.46}$$

其适用范围为 $0.1 \leqslant x \leqslant 0.8$。工程中对明渠输水隧洞要求有 $10\% \sim 15\%$ 的通气面积，与此相对应的 x 的取值小于 0.7，因此，上式的适用范围 $0.1 \leqslant x \leqslant 0.8$ 是可以满足工程实用要求的。范围误差小于 0.5%，是一个实用的近似计算公式。

5.6　圆形断面渠道临界水深

有关计算圆形断面临界水深的方法很多，但就其形式简单、通用、计算精度高 3 方面考虑，5 种公式（赵延风，2008；王正中，2004；孙建，1996；文辉，2007；武汉水利电力学院水力学教研室，1983）相对较好，它们的适用范围相同。赵延风（2009）从简捷、准确、通用三方面综合考察对比了上述公式，见表 5.1。

在工程常用范围 $x = h_k/d \in [0.05, 0.80]$ 内，武汉水利电力学院水利学教研室（1987）的经验公式形式较简单，但最大相对误差最大，而且不便于记忆；孙建（1996）公式误差最小，但计算公式复杂，而且是分段函数表示；王正中（2004）公式最大相对误差较小，但公式形式还是不够简捷；赵延风（2008）公式形式最为简单，且最大误差相对较小；文辉（2007）公式精度较高。但公式形式比较复杂；赵延风（2009）公式形式比较简捷，且每个分析点的误差较小，最大误差也较小。当出现小流量时，即无量纲水深 $x = h_k/d \in [0.01, 0.05]$ 范围内，可以运用的公式只有孙建（1996）公式和赵延风（2009）公式，其他几种公式由于误差太大不能应用。

表 5.1　　　　　　　　　圆形断面临界水深公式形式及其最大相对误差比较

公式名称	公式形式	最大相对误差/%	
		$x \in [0.05, 0.80]$	$x \in [0.01, 0.05]$
赵延风（2008）公式	$h_k = d k_z^{0.2555}$	-0.821	-3.737
王正中（2004）公式	$h_k = d \left(\dfrac{k_w}{29} \right)^{\frac{1}{3.9}}$	1.308	-4.906
孙建（1996）公式	$\begin{cases} h_k = d(0.102541\eta + 0.95714\eta^{1/2}) \\ \quad \eta \in (0, 0.40187] \\ h_k = d(-0.41581\eta + 1.57351\eta^{1/2} - 0.182354) \\ \quad \eta \in (0.40187, 0.71022] \end{cases}$	0.331	0.122
文辉（2007）公式	$h_k = d(-0.0326 k_w^{1/2} + 0.1497 k_w^{1/3} + 0.3010 k_w^{1/4} + 0.0044)$	0.597	-29.243
武汉水利电力学院水力学教研室（1983）公式	$h_k = \dfrac{0.573 Q^{0.522}}{d^{0.3}}$	4.483	10.063
赵延风（2009）公式	$h_k = d(0.194 k^{0.790} + 0.0135 k^{0.395} - 0.001)$	0.552	0.304

表中 $k_w = \dfrac{\alpha Q^2}{g r^5}$，$\eta = \sqrt{\dfrac{k_w}{32}}$，$k_z = 0.0339 k_w$，$k = \sqrt[3]{16 k_w}$。

综上所述，赵延风（2009）公式具有适用范围广，精度高，公式简捷等优点。

（1）王正中（2004）公式。

$$h_k = d\left(\frac{k_w}{29}\right)^{\frac{1}{3.9}}$$ (5.47)

$$k_w = \frac{\alpha Q^2}{gr^5}$$ (5.48)

$h_k/d \in [0.05, 0.80]$ 内最大相对误差 1.308%，$h_k/d \in [0.01, 0.80]$ 内最大相对误差 -4.906%。

（2）赵延风（2008）公式。

$$h_k = dk_z^{0.2555}$$ (5.49)

其中

$$k_z = \frac{1.085\alpha Q^2}{gr^5}$$ (5.50)

$h_k/d \in [0.05, 0.80]$ 内最大相对误差 -0.821%，$h_k/d \in [0.01, 0.80]$ 内最大相对误差 -3.737%。

（3）武汉水利电力学院水力学教研室（1983）公式。

$$h_k = \frac{0.573Q^{0.522}}{d^{0.3}}$$ (5.51)

$h_k/d \in [0.05, 0.80]$ 内最大相对误差 4.483%，$h_k/d \in [0.01, 0.80]$ 内最大相对误差 10.063%。

（4）孙建（1996）公式。

$$\begin{cases} h_k = d(0.102541\eta + 0.95714\eta^{1/2}), \eta \in (0, 0.40187] \\ h_k = d(-0.41581\eta + 1.57351\eta^{1/2} - 0.182354), \eta \in (0.40187, 0.71022] \end{cases}$$ (5.52)

其中

$$\eta = \sqrt{\frac{k_w}{32}}$$ (5.53)

$h_k/d \in [0.05, 0.80]$ 内最大相对误差 0.331%，$h_k/d \in [0.01, 0.80]$ 内最大相对误差 0.122%。

（5）文辉（2007）公式。

$$h_k = d(-0.0326k_w^{1/2} + 0.1497k_w^{1/3} + 0.3010k_w^{1/4} + 0.0044)$$ (5.54)

$h_k/d \in [0.05, 0.80]$ 内最大相对误差 0.597%，$h_k/d \in [0.01, 0.80]$ 内最大相对误差 -29.243%。

（6）赵延风（2009）公式。

通过引入无量纲临界水深，对无压流圆形断面临界水深的基本方程进行恒等变形，并应用优化拟合原理，得到临界水深的近似计算公式。误差分析及实例计算表明，在工程常用范围内，临界水深的最大相对误差小于 0.552%。

$$h_k = d(0.194k^{0.790} + 0.0135k^{0.395} - 0.001)$$ (5.55)

$$k = \left(\frac{16\alpha Q^2}{gr^5}\right)^{1/3}$$ (5.56)

$h_k/d \in [0.05, 0.80]$ 内最大相对误差 0.552%，$h_k/d \in [0.01, 0.05]$ 内最大相对误差 0.304%。

【算例 1】　某水利工程的引水隧洞，设计泄流量为 $500 \mathrm{m}^3/\mathrm{s}$，拟用圆形断面，设直径为 15m，试计算洞内的临界水深值。

【算例 2】　某引水式电站输水隧洞为圆形断面，洞径为 15m，试计算当水流流量为 $1 \mathrm{m}^3/\mathrm{s}$ 时洞内的临界水深。

表 5.2　　　　　　　　　　　　　　　不同计算方法误差比较

计算条件	公式名称	临界水深计算值/m	临界水深精确值/m	相对误差/%
例 1 $Q=500\mathrm{m}^3/\mathrm{s}$ $d=15\mathrm{m}$	武汉水利电力学院水力学教研室（1983）公式	6.5191	6.4275	1.425
	孙建（1996）公式	6.4267	6.4275	−0.012
	王正中（2004）公式	6.4425	6.4275	0.233
	赵延风（2008）公式	6.4341	6.4275	0.103
	文辉（2007）公式	6.4550	6.4275	0.427
	赵延风（2009）公式	6.4331	6.4275	0.087
例 2 $Q=1\mathrm{m}^3/\mathrm{s}$ $d=15\mathrm{m}$	武汉水利电力学院水力学教研室（1983）公式	0.2543	0.2757	−7.761
	孙建（1996）公式	0.2754	0.2757	−0.112
	王正中（2004）公式	0.2661	0.2757	−3.463
	赵延风（2008）公式	0.2687	0.2757	−2.523
	文辉（2007）公式	0.3070	0.2757	11.373
	赵延风（2009）公式	0.2755	0.2757	−0.070

从两个例题的计算过程和表 5.2 的误差比较中可以看出，用赵延风（2009）公式近似计算公式求解圆形断面的临界水深，不仅求解精度高，且能满足小流量临界水深的计算问题。

5.7　马蹄形断面渠道临界水深

（1）王正中（2005）公式。

马蹄形断面临界水深方程实质为含多个未知参数的高阶非齐次三角方程，也无解析解。由于吕宏兴（2002）提出的迭代公式非常复杂，如果初值选取不当，往往很难收敛，且精度较难保证，王正中（2005）计算方法根据迭代理论及优化拟合原理提出了近似计算方法，精度满足工程实践要求。

1）标准 I 型马蹄形断面临界水深。

当 $k \geqslant 3$，$r \leqslant h_k \leqslant 2r$ 时，临界水深：

$$x = 0.78 k^{1/3.07} - \frac{k}{63} - 0.07 \tag{5.57}$$

当 $0.002 \leqslant k \leqslant 3$，$e \leqslant h_k \leqslant r$ 时，临界水深：

$$x = 0.68 k^{1/3.08} - \frac{k}{200} + 0.04 \tag{5.58}$$

当 $0<k\leqslant0.002$，$0<h_k\leqslant e$ 时，临界水深：

$$x=0.6k^{1/4.04}-0.7k-0.0004 \tag{5.59}$$

2）标准Ⅱ型马蹄形断面临界水深。

当 $k\geqslant2.664$，$r\leqslant h_k\leqslant2r$ 时，临界水深：

$$x=0.85k^{1/3.26}-\frac{k}{66}-0.11 \tag{5.60}$$

当 $0.004\leqslant k\leqslant2.664$，$e\leqslant h_k\leqslant r$ 时，临界水深：

$$x=0.75k^{1/27}-0.6k+0.075 \tag{5.61}$$

当 $0<k\leqslant0.004$，$0<h_k\leqslant e$ 时，临界水深：

$$x=0.68k^{1/4}-0.03k \tag{5.62}$$

经验证，标准Ⅰ型马蹄形断面的误差小于 0.50%，标准Ⅱ型马蹄形断面的误差小于 1.59%。

（2）赵延风（2011）公式。

赵延风等（2011）通过引入准直线函数作为逼近函数，将马蹄形断面临界水深方程变换为单变量函数方程，通过对马蹄形两种标准型断面临界水深的单变量函数方程在工程常用范围内（即无量纲临界水深在 $[0.01,1.80]$ 范围内）进行准直线函数逼近，得到了马蹄形标准Ⅰ型、标准Ⅱ型断面临界水深计算的准直线函数表达式，并进行了误差分析及评价。结果表明，准直线函数计算公式在工程常用范围内，计算临界水深的最大相对误差小于 0.6%。设无量纲临界水深 y 为临界水深值与顶弧半径之比，即

$$y=\frac{h_k}{r} \tag{5.63}$$

那么 3 种水力条件下 3 个未知的圆弧角就可用无量纲水深 y 来表示，即

1）标准Ⅰ型

$$\begin{cases}\beta_1=\arccos(1-y/3),y\in[0,e_1/r]\\\gamma_1=\arcsin[(1-y)/3],y\in[e_1/r,1]\\\varphi_1=2\arccos(y-1),y\in[1,2]\end{cases} \tag{5.64}$$

2）标准Ⅱ型

$$\begin{cases}\beta_2=\arccos(1-y/2),y\in[0,e_2/r]\\\gamma_2=\arcsin[(1-y)/2],y\in[e_2/r,1]\\\varphi_2=2\arccos(y-1),y\in[1,2]\end{cases} \tag{5.65}$$

将 3 种水力要素分别代入明渠临界水深的基本方程中，并设

$$x=\sqrt[3]{\frac{\alpha Q^2}{gr^5}} \tag{5.66}$$

可得标准Ⅰ型、标准Ⅱ型马蹄形断面 3 种水力要素条件时的临界水深方程，即

$$x = \begin{cases} \dfrac{9(\beta_1 - 0.5\sin 2\beta_1)}{(6\sin\beta_1)^{1/3}}, & \beta_1 \in [0.0817, 0.2945] \\[3mm] \dfrac{C_1 - 9(\gamma_1 + 0.5\sin 2\gamma_1 - 4/3\sin\gamma_1)}{(6\cos\gamma_1 - 4)^{1/3}}, & \gamma_1 \in [0, 0.2945] \\[3mm] \dfrac{C_1 + 0.5(\pi - \varphi_1 + \sin\varphi_1)}{[2\sin(\varphi_1/2)]^{1/3}}, & \varphi_1 \in [1.287, 3.1416] \end{cases} \tag{5.67}$$

$$x = \begin{cases} \dfrac{4(\beta_2 - 0.5\sin 2\beta_2)}{(4\sin\beta_2)^{1/3}}, & \beta_2 \in [0.1, 0.4240] \\[3mm] \dfrac{4[C_2 - \gamma_2 - 0.5\sin 2\gamma_2 + \sin\gamma_2]}{(4\cos\gamma_2 - 2)^{1/3}}, & \gamma_2 \in [0, 0.4240] \\[3mm] \dfrac{4C_2 + 0.5(\pi - \varphi_2 + \sin\varphi_2)}{[2\sin(\varphi_2/2)]^{1/3}}, & \varphi_2 \in [1.287, 3.1416] \end{cases} \tag{5.68}$$

可以看出，马蹄形 2 种类型 3 种水力条件下的临界水深方程均是一个有关圆心角与综合参数 x 的单变量函数方程，求出圆心角（β 或 γ 或 φ）即可求出无量纲水深 y 从而求出临界水深。

在工程常用范围内，即无量纲临界水深 $y \in [0.01, 1.80]$，相应的标准 I 型断面的已知量参数 $x \in [0.0041, 3.0351]$ 和标准 II 型断面的已知量参数 $x \in [0.0036, 2.9678]$ 范围内，以剩余标准差最小为目标进行优化计算及函数逼近，确定参数 c、k、b 值，得到无量纲临界水深的准直线函数计算公式：

1) 标准 I 型

$$y = \begin{cases} 0.613x^{0.75}, & x \in [0.0041, 0.1252] \\ 0.679x^{0.96} + 0.037, & x \in [0.1252, 1.4429] \\ 4.019x^{0.23} - 3.378, & x \in [1.4429, 3.0351] \end{cases} \tag{5.69}$$

2) 标准 II 型

$$y = \begin{cases} 0.679x^{0.75}, & x \in [0.0036, 0.1661] \\ 0.707x^{0.93} + 0.044, & x \in [0.1661, 1.3862] \\ 3.949x^{0.23} - 3.263, & x \in [1.3862, 2.9678] \end{cases} \tag{5.70}$$

公式适用范围较大，在无量纲临界水深 $y \in [0.01, 1.8]$ 范围内均可适用，从隧洞内水面以上的净空面积所占全断面的比例可以看出，公式适用范围远大于一般工程要求的范围；公式精度高，在工程常用范围内，最大误差小于 0.6%，远远高于现有公式的计算精度。

参考文献

郝树棠. 1994. 梯形渠道临界水深的计算及讨论. 水利学报. (8)：48-52.

廖云凤. 2001. 梯形断面渠道临界水深显式计算. 陕西水力发电. (4)：22-23.

吕宏兴. 2002. 马蹄形过水断面临界水深的迭代计算. 长江科学院院报. (3)：10-12, 18.

苏鲁平. 1994. 梯形明渠临界水深的迭代解法. 人民长江. (5)：13-16, 63.

苏鲁平. 1997. 梯形断面收缩水深的近似算式. 人民长江. (4)：37 – 38.

孙建，李宇. 1996. 圆形和 U 形断面明渠临界水深直接计算公式. 陕西水力发电. (3)：38 – 41.

王正中，陈涛，芦琴，等. 2005. 马蹄形断面隧洞临界水深的直接计算. 水力发电学报. (5)：95 – 98.

王正中，陈涛，万斌，等. 2006. 明渠临界水深计算方法总论. 西北农林科技大学学报（自然科学版）. (1)：155 – 161.

王正中，陈涛，万斌，等. 2004a. 圆形断面临界水深的新近似计算公式. 长江科学院院报. (2)：1 – 2，9.

王正中，陈涛，张新民，等. 2004b. 城门洞形断面隧洞临界水深度的近似算法. 清华大学学报（自然科学版）. (6)：812 – 814.

王正中，申永康，彭元平，等. 2005. 弧底梯形明渠临界水深的直接算法. 长江科学院院报. (3)：6 – 8.

王正中，袁驷，武成烈. 1999b. 再论梯形明渠临界水深计算法. 水利学报. (4)：3 – 5.

王正中. 1995. 梯形明渠临界水深计算公式探讨. 长江科学院院报. (2)：78 – 80.

王正中. 1999a. 准梯形及 U 形渠道临界水深计算公式. 海河水利. (3)：3 – 5.

文辉，李凤玲，彭波，等. 2007. 圆管明渠临界水深的直接近似计算公式. 人民黄河. (4)：67 – 68.

武汉水利电力学院水力学教研室. 1983. 水力计算手册［M］. 北京：水利出版社.

赵延风，何晓军，祝晗英，等. 2009. 无压流圆形断面临界水深的新近似计算公式. 人民长江. 40 (11)：76 – 77，79.

赵延风，宋松柏，李宇. 2008. 圆形断面临界水深的近似计算公式. 水利水电科技进展. (2)：62 – 64.

赵延风，王正中，刘计良. 2012. 弧底梯形明渠临界水深的直接计算公式. 水力发电学报. 31 (3)：114 – 118.

赵延风，王正中，芦琴. 2011. 马蹄形断面临界水深的一种计算公式. 农业工程学报. 27 (2)：28 – 32.

赵延风，王正中，张宽地. 2007. 梯形明渠临界水深的直接计算方法. 山东大学学报（工学版）. (6)：101 – 105.

Swamee P K，Wu S，Katopodis C. 1999. Formula for calculating critical depth of trapezoidal open channel ［J］. Journal of Hydraulic Engineering. 125 (7)：785 – 785.

Wang Z. 1998. Formula for calculating critical depth of trapezoidal open channel ［J］. Journal of Hydraulic Engineering. 124 (1)：90 – 91.

第6章 收缩水深计算方法

当水流沿坝面下泄时，由于势能不断转换为动能，越往下则流速越大，到达坝趾时，流速最大，水深最小，这个水深属于收缩水深，用 h_c 表示，由水力学可知，收缩水深所满足的能量方程为

$$E_0 = h_c + \frac{Q^2}{2g\varphi^2 A_c^2} \tag{6.1}$$

式中：E_0 为上游断面总水头，m；h_c 为收缩水深，m；Q 为断面流量，m³/s；A_c 为收缩断面面积，m²；φ 为流速系数；g 为重力加速度，采用 9.81，m/s²。

当断面形状、尺寸、流量以及流速系数已知时，即可利用式（6.1）计算断面收缩水深。式（6.1）是三次以上的高次方程，一般不易直接求解，多采用试算或者近似计算的方法。

6.1 矩形断面收缩水深

对于矩形断面有

$$\begin{cases} Q = bq \\ A_c = bh_c \end{cases} \tag{6.2}$$

式中：b 为渠道底部宽度，m；h_c 为收缩水深，m；q 为单宽流量，m²/s；Q 为流量，m³/s；A_c 为收缩断面面积，m²。

将式（6.2）代入式（6.1）中，得到一元三次方程式：

$$E_0 = h_c + \frac{q^2}{2gh_c^2\varphi^2} \tag{6.3}$$

式中：E_0 为以收缩断面底部为基准面的坝前水流总能量，m；φ 为流速系数。

一元三次方程［式（6.3）］可通过参数代换得到解析解，也可以采用各种近似计算的方法得到近似解。矩形断面收缩水深的近似解法较多，不少于 20 种，最有代表性的有 14 种（沈清濂，1992；张会来等，1994；辛孝明等，1997；刘善综，1998；万德华，1998；裴国霞等，1994；吴静茹，1996；孙建，1996；苏鲁平，1997；王正中等，1996；赵延风等，2008；熊亚南，2002；王志云等，2012；谭振宏，1989），其中用一元三次方程求解的有 5 种形式，近似计算的有 9 种公式。冷畅俭（2013）从简捷、准确、通用 3 方面综合考察对比了上述公式。

沈清濂（1992）、张会来（1994）、辛孝明（1997）、刘善综（1998）以及万德华等（1998）先后对矩形断面收缩水深的基本方程进行变换，将基本方程变为一元三次方程，然后用求解一元三次方程的方法，即变量代换的方法得到了不同形式的解析解，形式

最为简捷的是刘善综（1998）公式。

之后，又有众多学者用迭代或者麦克劳林展开或者拟合的方法提出了不同形式的近似计算公式，在无量纲收缩水深范围内，误差依次增大的公式是：赵延风（2008a）公式、苏鲁平（1997）公式、王正中（1996）公式、王志云（2012）公式、熊亚南（2002）公式、谭振宏（1989）公式、裴国霞（1994）公式、吴静茹（1996）公式、孙建（1996）公式；公式简捷程度依次降低的公式是：孙建（1996）公式、吴静茹（1996）公式、苏鲁平（1997）公式、赵延风（2008）公式、王正中（1996）公式、裴国霞（1994）公式、熊亚南（2002）公式、王志云（2012）公式、谭振宏（1989）公式。

结合理论依据、精度及公式简捷性，矩形断面收缩水深推荐刘善综（1998）公式。

（1）刘善综（1998）公式。

根据矩形断面收缩水深的基本方程，代入假设出的中间变量整理得到一个一元三次方程，从而得到矩形收缩水深的三角表达式。

$$h_c = \frac{E_0}{3}(1 - 2\sin\theta) \tag{6.4}$$

$$\theta = \frac{1}{3}\arcsin(1 - C) \tag{6.5}$$

$$C = \frac{27q^2}{4g\varphi^2 E_0^3} \tag{6.6}$$

（2）苏鲁平（1997）公式。

通过对基本方程进行变换，得到一元三次方程，再将一元三次方程变为迭代形式，通过选取初值，迭代 2 次得到近似计算公式，推导过程详见文献（苏鲁平，1997）。

$$h_c = E_0 \sqrt{k_p + \zeta(k_p + 7\zeta^2 k_p^2)^{1.5}} \tag{6.7}$$

式中：渠底为平底时，ζ 取 1；为反弧段时，ζ 略大于 1；参数 k_p 的意义如下式表示。

$$k_p = \frac{q^2}{2g\varphi^2 E_0^3} \tag{6.8}$$

（3）王正中（1996）公式。

根据矩形断面收缩水深的基本方程得出计算收缩水深的递推公式；并结合收缩水深的特点，将该递推公式应用马克劳林级数展开，应用求和公式及统计计算得出了矩形收缩水深的直接计算公式。误差分析及算例表明，该公式简便，在工程实用范围内，其最大相对误差的绝对值不超过 0.43%。

应用马克劳林推求 h_c 的计算公式，式（6.3）可变为

$$h_c = \frac{q}{\varphi\sqrt{2gE_0}\sqrt{1 - h_c/E_0}} \tag{6.9}$$

设

$$\alpha = \frac{h_c}{E_0} \tag{6.10}$$

$$k_z = \frac{q}{2\varphi\sqrt{2g}E_0^{1.5}} \tag{6.11}$$

则式（6.10）可化为

$$\alpha = \frac{2k_z}{\sqrt{1-\alpha}}$$ 　　　　　　（6.12）

用式（6.12）进行迭代计算时的递推公式为

$$\alpha = 2k_z\{1-2k_z[1-2k_z(1-2k_z\cdots)^{-1/2}]^{-1/2}\}^{-1/2}$$ 　　　　（6.13）

根据工程实践经验 $h_c/E_0 \ll 1$，而 $2k_z$ 为 h_c/E_0 的一次逼近值 $2k_z \ll 1$，所以可用马克劳林级数展开 $(1-2k_z)^{-1/2}$，即得

$$(1-2k_z)^{-1/2} = 1+k_z+\frac{3}{2}k_z^2+\frac{5}{2}k_z^3$$ 　　　　（6.14）

将式（6.14）代入式（6.13）得

$$\alpha = \frac{2k_z}{1-k_z}\left[(1-k_z^n)+\frac{3}{2}k_z^2(1-k_z^{n-2})+\frac{5}{2}k_z^3(1-k_z^{n-3})+\cdots\right]$$ 　　　（6.15）

式（6.15）可写成

$$\alpha = \frac{2k_z}{1-k_z}f(k_z)$$ 　　　　　　（6.16）

经过回归分析计算，可近似得

$$f(k_z) = 1+24k_z^3$$ 　　　　　　（6.17）

则矩形收缩水深的计算公式可近似写成

$$\alpha = \frac{2k_z(1+24k_z^3)}{1-k_z}$$ 　　　　　（6.18）

将式（6.18）代入式（6.10）和式（6.11）中得

$$h_c = \frac{2E_0k_z(1+24k_z^3)}{1-k_z}$$ 　　　　（6.19）

该公式适用范围为：$h_c/E_0 \in [0,0.42]$。

（4）赵延风（2008a）公式

通过对矩形断面收缩水深的基本方程进行恒等变形，得到快速收敛的迭代公式；再与合理的迭代初值配合使用，得到矩形断面收缩水深的直接计算公式。误差分析及实例计算表明，在工程常用范围内，收缩水深的最大相对误差仅为 0.28%，直接计算公式形式简捷、精度高、适用范围广。

通过对收缩水深的基本方程变换，采用简单迭代法与合理初值的配合使用得到收缩水深计算公式。对式（6.3）两边同除以 E_0 并开平方得

$$\sqrt{1-\frac{h_c}{E_0}} = \frac{q}{\sqrt{2g\varphi^2E_0^3}\left(\frac{h_c}{E_0}\right)}$$ 　　　　（6.20）

设

$$\alpha = \frac{h_c}{E_0}$$ 　　　　　　（6.21）

$$G = \frac{\sqrt{2g\varphi^2E_0^3}}{q}$$ 　　　　　　（6.22）

则得矩形断面无量纲收缩水深 α 的迭代方程：

$$\alpha = \frac{1}{G\sqrt{1-\alpha}} \tag{6.23}$$

在 $\alpha \in [0.01, 0.5]$ 范围内，对式（6.23）进行优化计算，得到近似替代方程式：

$$0.85\alpha^2 - \eta\alpha + 1.005 = 0 \tag{6.24}$$

其中

$$\eta = G - 0.385 \tag{6.25}$$

解一元二次方程得迭代初值：

$$\alpha_0 = 0.588(\eta - \sqrt{\eta^2 - 3.417}) \tag{6.26}$$

根据式（6.26）计算结果，由式（6.21）、式（6.26）得矩形断面到收缩水深的直接计算公式：

$$h_c = \frac{E_0}{G\sqrt{1-\alpha_0}} \tag{6.27}$$

【算例】 已知坝前断面总水头 $E_0 = 10.31\text{m}$，下游为矩形断面，单宽流量 $0 < q < 0.8$，流速系数 $\varphi = 0.95$，坝下断面收缩水深 h_c。

解法 1：应用刘善综公式

1）求常数 C。

$$C = \frac{27q^2}{4g\varphi^2 E_0^3} = 0.1364$$

2）求常数。

$$\theta = \frac{1}{3}\arcsin(1-C) = 0.347486$$

3）求收缩水深 h_c。

$$h_c = \frac{E_0}{3}(1 - 2\sin\theta) = 1.096054\text{m}$$

解法 2：应用苏鲁平公式

1）求常数。

$$k_p = \frac{q^2}{2g\varphi^2 E_0^3} = 0.0101$$

2）求收缩水深 h_c。

$$h_c = E_0\sqrt{k_p + (k_p + 7k_p^2)^{1.5}} = 1.092320\text{m}$$

收缩水深的数值解为 1.096054m，应用该方法收缩水深的相对误差为 -0.341%。

解法 3：应用王正中公式

求常数 k_z，求收缩水深 h_c。

$$k_z = \frac{q}{2\varphi\sqrt{2g} E_0^{1.5}} = 0.0503$$

$$h_c = \frac{2E_0 k_z (1+24k_z^3)}{1-k_z} = 1.094301\text{m}$$

收缩水深的数值解为 1.096054m，应用该方法收缩水深的相对误差为 -0.160%。

解法 4： 应用赵延风公式

1）求常数 k、η。

$$G = \frac{\sqrt{2g\varphi^2 E_0^3}}{q} = 9.9502$$

$$\eta = G - 0.385 = 9.5652$$

2）求迭代初值或直接求收缩水深。

$$h_c = 0.588E_0(\eta - \sqrt{\eta^2 - 3.417}) = 1.093122\text{m}$$

收缩水深的数值解为 1.096054m，应用该方法收缩水深的相对误差为 -0.268%。

为了更精确，可迭代计算一次：

$$\alpha_0 = 0.588(\eta - \sqrt{\eta^2 - 3.417}) = 0.106025(\text{m})$$

3）求收缩水深 h_c。

$$h_c = \frac{E_0}{G\sqrt{1-\alpha_0}} = 1.095880(\text{m})$$

收缩水深的数值解为 1.096054m，应用该方法收缩水深的相对误差为 -0.016%。

6.2　梯形断面收缩水深

梯形断面收缩水深的计算目前主要有 4 至 5 种计算公式，均是通过近似计算或迭代进行计算。谭振宏（1989）最先采用参数代换、幂级数展开式的方法将梯形断面收缩水深的一元五次方程变换成一元二次方程，推出了梯形收缩水深的近似计算公式；苏鲁平（1997）采用参数代换，将梯形断面收缩水深的一元五次方程变换成一元三次方程，通过迭代和幂级数展开的方法得到近似计算公式；王正中（1997）采用参数变换得到迭代公式，并应用马克劳林级数展开得到迭代初值的一元二次方程，并进而得到梯形收缩水深的近似计算公式；赵延风（2009a）通过引入无量纲水面宽度，推出简单的迭代公式，再通过优化拟合计算得到精度较高的迭代初值，从而得到直接计算公式；之后，滕凯（2012）在赵延风公式的基础上，通过优化拟合，提出了近似计算公式，该公式在误差分布上并无实质性减小。

从简捷、准确、通用 3 方面综合考察对比了上述公式，在无量纲收缩水深 $\alpha \in (0, 0.5]$ 范围内，误差依次增大的公式是赵延风公式、王正中公式；几套公式的简捷程度相当。

（1）王正中（1997）公式。

$$E_0 - h_c = \frac{Q^2}{2g\varphi^2(b+mh_c)^2 h_c^2} \tag{6.28}$$

设

$$\begin{cases} \alpha = \dfrac{h_c}{E_0} \\[2mm] \beta = \dfrac{mE_0}{b} \\[2mm] k_z = \dfrac{Q}{\sqrt{2g}\,\varphi b E_0^{1.5}} \end{cases} \tag{6.29}$$

则式 (6.28) 可变为

$$\sqrt{1-\alpha} = \frac{k_z}{\alpha(1+\alpha\beta)} \tag{6.30}$$

由式 (6.30) 得迭代公式：

$$\alpha = \frac{1}{2\beta}\left(\sqrt{\frac{4k_z\beta}{\sqrt{1-\alpha}}+1}-1\right) \tag{6.31}$$

选取迭代初值，由式 (6.30) 得

$$\alpha(1+\alpha\beta) = \frac{k_z}{\sqrt{1-\alpha}} \tag{6.32}$$

因为收缩断面处水流动能大而势能较小，因而该断面收缩水深 h_c 远小于总水头 E_0，即 α 往往远小于 1；所以，可应用马克劳林级数对式 (6.32) 的右端进行展开，取前两项作为近似，便得到关于 α 的一元二次方程式：

$$(8\beta-3k_z)\alpha^2+(8-4k_z)\alpha-8k_z=0 \tag{6.33}$$

将式 (6.33) 的解作为迭代初值：

$$\alpha_0 = \frac{2k_z-4+\sqrt{(4-2k_z)^2+8k_z(8\beta-3k_z)}}{8\beta-3k_z} \tag{6.34}$$

以式 (6.34) 为迭代初值，用式 (6.31) 经过两次迭代，最大相对误差为 0.35%。

(2) 赵延风 (2009a) 公式。

通过引入无量纲水面宽度，对梯形断面收缩水深的基本方程进行恒等变形，取得快速收敛的迭代公式，并通过优化计算取得了合理的迭代初值，仅进行一次迭代得到梯形断面收缩水深计算公式，在无量纲水面宽度 $\lambda \in [1.01, +\infty)$ 范围内，收缩水深的最大相对误差为 0.26%。

在梯形断面渠道中，将对应于收缩水深时水面宽度与梯形渠道底宽的比值定义为无量纲水面宽度，用 λ 表示，$\lambda > 1$。迭代方程如下：

$$\lambda = \sqrt{1+\sqrt{\frac{k_f}{\beta_f+1-\lambda}}} \tag{6.35}$$

其中

$$\begin{cases} k_f = \dfrac{16m^3Q^2}{g\varphi^2 b^5} \\[2mm] \beta_f = \dfrac{2mE_0}{b} \end{cases} \tag{6.36}$$

111

初值为

$$\alpha_0 = \frac{\sqrt{\xi^2 + 4.02\mu} - \xi}{2\mu} \tag{6.37}$$

其中

$$\zeta = \sqrt{\frac{k_f}{\beta_f}} = \frac{2mq}{\varphi b}\sqrt{\frac{2}{gE_0}} \tag{6.38}$$

$$\mu = \frac{m\varphi E_0^{2.5}}{Q}\sqrt{2g} - 0.85 = \beta_f^2 - 0.85 \tag{6.39}$$

$$\xi = \frac{\varphi b E_0^{1.5}}{Q}\sqrt{2g} - 0.385 = 2\beta_f - 0.385 \tag{6.40}$$

则收缩水深的计算公式为

$$h_c = \frac{b}{2m}\left(\sqrt{1 + \frac{\zeta}{\sqrt{1-\alpha_0}}} - 1\right) \tag{6.41}$$

【算例】 已知坝前断面总水头 $E_0 = 10.31\text{m}$，通过流量 $Q = 140\text{m}^3/\text{s}$。梯形渠道底宽 $b = 10\text{m}$，梯形边坡系数 $m = 1$，流速系数 $\varphi = 0.95$，求坝下断面收缩水深。

解法一：应用王正中（1997）公式

1）求常数 β、k_z。

$$\begin{cases} \beta = \dfrac{mE_0}{b} = 1.0310 \\[2mm] k_z = \dfrac{Q}{\sqrt{2g}\,\varphi b E_0^{15}} = 1.006 \end{cases}$$

2）求迭代初值 α_0。

$$\alpha_0 = \frac{2k_z - 4 + \sqrt{(4-2k_z)^2 + 8k_z(8\beta - 3k_z)}}{8\beta - 3k_z} = 0.096196$$

3）迭代1次求无量纲收缩水深 α，再求 h_c。

$$h_c = \frac{E_0}{2\beta}\left(\sqrt{\frac{4k_z\beta}{\sqrt{1-\alpha_0}} + 1} - 1\right) = 0.9920\text{m}$$

收缩水深的数值解为 0.9916m，应用该方法收缩水深的相对误差为 -0.001%。

解法二：应用赵延风（2009）公式

1）求常数 β_f。

$$\beta_f = \frac{2mE_0}{b} = 2.062$$

2）求参数 ζ、μ、ξ。

$$\zeta = \frac{2mq}{\varphi b}\sqrt{\frac{2}{gE_0}} = 0.4147$$

$$\begin{cases} \mu = \dfrac{\beta_f^2}{\zeta} - 0.85 = 9.4035 \\[3mm] \xi = \dfrac{2\beta_f}{\zeta} - 0.385 = 9.5602 \end{cases}$$

由初值求收缩水深

$$h_c = \frac{E_0\left[\sqrt{\xi^2 + 4.02\mu} - \xi\right]}{2\mu} = 0.9903\text{m}$$

收缩水深的数值解为 0.9916m，应用该方法收缩水深的相对误差为 -0.18%。

根据实际工程精度要求，一般情况下不需要更高的精度。因此可根据实际情况分析是否进行后面的迭代计算。为了更精确，可进行一次迭代计算：

求迭代初值 α_0。

$$\alpha_0 = \frac{\sqrt{\xi^2 + 4.02\mu} - \xi}{2\mu} = 0.09605$$

求收缩水深 h_c。

$$h_c = \frac{b}{2m}\left(\sqrt{1 + \frac{\zeta}{\sqrt{1 - \alpha_0}}} - 1\right) = 0.9915\text{m}$$

收缩水深的数值解为 0.9916m，应用该方法收缩水深的相对误差为 -0.009%。

6.3 U形断面收缩水深

关于标准 U 形断面收缩水深计算，2005 年芦琴提出了迭代公式及迭代初值；随后，马子普、李风玲等又提出一种初值计算公式。芦琴（2005）公式的最大相对误差为 2.06%，李风玲初值（2012）公式的最大相对误差为 0.47%。芦琴（2005）公式在整个范围内误差较大；而李风玲初值公式计算，其相对误差均较小，但是李风玲初值公式复杂；冷畅俭（2013）公式在 $x \in [1, +\infty]$，$\alpha \in (0, 0.5]$ 范围内，误差小于 0.55%。公式简捷，理论性强，因此推荐冷畅俭（2013）公式。

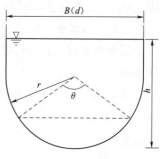

图 6.1 U形断面渠道示意图

（1）芦琴（2005）公式。

U 形断面如图 6.1 所示，当水面超过弧形半径时，过水断面面积为

$$A_c = h_c D + \frac{\pi D^2}{8} - \frac{D^2}{2} \tag{6.42}$$

式中：h_c 为收缩水深，m；A_c 为收缩断面面积，m^2；D 为 $2r$，其中 r 为圆形半径，m。

将式（6.42）代入式（6.1）中整理得

$$\sqrt{1 - \frac{h_c}{E_0}} = \frac{Q}{\sqrt{2g}\,\varphi E_0^{3/2} D\left[\dfrac{h_c}{E_0} - \dfrac{(4-\pi)D}{8E_0}\right]} \tag{6.43}$$

113

设

$$
\begin{cases}
\alpha = \dfrac{h_c}{E_0} \\[2mm]
k_q = \dfrac{Q}{\sqrt{2g}\,\varphi E_0^{3/2} D} \\[2mm]
\beta_q = \dfrac{(4-\pi)D}{8E_0}
\end{cases}
\tag{6.44}
$$

将式（6.44）代入式（6.43）得无量纲收缩水深的迭代公式：

$$
\alpha = \frac{k_q}{\sqrt{1-\alpha}} + \beta_q
\tag{6.45}
$$

通过回归分析获得到 α 的一次近似初值 α_0：

$$
\alpha_0 = (k_q + \beta_q)(k_q + 1)
\tag{6.46}
$$

从式（6.45）可以看出，在工程常用范围内，无量纲收缩水深的取值范围为 $\alpha \in (0,\ 0.5]$，那么参数 β_q 的取值范围应该也在 $\beta_q \in (0,\ 0.5)$ 范围内，且 $\alpha > \beta_q$。

（2）李凤玲初值（2012）公式。

李凤玲通过优化拟合得到了另一种迭代初值公式，迭代公式用芦琴公式计算：

$$
\alpha_0 = \sqrt{\frac{7k_q^2}{6 - 8\beta_q - 20k_q^2}} + \beta_q
\tag{6.47}
$$

（3）冷畅俭（2013）公式。

对于水面位于圆弧段时收缩水深按圆形断面公式计算。首先计算分界流量，即当收缩水深时通过的流量，由半圆形面积可得分界流量：

$$
Q_d = \varphi \pi r^2 \sqrt{\frac{g}{2}(E_0 - r)}
\tag{6.48}
$$

式中：Q_d 为分界流量，$\mathrm{m^3/s}$；E_0 为以收缩断面底部为基准面的泄水建筑物上游总水头，m；g 为重力加速度，采用 9.81，$\mathrm{m/s^2}$；φ 为流速系数；r 为底部圆弧半径，m。

如果断面通过流量 $Q \leqslant Q_d$，按圆形断面计算收缩水深；如果 $Q > Q_d$ 则 U 形断面计算收缩水深。

U 形断面收缩水深计算公式：

$$
h_c = 0.5 E_0 (\mu - \sqrt{\mu^2 - 4\eta})
\tag{6.49}
$$

其中

$$
\beta = \frac{\alpha}{x} = \frac{r}{E_0}
\tag{6.50}
$$

$$
k = \frac{Q}{\sqrt{2gE_0}\,\varphi^2}
\tag{6.51}
$$

$$
\begin{cases}
\mu = -\left(\dfrac{2.353}{k\beta} - 0.453\right) \\[3mm]
\eta = \dfrac{0.505}{k} + 1.183
\end{cases}
\tag{6.52}
$$

114

【算例】　已知坝前断面总水头 $E_0 = 9.6\mathrm{m}$，通过流量 $Q = 130\mathrm{m}^3/\mathrm{s}$，流速系数 $\varphi = 0.95$，若断面为标准 U 形断面，圆弧直径 $D = 3.5\mathrm{m}$，求坝下断面收缩水深。

解法一：应用芦琴公式。

解：1）先要判别水深位置，再求 k、k_q、β_q。

$$\begin{cases} k_q = \dfrac{Q}{\sqrt{2g}\,\varphi E_0^{3/2} D} = 0.2968 \\[2mm] \beta_q = \dfrac{(4-\pi)D}{8E_0} = 0.0391 \end{cases}$$

2）求迭代初值。

$$\alpha_0 = (k_q + \beta_q)(k_q + 1) = 0.4355$$

3）求收缩水深 h_c。

$$h_c = E_0 \left(\frac{k_q}{\sqrt{1-\alpha_0}} + \beta_q \right) = 4.1674\mathrm{m}$$

解法二：应用李凤玲初值公式。

解：1）先要判别水深位置，再求 k_q、β_q。

$$\begin{cases} k_q = \dfrac{Q}{\sqrt{2g}\,\varphi E_0^{3/2} D} = 0.2968 \\[2mm] \beta_q = \dfrac{(4-\pi)D}{8E_0} = 0.0391 \end{cases}$$

2）求迭代初值。

$$\alpha_0 = \sqrt{\frac{7k_q^2}{6 - 8\beta_q - 20k_q^2}} + \beta_q = 0.4354$$

3）求收缩水深 h_c。

$$h_c = E_0 \left(\frac{k_q}{\sqrt{1-\alpha_0}} + \beta_q \right) = 4.1669\mathrm{m}$$

收缩水深的数值解为 4.1600m，应用该方法收缩水深的相对误差为 0.164%。

解法三：应用冷畅俭（2013）公式。

1）判别水深位置。

$$Q_d = \varphi \pi r^2 \sqrt{\frac{g}{2}(E_0 - r)} = 56.72\mathrm{m}^3/\mathrm{s} < Q = 130\mathrm{m}^3/\mathrm{s}$$

水深位于圆弧段以上，按标准 U 形断面计算收缩水深。

2）求 β、k。

$$\beta = \frac{\alpha}{x} = \frac{r}{E_0} = 0.1823$$

$$k = \frac{Q}{\sqrt{2gE_0}\,\varphi r^2} = 3.2558$$

3）求参数。

$$\begin{cases} \mu = -\left(\dfrac{2.353}{k\beta} - 0.453 \right) = 3.5116 \\ \eta = \dfrac{0.505}{k} + 1.183 = 1.3381 \end{cases}$$

4）求收缩水深 h_c。

$$h_c = 0.5 E_0 (\mu - \sqrt{\mu^2 - 4\eta}) = 4.1753\text{m}$$

收缩水深的数值解为 4.1600m，应用该方法收缩水深的相对误差为 0.367%。

6.4 城门洞形断面收缩水深

普通城门洞形断面研究较少，赵延风等（2007）通过优化拟合提出近似替代的一元二次方程，该方程的解即为无量纲收缩水深。

普通城门洞形断面如图 6.2 所示，对于水面位于矩形段时收缩水深按矩形断面公式计算。首先计算分界流量，即当收缩水深 $h_c = r$ 时通过的流量，将 $h_c = r$，$b = 2r$ 代入矩形断面收缩水深公式中得

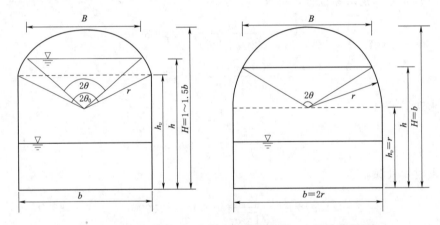

图 6.2　城门洞形断面（左图为任意普通型，右图为普通型）

$$Q_d = 2\varphi r^2 \sqrt{2g(E_0 - r)} \tag{6.53}$$

式中：Q_d 为分界流量，m^3/s；E_0 为以收缩断面底部为基准面的泄水建筑物上游总水头，m；g 为重力加速度，9.81m/s^2；φ 为流速系数；r 为圆弧半径，也是矩形部分的高度，m。

如果断面通过流量 $Q \leqslant Q_d$，按矩形断面计算收缩水深；如果 $Q > Q_d$ 则按普通城门洞形断面计算收缩水深。

当水面位于圆弧段时其过水断面面积为

$$A_c = r^2 (3.5708 + 0.5\sin 2\theta - \theta) \tag{6.54}$$

将式（6.54）代入式（6.1）中并整理得

$$\sqrt{1 - \dfrac{h_c}{E_0}} = \dfrac{Q}{\sqrt{2gE_0}\, \varphi r^2 (3.5708 + 0.5\sin 2\theta - \theta)} \tag{6.55}$$

式中：h_c 断面收缩水深，m；Q 为下泄流量，$m^2 s$；g 为重力加速度，$9.81m/s^2$；A_c 为收缩断面面积，m^2；θ 为圆心角之半，rad。

设参数

$$k = \frac{Q}{\sqrt{2gE_0}\,\varphi r^2} \tag{6.56}$$

$$x = \frac{h_c}{r} \tag{6.57}$$

$$\alpha = \frac{h_c}{E_0} \tag{6.58}$$

$$\beta = \frac{r}{E_0} = \frac{\alpha}{x} \tag{6.59}$$

则式（6.55）可变为

$$\sqrt{1-\alpha} = \frac{k}{3.5708 + 0.5\sin2\theta - \theta} \tag{6.60}$$

根据工程的实际要求，无量纲收缩水深的取值范围一般为 $\alpha \in (0, 0.5]$；为避免明满流交替现象发生，x 的取值范围一般为 $x \in [0.05, 1.7]$，当 $x \leqslant 1$ 时，洞内水深按矩形断面公式计算，当 $x > 1$ 时，按城门洞形断面公式计算水深。此处只研究当 $x > 1$ 时的收缩水深，即 $\alpha \in (0, 0.5]$，$x \in (1, 1.7]$ 范围内，通过回归分析，得出 x 与 k 之间存在有如下函数关系式：

$$\lambda\alpha^2 - \mu\alpha + \eta = 0 \tag{6.61}$$

其中

$$\begin{cases} \lambda = \dfrac{0.455}{k\beta^2} + 0.85 \\[2mm] \mu = \dfrac{3.056}{k\beta} - 0.385 \\[2mm] \eta = \dfrac{0.608}{k} + 1.005 \end{cases} \tag{6.62}$$

解一元二次方程式（6.61）得无量纲收缩水深为

$$\alpha = \frac{\mu - \sqrt{\mu^2 - 4\lambda\eta}}{2\lambda} \tag{6.63}$$

则收缩水深：

$$h_c = \frac{\mu - \sqrt{\mu^2 - 4\lambda\eta}}{2\lambda} E_0 \tag{6.64}$$

6.5　圆形断面收缩水深

圆形断面如图 6.3 所示。

圆形断面的过水面积及收缩水深可表示为

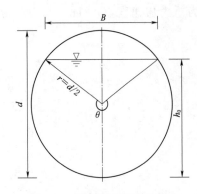

图 6.3 圆形断面渠道示意图

$$\begin{cases} A_c = \dfrac{d^2}{8}(\theta - \sin\theta) \\ h_c = \dfrac{d}{2}\left(1 - \cos\dfrac{\theta}{2}\right) \end{cases} \tag{6.65}$$

式中：A_c 为圆形断面的过水面积，m^2；d 为圆形断面直径，m；θ 为相应收缩水深时水面宽度所对应的圆心角，rad；h_c 为收缩水深，m。

赵延风（2009b）对圆形断面收缩水深的计算进行了研究，通过选择迭代式与合理的迭代初值结合，得到相应的计算公式。

将式（6.65）代入式（6.1）中并整理得

$$\sqrt{1 - \frac{h_c}{E_0}} = \frac{4Q}{\varphi d^2}\sqrt{\frac{2}{gE_0}}\frac{1}{\theta - \sin\theta} \tag{6.66}$$

设：

$$\alpha = \frac{h_c}{E_0} \tag{6.67}$$

$$k = \frac{4Q}{\varphi d^2}\sqrt{\frac{2}{gE_0}} \tag{6.68}$$

则迭代公式为

$$\theta = \frac{k}{\sqrt{1 - \alpha}} + \sin\theta \tag{6.69}$$

构建迭代初值 α_0 计算式为

$$\alpha_0 = \frac{\mu - \sqrt{\mu^2 - 4\lambda\eta}}{2\lambda} \tag{6.70}$$

其中

$$\begin{cases} \lambda = \dfrac{1.425}{k^{2/3}\beta^2} + 0.475 \\ \mu = \dfrac{5}{k^{2/3}\beta} - 0.275 \\ \eta = \dfrac{0.008}{k^{2/3}} + 1 \end{cases} \tag{6.71}$$

充满度计算公式为

$$\begin{cases} x = \dfrac{h_c}{d} \\ \beta = \dfrac{\alpha}{x} = \dfrac{d}{E_0} \end{cases} \tag{6.72}$$

收缩水深所对应的圆心角的直接计算公式：

$$\theta = \frac{k}{\sqrt{1 - \alpha_0}} + \sin\left[2\arccos\left(1 - \frac{2\alpha_0}{\beta}\right)\right] \tag{6.73}$$

收缩水深计算公式为

$$h_c = \frac{d}{2}\left(1 - \cos\frac{\theta}{2}\right) \tag{6.74}$$

为保证无压管流水面以上的通气空间，无量纲收缩水深即充满度 x 一般小于 0.8，x 小于 0.05 在工程中很少出现，因此误差计算范围划定在 $x \in [0.05, 0.8]$ 范围内。在无量纲收缩水深 $x \in [0.05, 0.8]$，$\alpha \in [0.01, 0.5]$ 范围内，收缩水深的最大相对误差小于 0.72%。

【算例】 已知坝前断面总水头 $E_0 = 12\text{m}$，通过流量 $Q = 200\text{m}^3/\text{s}$，圆形断面直径 $d = 15\text{m}$，流速系数 $\varphi = 0.95$，求坝下断面收缩水深。

解：

$$k = \frac{4Q}{\varphi d^2}\sqrt{\frac{2}{gE_0}} = 0.4878$$

$$\beta = \frac{d}{E_0} = 1.25$$

$$\begin{cases} \lambda = \dfrac{1.425}{k^{2/3}\beta^2} + 0.475 = 1.9467 \\[2mm] \mu = \dfrac{5}{k^{2/3}\beta} - 0.275 = 6.1797 \\[2mm] \eta = \dfrac{0.008}{k^{2/3}} + 1 = 1.0129 \end{cases}$$

$$\alpha_0 = \frac{\mu - \sqrt{\mu^2 - 4\lambda\eta}}{2\lambda} = 0.1734$$

$$\theta = \frac{k}{\sqrt{1-\alpha_0}} + \sin\left[2\arccos\left(1 - \frac{2\alpha_0}{\beta}\right)\right] = 1.5356\text{rad}$$

$$h_c = \frac{d}{2}\left(1 - \cos\frac{\theta}{2}\right) = 2.10415\text{m}$$

收缩水深的数值解为 2.10706m，用赵延风公式求得的收缩水深的相对误差为 -0.138%，精度满足工程要求。

6.6 马蹄形断面收缩水深

刘计良等（2010）通过引入恰当的无量纲参数，对马蹄形隧洞收缩断面的能量方程做恰当的数学变换，使各种马蹄形断面收缩水深的计算公式统一化，并推导出计算收缩水深的迭代公式；给出判别收缩水深范围的分界流量，即可计算断面收缩水深。

在计算马蹄形断面收缩水深时，根据迭代公式可以编制出马蹄形断面收缩水深的计算程序进行计算。先根据已知参数迭代计算求出特征角，再根据水力要素表求得收缩水深。

马蹄形断面如图 6.4 所示。

为了将马蹄形断面的水力要素统一化，引入下面的无量纲参数：

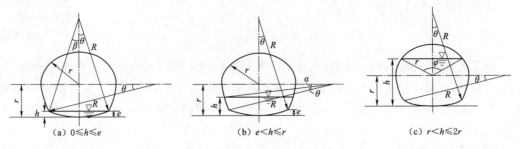

(a) $0 \leqslant h \leqslant e$ (b) $e < h \leqslant r$ (c) $r < h \leqslant 2r$

图 6.4 马蹄形断面示意图

$$t = \frac{R}{r} \tag{6.75}$$

式中：t 为底拱半径 R 和顶拱半径 r 的比值；可表示不同形式的马蹄形断面；当 $t=1$ 或 $R=r$ 时，为圆形断面，可见圆形断面为马蹄形断面的特例；当 $t=3$ 或 $R=3r$ 时，为标准 I 型马蹄形断面；$t=2$ 或 $R=2r$ 时，为标准 II 型马蹄形断面。底拱的高度 e 可用下式计算：

$$e = R - R\cos\theta = r - R\sin\theta \tag{6.76}$$

经分析，马蹄形断面底拱圆心角的一半和侧弧圆心角满足下面的关系：

$$\sin\left(\frac{\pi}{4} - \theta\right) = \frac{\sqrt{2}}{2}\frac{t-1}{t} \tag{6.77}$$

则：

$$\theta = \frac{\pi}{4} - \arcsin\left(\frac{\sqrt{2}}{2}\frac{t-1}{t}\right) \tag{6.78}$$

当断面为圆形断面时 ($t=1$)，$\theta = \pi/4$；当断面为标准 I 型马蹄形断面时 ($t=3$)，$\theta = 0.294515$，$e = 0.12917r$；当断面为标准 II 型马蹄形断面时 ($t=2$)，$\theta = 0.424031$，$e = 0.17712r$。其他形式的马蹄形断面可以根据 t 的不同取值来确定。

1) $0 \leqslant h \leqslant e$

$$\begin{cases} A_c = t^2 r^2 [\beta - 0.5\sin(2\beta)] \\ \beta = \arccos[(tr - h)/t] \\ h_c = tr(1 - \cos\beta) \end{cases} \tag{6.79}$$

2) $e < h \leqslant r$

$$\begin{cases} A_c = t^2 r^2 [C - a - 0.5\sin(2a) + 2(t-1)\sin a/t] \\ a = \arcsin[(r - h)/tr] \\ h_c = r(1 - t\sin a) \end{cases} \tag{6.80}$$

3) $r < h \leqslant 2r$

$$\begin{cases} A_c = r^2 [t2C + 0.5(\pi - \varphi + \sin\varphi)] \\ \varphi = 2\arccos[(h - r)/r] \\ h_c = r[1 + \cos(\varphi/2)] \end{cases} \tag{6.81}$$

式中：C 为引入的参数，$C = 2\theta + 1 - \sin(2\theta) - \cos(2\beta)$。

$$E_0 = \begin{cases} tr(1-\cos\theta) + \dfrac{Q^2}{2g\varphi^2 t^4 r^4 [\beta - 0.5\sin(2\beta)]^2} & 0 \leqslant h \leqslant e \\[3mm] r(1-t\sin a) + \dfrac{Q^2}{2g\varphi^2 t^4 r^4 [C-a-0.5\sin(2a)+2(t-1)\sin a/t]^2} & r < h \leqslant 2r \\[3mm] r[1+\cos(\varphi/2)] + \dfrac{Q^2}{2g\varphi^2 r^4 [t^2 C + 0.5(\pi-\varphi+\sin\varphi)]^2} & e < h \leqslant r \end{cases}$$

$$(6.82)$$

上述公式为超越方程，无论是采用试算法还是迭代求解均有可能得不到收敛的解，并且由于公式中含有较多的参数，用图解法求解也比较困难。为了得到收敛格式简单、物理概念明确的迭代公式，采用合理的数学变换对上式进行恒等变形。

由于事先无法确定收缩水深处于哪个水深范围，但流量已知，故需要计算出特征点水深 $h = e$ 处的流量 Q_e 及 $h = r$ 处的流量 Q_r，称为分界流量；然后再根据所给的流量确定出收缩水深的范围。即：若 $0 \leqslant Q \leqslant Q_e$ 则 $0 \leqslant h_c \leqslant e$；若 $Q_e < Q \leqslant Q_r$，则 $e < h_c \leqslant r$；若 $Q > Q_r$，则 $h_c > r$。经分析可得分界流量为

$$\begin{cases} Q_e = t^2 \varphi r^2 (\theta - 0.5\sin 2\theta)\sqrt{2gE_0}\sqrt{1 - \dfrac{tr}{E_0}(1-\cos\theta)} \\[3mm] Q_r = t^2 \varphi r^2 C \sqrt{2gE_0}\sqrt{1 - \dfrac{r}{E_0}} \end{cases}$$

$$(6.83)$$

对于标准 I 型马蹄形断面（$t=3$）：

$$\begin{cases} Q_e = 0.1506\varphi r^2 \sqrt{2gE_0}\sqrt{1 - 0.1292\dfrac{r}{E_0}} \\[3mm] Q_r = 1.818\varphi r^2 \sqrt{2gE_0}\sqrt{1 - \dfrac{r}{E_0}} \end{cases}$$

$$(6.84)$$

对于标准 II 型马蹄形断面（$t=2$）：

$$\begin{cases} Q_e = 0.1961\varphi r^2 \sqrt{2gE_0}\sqrt{1 - 0.1772\dfrac{r}{E_0}} \\[3mm] Q_r = 1.7465\varphi r^2 \sqrt{2gE_0}\sqrt{1 - \dfrac{r}{E_0}} \end{cases}$$

$$(6.85)$$

当 $0 \leqslant h \leqslant e$ 或 $0 \leqslant Q \leqslant Q_e$ 时，将收缩断面能量方程变换后得到

$$\sqrt{1 - \dfrac{h_c}{E_0}} = \dfrac{Q}{\varphi t^2 r^2}\dfrac{1}{\sqrt{2gE_0}}\dfrac{1}{\beta - 0.5\sin 2\beta}$$

$$(6.86)$$

由式（6.86）即可得到计算特征角度 β 的迭代公式如下：

$$\beta_{i+1} = \dfrac{\dfrac{Q}{\varphi t^2 r^2}\dfrac{1}{\sqrt{2gE_0}}}{\sqrt{1 - \dfrac{h_c}{E_0}}} + 0.5\sin 2\beta_i$$

$$(6.87)$$

当 $e < h \leqslant r$ 或 $Q_e < Q \leqslant Q_r$ 时，将收缩断面能量方程变换后得到

$$\sqrt{1-\frac{h_c}{E_0}}=\frac{Q}{\varphi t^2 r^2}\frac{1}{\sqrt{2gE_0}}\frac{1}{C-a-0.5\sin 2a+2(t-1)\sin a/t} \tag{6.88}$$

由式（6.88）即可得到计算特征角度 α 的迭代公式如下：

$$\alpha_{i+1}=C-0.5\sin 2\alpha_i+\frac{2(t-1)}{t}\sin\alpha_i-\frac{\dfrac{Q}{\varphi t^2 r^2}\dfrac{1}{\sqrt{2gE_0}}}{\sqrt{1-\dfrac{h_c}{E_0}}} \tag{6.89}$$

当 $r<h\leqslant 2r$ 或 $Q>Q_r$ 时，将收缩断面能量方程变换后得到：

$$\sqrt{1-\frac{h_c}{E_0}}=\frac{Q}{\varphi t^2 r^2}\frac{1}{\sqrt{2gE_0}}\frac{1}{C+0.5(\pi-\varphi+\sin\varphi)t^2} \tag{6.90}$$

由式（6.90）即可得到计算特征角度 φ 的迭代公式如下：

$$\varphi_{i+1}=2t^2 C+\pi\sin\varphi_i-\frac{\dfrac{2Q}{\varphi t^2 r^2}\dfrac{t^2}{\sqrt{2gE_0}}}{\sqrt{1-\dfrac{h_c}{E_0}}} \tag{6.91}$$

3 个特征角度的迭代公式很复杂，且里面包含待求的收缩水深 h_c，为简化计算，引入下面的无量纲参数：

$$k=\frac{Q}{\varphi t^2 r^2\sqrt{2gE_0}} \tag{6.92}$$

$$\eta=\frac{2r}{E_0} \tag{6.93}$$

则

$$\eta=\frac{2r}{E_0}=\frac{2r}{E_0}\frac{h_c}{h_c}=\frac{2r}{h_c}\frac{h_c}{E_0} \tag{6.94}$$

可推得

$$\frac{h_c}{E_0}=\eta\frac{h_c}{2r}=\begin{cases}\eta(1-\cos\beta)/2 & 0\leqslant h_c\leqslant e\\ \eta(1-t\sin a)/2 & e<h_c\leqslant r\\ \eta[1+\cos(\varphi/2)]/2 & r<h_c\leqslant 2r\end{cases} \tag{6.95}$$

特征角度的迭代公式为

$0\leqslant h\leqslant e$ 或 $0<Q\leqslant Q_e$

$$\beta_{i+1}=0.5\sin(2\beta_i)+k/\sqrt{1-t\eta(1-\cos\beta_i)/2} \tag{6.96}$$

$e<h\leqslant r$ 或 $Q_e<Q\leqslant Q_r$

$$\alpha_{i+1}=C+2(t-1)\sin\alpha_i/t-0.5\sin(2\alpha_i)-k/\sqrt{1-t\eta(1-t\sin\alpha_i)/2} \tag{6.97}$$

$r<h\leqslant 2r$ 或 $Q<Q_r$

$$\varphi_{i+1}=2t^2 C+\pi+\sin\varphi_i-2kt^2/\sqrt{1-t\eta[1-\cos(\varphi_i/2)]/2} \tag{6.98}$$

注：k，η 为定义的无量纲参数，β_i+1，α_i+1，φ_i+1 为第 $i+1$ 次的迭代值，β_i，α_i，φ_i 为第 i 次的迭代值，其他变量的含义见前文定义。

在计算马蹄形断面收缩水深时，先根据已知参数迭代计算求出特征角 β，α，φ，再根据水力要素表求得收缩水深 h_c；迭代计算时角 β，α 的迭代初值均取为 0，φ 的迭代初值取 π。根据以上公式可以编制出马蹄形断面收缩水深的计算程序。

【算例】 某输水隧洞断面采用标准 I 型马蹄形断面，已知上游总水头 $E_0=12\mathrm{m}$，流量 $Q=210\mathrm{m}^3/\mathrm{s}$，$r=7.5\mathrm{m}$ 流速系数 $\varphi=0.95$，求该马蹄形断面进水口处的收缩水深。

解： 根据以上已知参数可算得：

$k=0.028457$，$\eta=1.25$，$Q_e=118$，$Q_r=913$，因为 $Q_e < Q < Q_r$，则应用式（6.97）进行计算，迭代计算得到 $\alpha=0.2702778$，$h_c=1.4925$。

6.7 抛物线形断面渠道收缩水深

6.7.1 二次抛物线形收缩水深

抛物线形断面的曲线方程为

$$y=px^2 \tag{6.99}$$

则其过水断面面积为

$$A_c=\frac{4}{3\sqrt{p}}h_c^{1.5} \tag{6.100}$$

设无量纲收缩水深：

$$\alpha=\frac{h_c}{E_0} \tag{6.101}$$

式中：A_c 为抛物线形断面渠道过水断面面积，m^2；p 为抛物线形状参数，$\mathrm{m}^{-2/3}$；h_c 为抛物线形断面收缩水深，m；E_0 上游总水头，m。

将式（6.100）、式（6.101）代入式（6.1）中整理得到通式：

$$\alpha^3(1-\alpha)=\frac{9pQ^2}{32g\varphi^2E_0^4} \tag{6.102}$$

式中：Q 为流量，m^3/s；g 为重力加速度，$9.81\mathrm{m/s}^2$；φ 为流速系数。

求解二次抛物线形断面收缩水深的计算公式主要有四种，其中三种计算公式即芦琴（2007）公式、赵延风（2008）公式和王正中（2011）公式形式均较为简单，精度也较高；文辉（2009）公式为解析式，但计算公式复杂。从简捷性、准确性和通用性三个方面评价推荐王正中（2011）公式。

（1）王正中（2011）公式。

通过对收缩水深基本方程进行数学变换，将未知量与已知量分别用无量纲参数相对收缩水深 λ 和无量纲综合已知量参数 β 代替，用不动点迭代法建立迭代公式。在分析函数单调性和凹凸性以及方程的根的基础上，结合函数的几何图像，应用数值计算方法初步选取迭代初值，再以迭代次数最少且相对误差最小为目标对初值进行优化计算，最后得到了收缩水深直接计算公式，其最大误差小于 0.43%。

设参数 k_z 为

$$k_z = \sqrt[3]{\frac{9pQ^2}{32g\varphi^2 E_0^4}} \qquad (6.103)$$

以式（6.102）为基础，利用几何图形进行函数逼近和边界插值两种方法粗选初值，再根据误差分析对初值进行优化，使其形式简单且误差较小，最终得无量纲收缩水深计算公式：

$$\alpha = \frac{k_z}{\sqrt[3]{1 - 1.5k_z^{1.2}}} \qquad (6.104)$$

（2）文辉（2009）公式。

对式（6.102）设参数 k_h 为

$$k_h = \frac{9pQ^2}{32g\varphi^2 E_0^4} \qquad (6.105)$$

由式（6.102）得

$$\alpha^4 - \alpha^3 + k_h = 0 \qquad (6.106)$$

式（6.106）是一元四次方程，其解析解格式为

$$\alpha = -\frac{1}{2}(b + \sqrt{b^2 - 4c}) \qquad (6.107)$$

式中 a、b、c 为一元四次方程式的求解参数，其计算公式如下：

$$\begin{cases} a = \sqrt[3]{\frac{k_h}{16} + \sqrt{\frac{k_h^2}{256} - \frac{k_h^3}{27}}} + \sqrt[3]{\frac{k_h}{16} - \sqrt{\frac{k_h^2}{256} - \frac{k_h^3}{27}}} \\ b = -\frac{1}{2}(1 + \sqrt{1 - 8a}) \\ c = a\left(1 + \frac{1}{\sqrt{1 + 8a}}\right) \end{cases} \qquad (6.108)$$

由式（6.108）可求出二次抛物线形断面收缩水深的无量纲解析解。

【算例】 已知坝前断面总水头 $E_0 = 12$m，通过流量 $Q = 120$m³/s，流速系数 $\varphi = 0.95$，若采用抛物线形断面，其方程为 $y = 0.25x^2$，求坝下断面收缩水深 h_c。

解法一：应用王正中（2011）公式。

1）求 k_z。

$$k_z = \sqrt[3]{\frac{9pQ^2}{32g\varphi^2 E_0^4}} = 0.1883$$

2）求收缩水深 h_c。

$$h_c = \frac{E_0 k_z}{\sqrt[3]{1 - 1.5k_z^{1.2}}} = 2.4359\text{m}$$

收缩水深的数值解为 2.4368m，应用该方法收缩水深的相对误差为 -0.035%。

解法二：应用文辉（2009）公式。

1）求 k_h。

$$k_h = \frac{9pQ^2}{32g\varphi^2 E_0^4} = 0.0067$$

2）求参数 a、b、c。

$$\begin{cases} a = \sqrt[3]{\dfrac{k_h}{16} + \sqrt{\dfrac{k_h^2}{256} - \dfrac{k_h^3}{27}}} + \sqrt[3]{\dfrac{k_h}{16} - \sqrt{\dfrac{k_h^2}{256} - \dfrac{k_h^3}{27}}} = 0.1174 \\[3mm] b = -\dfrac{1}{2}(1 + \sqrt{1-8a}) = -1.1963 \\[3mm] c = a\left(1 + \dfrac{1}{\sqrt{1+8a}}\right) = 0.2017 \end{cases}$$

3）求收缩水深 h_c。

$$h_c = -\frac{E_0}{2}(b + \sqrt{b^2 - 4c}) = 2.4368 \text{m}$$

收缩水深的数值解为 2.4368m，应用该方法收缩水深的相对误差为 -0.000%。

6.7.2 三次抛物线形收缩水深

三次抛物线收缩水深计算的研究文献较少，以下仅对冷畅俭（2011）公式和谢成玉（2012）提出的近似计算公式予以阐述。

（1）冷畅俭（2011）公式。

三次抛物线形断面渠道收缩水深的计算需求解高次隐函数方程，不容易求解，传统的图解法或者试算法计算过程复杂，精度较低，不便于工程实际应用。通过对三次抛物线形断面渠道收缩水深的基本方程进行适当处理，得到了快速收敛的迭代公式，再与合理的迭代初值配合使用，得到三次抛物线形渠道断面收缩水深的计算公式。误差分析及实例计算表明，在一般工程常用范围内，收缩水深的最大相对误差仅为 0.16%。

设三次抛物线形的曲线方程为

$$y = \begin{cases} +px^3, & x \geq 0 \\ -px^3, & x < 0 \end{cases} \tag{6.109}$$

则其过水断面面积为

$$A_c = \frac{3}{2\sqrt[3]{p}} h_c^{\frac{4}{3}} \tag{6.110}$$

设无量纲收缩水深：

$$\alpha = \frac{h_c}{E_0} \tag{6.111}$$

式中：A_c 为抛物线形断面渠道过水断面面积，m^2；p 为抛物线形状参数，$m^{-2/3}$；h_c 为抛物线形断面收缩水深，m；E_0 为上游总水头，m。

将式（6.110）、式（6.111）代入式（6.1）中得

$$\alpha = \frac{1}{E_0\left(\dfrac{3\varphi\sqrt{2gE_0}}{2Q\sqrt[3]{p}}\right)^{0.75}} \frac{1}{(1-\alpha)^{0.375}} \tag{6.112}$$

设：

$$k=E_0\left(\frac{3\varphi\sqrt{2gE_0}}{2Q\sqrt[3]{p}}\right)^{0.75} \tag{6.113}$$

则得三次抛物线形渠道断面无量纲收缩水深 α 的迭代方程：

$$\alpha=\frac{1}{k(1-\alpha)^{0.375}} \tag{6.114}$$

无量纲收缩水深初值：

$$\alpha_0=0.91(\lambda-\sqrt{\lambda^2-2.205}) \tag{6.115}$$

其中

$$\lambda=k-0.305 \tag{6.116}$$

由式（6.114）、式（6.115）得三次抛物线形断面收缩水深的直接计算公式：

$$h_c=\frac{E_0}{k(1-\alpha)^{0.375}} \tag{6.117}$$

（2）谢成玉（2012）公式

采用优化拟合的方法，以标准剩余差最小为目标函数，通过对三次抛物线形断面渠道收缩水深计算公式（6.114）的逐次拟合逼近，得到了无量纲收缩水深的近似计算公式：

$$\alpha=\frac{1}{(0.974k^{1.542}-1.31)^{0.65}} \tag{6.118}$$

将式（6.118）代入式（6.117）中得

$$h_c=\frac{E_0}{(0.974k^{1.542}-1.31)^{0.65}} \tag{6.119}$$

式中 k 意义同式（6.113）：

$$k=E_0\left(\frac{3\varphi\sqrt{2gE_0}}{2Q\sqrt[3]{p}}\right)^{0.75} \tag{6.120}$$

【算例】 已知闸前断面总水头 $E_0=15\text{m}$，通过流量 $Q=162\text{m}^3/\text{s}$，流速系数 $\varphi=0.95$，若采用三次抛物线形断面渠道，其方程为 $y=\begin{cases}+0.2x^3, & x\geq0\\-0.2x^3, & x<0\end{cases}$，求闸后断面收缩水深 h_c。

解法一： 应用冷畅俭公式。

$$k=E_0\left(\frac{3\varphi\sqrt{2gE_0}}{2Q\sqrt[3]{p}}\right)^{0.75}=5.430690$$

$$\lambda=k-0.305=5.125690$$

$$h_c=0.91E_0(\lambda-\sqrt{\lambda^2-2.205})=3.0035\text{m}$$

本例收缩水深的数值解为 3.003480m，用初值公式求得的收缩水深的相对误差为 -0.104%。

为了更准确，可将 α_0 再迭代一次，得精度更高的收缩水深。

$$\alpha_0=0.91(\lambda-\sqrt{\lambda^2-2.205})=0.200023$$

$$h_c = \frac{E_0}{k(1-\alpha)^{0.375}} = 3.003186\text{m}$$

经迭代一次计算，收缩水深的相对误差仅为-0.010%。

解法二：应用谢玉成公式。

$$k = E_0 \left(\frac{3\varphi\sqrt{2gE_0}}{2Q\sqrt[3]{p}} \right)^{0.75} = 5.430690$$

$$h_c = \frac{E_0}{(0.974k^{1.542} - 1.31)^{0.65}} = 2.9951\text{m}$$

本例收缩水深的数值解为 3.003480m，用初值公式求得的收缩水深的相对误差为-0.280%。

参考文献

冷畅俭，王正中. 2011. 三次抛物线形渠道断面收缩水深的计算公式 [J]. 长江科学院院报. 28 (4)：29 - 31, 35.

冷畅俭. 2013. 含参变量非线性方程求解方法及其在水力计算中的应用 [D]. 杨凌：西北农林科技大学.

李风玲，文辉. 2012. U 形断面渠道收缩水深迭代计算初值的研究 [J]. 人民黄河. 34 (2)：141 - 142.

刘计良，王正中，赵延风. 2010. 马蹄形隧洞断面收缩水深的迭代法计算 [J]. 农业工程学报. 26 (2)：167 - 171.

刘善综. 1998. 矩形断面收缩水深三角公式 [J]. 江西水利科技. (1)：42 - 43.

芦琴，王正中，任武刚. 2007. 抛物线形渠道收缩水深简捷计算公式 [J]. 干旱地区农业研究. (2)：134 - 136.

芦琴，王正中，杨健康，等. 2005. 准梯形及 U 形断面收缩水深简捷计算方法 [J]. 中国农村水利水电. (8)：67 - 69.

裴国霞，马太玲. 1994. 泄水建筑物下游矩形收缩断面水深直接求解法 [J]. 内蒙古农牧学院学报. (3)：91 - 94.

沈清濂. 1992. 计算收缩水深的简易方法 [J]. 海河水利. (2)：60 - 62.

苏鲁平. 1997. 梯形断面收缩水深的近似算式 [J]. 人民长江. (4)：37 - 38.

孙建. 1996. 溢流坝或闸下出流收缩水深的直接计算公式 [J]. 西北水资源与水工程. (1)：16 - 21.

谭振宏. 1989. 收缩水深计算方法 [J]. 重庆交通学院学报. (4)：96 - 98.

万德华. 1998. 泄水建筑物下游收缩断面水深的精确计算公式 [J]. 人民长江. (4)：3 - 5.

王正中，雷天朝，宋松柏，等. 1997. 梯形断面收缩水深计算的迭代法 [J]. 长江科学院院报. (3)：16 - 19.

王正中，雷天朝. 1996. 矩形断面收缩水深简捷计算公式. 人民长江. (9)：45 - 46, 48.

王正中，王羿，赵延风，等. 2011. 抛物线断面河渠收缩水深的直接计算公式 [J]. 武汉大学学报（工学版）. 44 (2)：175 - 177, 191.

文辉，李风玲. 2009. 抛物线形断面渠道收缩水深的解析解 [J]. 长江科学院院报. 26 (9)：32 - 34.

吴静茹. 1996. 矩形断面收缩水深的近似计算 [J]. 甘肃水利水电技术. (2)：25 - 26.

谢成玉，滕凯. 2012. 三次抛物线形渠道断面收缩水深的简化计算公式 [J]. 南水北调与水利科技. 10 (1)：136 - 138.

辛孝明，李喜庆，张发峰. 1997. 矩形断面收缩水深的直接计算法 [J]. 山西水利科技. (1)：34 - 37.

熊亚南. 2001. 用 steffensen 迭代法计算梯形明渠的临界水深 [J]. 水利水电技术. (11)：25 - 27，72.

张会来，金哲. 1994. 直接求解矩形断面收缩水深 [J]. 吉林水利. (3)：11.

赵延风，宋松柏，孟秦倩. 2007. 城门洞形断面收缩水深的近似计算公式 [J]. 节水灌溉. (8)：22 - 23.

赵延风，王正中，孟秦倩. 2008a. 矩形断面收缩水深的直接计算方法 [J]. 人民长江. (8)：102 - 103.

赵延风，宋松柏，孟秦倩. 2008b. 抛物线形断面渠道收缩水深的直接计算方法 [J]. 水利水电技术. (3)：36 - 37，41.

赵延风，王正中，芦琴. 2009a. 梯形断面收缩水深的直接计算公式 [J]. 农业工程学报. 25 (8)：24 - 27.

赵延风，王正中，孟秦倩. 2009b. 无压流圆形断面收缩水深的近似计算公式 [J]. 三峡大学学报（自然科学版）. 31 (1)：6 - 8.

第7章 共轭水深计算方法

水跃，是指在闸、坝和陡槽等泄水建筑物下游的水深从小于临界水深急剧地跃到大于临界水深的水力现象。在水利水电工程中，闸、坝和陡槽等泄水建筑物的下游一般都会产生水跃，工程中常利用水跃来消除泄水建筑物下游高速水流中的巨大动能。水跃共轭水深的计算是水跃消能计算和水跃长度计算的前提，因此，水跃计算在研究堰、闸出流和消能措施中具有十分重要的作用，以往对矩形断面、圆形断面、梯形断面和抛物线形断面水跃的研究已有很多成果。

渠道水跃基本方程为

$$\frac{Q^2}{gA_1} + h_{c1}A_1 = \frac{Q^2}{gA_2} + h_{c2}A_2 \tag{7.1}$$

式中：Q 为流量，m^3/s；g 为重力加速度，m/s；A_1 和 A_2 分别为水跃前、水跃后断面的过水断面面积，m^2；h_{c1} 及 h_{c2} 分别为跃前和跃后断面形心距水面的距离，m。

7.1 矩形断面共轭水深

矩形明渠断面水跃的跃前和跃后水深可直接由水跃方程解出（吴持恭，1979）。对于矩形断面，假设渠底宽度为 b，单宽流量为 q，那么

$$\begin{cases} Q = bq \\ A_1 = bh_1, (A_2 = bh_2) \\ h_{c1} = h_1/2, (h_{c2} = h_2/2) \end{cases} \tag{7.2}$$

式中：h_1、h_2 分别为跃前和跃后水深，m。

将式（7.2）代入式（7.1）中，得到解析解公式

$$\frac{q^2}{gh_1} + \frac{h_1^2}{2} = \frac{q^2}{gh_2} + \frac{h_2^2}{2} \tag{7.3}$$

整理可得

$$h_1 h_2^2 + h_1^2 h_2 - \frac{2q^2}{g} = 0 \tag{7.4}$$

解一元二次方程式（7.4）可得共轭水深的计算公式为

$$h_2 = \frac{h_1}{2}\left[\sqrt{1 + \frac{8q^2}{gh_1^3}} - 1\right] \tag{7.5}$$

$$h_1 = \frac{h_2}{2}\left[\sqrt{1 + \frac{8q^2}{gh_2^3}} - 1\right] \tag{7.6}$$

由于跃前断面处水流佛劳德数的平方是

$$F_{r1}^2 = \frac{v_1^2}{gh_1} = \frac{q^2}{gh_1^3} \tag{7.7}$$

式（7.5）还可以写成：

$$h_2 = \frac{h_1}{2} \left[\sqrt{1 + 8F_{r1}^2} - 1 \right] \tag{7.8}$$

7.2 梯形断面共轭水深

冷畅俭（2013）从简捷、准确、通用 3 方面综合考察对比了 10 套梯形断面渠道共轭水深公式（王兴全，1989；辛孝明，1997；孙道宗，2003；刘玲，1999；张小林，2003；梁勋等，2005；赵延风等，2009；刘计良等，2010；李蕊等，2012；LIU J et al.，2012），上述 10 套公式均为直接计算公式，王兴全（1989）公式和辛孝明（1997）公式是经过数学参数代换推出的解析式；孙道宗（2003）公式是通过数据分析归纳出的计算公式；刘玲（1999）公式和赵延风（2009）公式采用不动点迭代法结合选择合适的初值进行一次迭代计算；张小林（2003）公式是采用牛顿迭代法结合选择合适的初进行一次迭代计算；梁勋（2005）公式采用二维优化拟合得到的近似计算公式；刘计良公式是采用双曲线来拟合水跃曲线推出的近似计算公式；李蕊（2012）公式与 Liu Jiliang（2012）公式的迭代公式与刘玲公式相同，只是迭代初值选取方法不同。

为评价各种计算公式的精确性，冷畅俭（2013）在工程常用范围内对梯形断面渠道水跃共轭水深误差进行了计算，即在 $h_1/q^{2/3} \in (0, 0.45)$，$h_2/q^{2/3} \in (0.4, 1.5)$，$h_2/h_1 \in [1.0, 20]$，$N \in [0.1, 4.0]$，取 $N \in [0.1, 4.0]$ 中等差为 0.1 的值，对每一个 N 值又取 h_1 值进行计算 h_2，再与精确值 h_2 比较，得出迭代计算一次跃后水深的相对误差，同样可求出跃前水深的相对误差。

最后从精度分析，依次是辛孝明公式、王兴全公式、赵延风公式、张小林公式、梁勋公式、刘计良公式、刘玲公式、孙道宗公式；从公式的简捷程度来分析，依次是孙道宗公式、刘计良公式、赵延风公式、刘玲公式、张小林公式、梁勋公式、李蕊公式、王兴全公式、辛孝明公式；从理论性及巧妙性分析，比较好的计算公式是辛孝明公式、王兴全公式、刘计良公式，但是辛孝明公式和王兴全公式在计算过程中容易出错。

冷畅俭（2013）通过对梯形渠道断面共轭水深的 10 套公式在 $h_1/q^{2/3} \in (0, 0.45)$，$h_2/q^{2/3} \in (0.4, 1.5)$，$h_2/h_1 \in [1.0, 20]$，$N \in [0.1, 4.0]$ 范围内的误差分析，以及从公式的简捷程度和适用范围综合分析考虑后，在计算梯形共轭水深时，推荐刘计良公式（刘计良等，2010）。

刘计良公式根据梯形断面水跃共轭水深和临界水深的物理意义，通过分析水跃函数曲线的性质，并结合临界水深的解析计算方法，得出共轭水深与临界水深之间的函数关系形式，从而提出了梯形明渠共轭水深的理论计算公式；通过大量的数值算例得出反映断面形状尺寸与流量及动量的无量纲参数 β 的计算公式。水跃函数曲线如图 7.1 所示。

设

$$\begin{cases} x=\dfrac{h_1}{h_k} \\[2mm] y=\dfrac{h_2}{h_k} \end{cases} \qquad (7.9)$$

$$\begin{cases} q=\dfrac{Q}{b} \\[2mm] N=\dfrac{mq^{2/3}}{b} \\[2mm] z=\dfrac{mh_k}{b} \end{cases} \qquad (7.10)$$

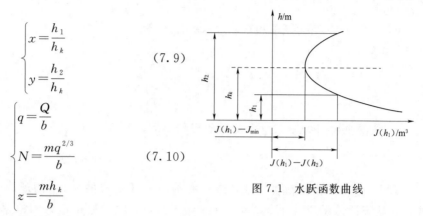

图 7.1　水跃函数曲线

可推出梯形断面临界水深方程（王正中等，1999）

$$z=\dfrac{\sqrt{1+\dfrac{4N}{g^{1/3}}\left[1+\dfrac{4N}{g^{1/3}}\right]^{0.2}}-1}{2} \qquad (7.11)$$

则水跃方程

$$\dfrac{Q^2}{gA_1}+A_1 h_{c1}=\dfrac{Q^2}{gA_2}+A_2 h_{c2} \qquad (7.12)$$

可变为

$$\dfrac{6N}{gzx(1+zx)}+\dfrac{z^2 x^2(3+2zx)}{N^2}=\dfrac{6N}{gzy(1+zy)}+\dfrac{z^2 y^2(3+2zy)}{N^2}=\lambda \qquad (7.13)$$

可以看出，梯形明渠的无量纲水跃方程（7.13）是一个含多个未知参数的一元五次方程，形式复杂，理论上不易直接求解。分析以上水跃方程有如下共同的规律：

规律 1：共轭水深 h_1 与 h_2 的水跃函数相等，即动量守恒，$J(h_1)=J(h_2)$；

规律 2：当跃前水深 h_1 趋于 0 时，跃后水深 h_2 必趋于无穷大；

规律 3：当跃前跃后水深均取临界水深时，即 $h_1=h_2=h_k$，水跃函数取最小值，即断面比能最小，断面动量也最小。

根据无量纲跃前跃后水深 x、y 的定义及以上三条规律可以绘出 x、y 的曲线图如图 7.2 所示。针对不同的断面尺寸及流量，y 和 x 的曲线图应为一族曲线，图 7.2 中只画出

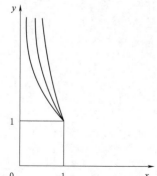

图 7.2　无量纲共轭水深曲线图

其中的三条示意，根据图 7.2 中曲线族的形状（李佩成，1996），判断出该族曲线呈双曲线形式，取较一般的格式为

$$(x+a)(by+c)=d \qquad (7.14)$$

由规律 2 分析可知，式（7.14）可变为

$$x(by+c)=d \qquad (7.15)$$

式（7.15）两边同除以 d 得

$$x(b'y+c')=1 \qquad (7.16)$$

根据规律 3 及图 7.2 得，式（7.16）必须满足 $x=y=1$，则得 $b'+c'=1$，设 $c'=\beta$，$b'=1-\beta$，则式（7.16）可变为

$$x[(1-\beta)y+\beta]=1 \tag{7.17}$$

由式（7.17）可得跃前和跃后水深的计算公式

$$x=\frac{1}{(1-\beta)y+\beta} \tag{7.18}$$

$$y=\frac{1-\beta x}{(1-\beta)x} \tag{7.19}$$

β 为标志断面形状、尺寸及流量的回归参数，并且

$$\beta=\frac{1-xy}{(1-y)x} \tag{7.20}$$

β 可通过反映不同断面及流量的一系列 N 求出对应的 x、y 的理论值，代入（7.20）式，并做统计分析进行求解。当 $x=y=1$ 时，λ 取得最小值，可根据（7.21）式计算 $\lambda_{\min}$，设

$$\alpha=\frac{\lambda}{\lambda_{\min}} \tag{7.21}$$

经过大量的数据统计分析，得到 β 的回归计算公式为

$$\beta=0.08N-0.3\alpha \tag{7.22}$$

【算例】 已知梯形渠道 $b=2\mathrm{m}$，$m=1.5$，$Q=10\mathrm{m}^3/\mathrm{s}$，$h_1=0.25\mathrm{m}$，求 h_2。

解： 根据刘善综公式（刘善综，1995）求临界水深 h_k：

$$k=\frac{4m}{b}\sqrt[3]{\frac{\alpha Q^2}{gb^2}}=4.0977$$

$$h_k=\frac{b}{2m}\{\sqrt{k[k+(k+1)^{-0.2}]^{0.2}+1}-1\}=1.0476\mathrm{m}$$

$$\begin{cases} x=\dfrac{h_1}{h_k}=0.2386 \\ N=\dfrac{mq^{2/3}}{b}=2.193 \\ z=\dfrac{mh_k}{b}=0.7857 \end{cases}$$

$$\lambda=\frac{6N}{gzx(1+zx)}+\frac{z^2x^2(3+2zx)}{N^2}=6.0487$$

$$\lambda_{\min}=\frac{6N}{gzx(1+zx)}+\frac{z^2x^2(3+2zx)}{N^2}=1.5428$$

$$\alpha=\frac{\lambda}{\lambda_{\min}}=3.9206$$

$$\beta=0.08N-0.3\alpha=-1.0008$$

$$y=\frac{1-\beta x}{(1-\beta)x}=2.5947$$

求跃前或者跃后水深：

$$h_2=yh_k=2.7182\mathrm{m}$$

跃后水深的数值解为 2.6672m，相对误差为 1.91%；同理，根据 $h_2 = 2.6672$m，可求出跃前水深 $h_1 = 0.2560$m，相对误差为 2.38%。

7.2.1 含扩散型梯形共轭水深

黄朝煊（2016）通过对扩散型梯形渠道水力计算进行了研究，推导出了相对收缩水深的解析计算式和扩散型梯形渠道的水跃共轭水深基本方程，并利用数学方程理论和因式分解法给出了无扩散时梯形断面跃后水深的一元五次方程公式，进而给出了梯形断面跃后水深通用简捷计算公式，并通过 Matlab 软件数值分析，认为该跃后水深通用算式精度较高。

含扩散型梯形渠道水跃共轭水深计算（扩散比为 1 时便是棱柱体），对于扩散型梯形翼墙断面下水跃共轭水深的计算，利用连续方程和动量方程推导得水跃方程为

$$\frac{Q}{g}(\alpha_2 v_2 - \alpha_1 v_1) = F_1 - F_2 + 2F_3 \tag{7.23}$$

式中：v_1、v_2 为跃前断面和跃后断面平均流速，m/s；g 为重力加速度；α_1、α_2 为跃前断面和跃后断面流速系数；F_1、F_2 为跃前断面和跃后断面顺水流轴线方向作用力；F_3 为扩散段翼墙水压力在顺水流轴线方向的投影分量值。

根据水压力计算理论可知，扩散型梯形断面消能简图如图 7.3 所示。

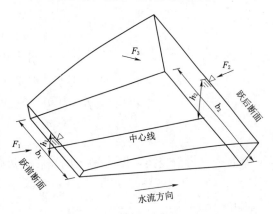

图 7.3 扩散型梯形断面消能简图

$$F_1 = \frac{h_1^2}{2} b_1 + \frac{m_1 h_1}{3} h_1^2 \tag{7.24}$$

$$F_2 = \frac{h_2^2}{2} b_2 + \frac{m_2 h_2}{3} h_2^2 \tag{7.25}$$

$$F_3 = \left[(1+\varepsilon)\left(\frac{h_2^2}{4}\right) + (1-\varepsilon)\left(\frac{h_1^2}{4}\right) \right] \times \frac{b_2 - b_1}{2} \tag{7.26}$$

F_3 计算考虑水跃过程中水面线的非线性变化的影响，其中参数 η 为水跃过程中水面线的非线性变化的影响系数，一般 $\varepsilon \geqslant 1$，近似取 $\varepsilon = 1$；m_1，m_2 为跃前断面和跃后翼墙断面坡比，取 $m_1 = m_2 = m_3$，取 $\alpha_1 = \alpha_2 = 1$，记 $\eta_2 = mh_2/b_2$，$\eta_1 = mh_1/b_1$，$\xi = b_1/b_2$，化简可得

$$\frac{m^3 Q^2}{gb_2^5} \left[\frac{1}{\eta_2(1+\eta_2)} - \frac{1}{\xi^2} \frac{1}{\eta_1(1+\eta_1)} \right] = \xi^3 \frac{\eta_1^2}{6}(3+2\eta_1) - \frac{\eta_2^2}{6}(3+2\eta_2) + \frac{\eta_2^2 + \xi^2 \eta_1^2}{4}(1-\xi) \tag{7.27}$$

式（7.27）即为跃后共轭水深的计算方程，该方程也是一元五次方程，一般情况下无法得出解析解。

7.2.2　无扩散时跃后共轭水深解析解

对无扩散时（$\xi=1$）梯形断面共轭水深计算，根据数学方程理论，求出跃后共轭水深精确解析解。对于无扩散情形，即 $b_1=b_2=b$ 时，$\xi=1$，式（7.27）可进一步简化为

$$\frac{\eta_2^2(2\eta_2+3)}{6}+\left(\frac{Q^2m^3}{gb^5}\right)\frac{1}{\eta_2(\eta_2+1)}=\frac{\eta_1^2(2\eta_1+3)}{6}+\left(\frac{Q^2m^3}{gb^5}\right)\frac{1}{\eta_1(\eta_1+1)}=M_0 \quad (7.28)$$

记 $K_0=Q^2m^3/(gb^5)$，设跃前收缩水深无量纲值 η_1、跃后水深无量纲值 η_2 为待求量，设 $t=(\eta_2-\eta_1)$，代入公式（7.28），由对称方程满足初始条件，$\eta_2=\eta_1$［即 $t=(\eta_2-\eta_1)=0$］是该方程的一个特解，即可知关于 $t=(\eta_2-\eta_1)$ 的五次方程常数项为 0；方程两边同除以 t，即以上方程转化为四次方程：

$$t^4+a_1t^3+a_2t^2+a_3t+a_4=0 \quad (7.29)$$

其中

$$a_1=5\eta_1+2.5 \quad (7.30)$$

$$a_2=10\eta_1^2+10\eta_1+1.5 \quad (7.31)$$

$$a_3=10\eta_1^3+15\eta_1^2+4.5\eta_1-3M_0 \quad (7.32)$$

$$a_4=5\eta_1^4+10\eta_1^3+4.5\eta_1^2-3(2\eta_1+1)M_0 \quad (7.33)$$

$$M_0=\left[\frac{\eta_1^2(2\eta_1+3)}{6}+K_0\frac{1}{\eta_1(\eta_1+1)}\right] \quad (7.34)$$

通过变量参数变换，设 $z=t+a_1/4$，并进行因式分析得

$$z^4+c_2z^2+c_3z+c_4\equiv[z^2+kz+d_1][z^2-kz+d_2] \quad (7.35)$$

其中

$$c_2=a_2-\frac{3}{8}a_1^2, \quad c_3=a_3-\frac{a_1a_2}{2}+\frac{1}{8}a_1^3, \quad c_4=a_4-\frac{a_1a_3}{4}+\frac{a_1^2a_2}{16}-\frac{3}{256}a_1^4,$$

$$2d_1=c_2+k^2-\frac{c_3}{k}, \quad 2d_2=c_2+k^2+\frac{c_3}{k}, \quad d_1d_2=c_4$$

通过恒等关系消元变换得，待定系数 k_2 满足以下的三次方程：

$$(k^2)^3+2c_2(k^2)^2+(c_2^2-4c_4)(k^2)-c_3^2=0 \quad (7.36)$$

利用卡当公式解求解方程（7.36），可得待定系数 k_2 的正实根为

$$(k^2)=-\frac{2c_2}{3}+\left[-\frac{\beta_2}{2}+\sqrt{\left(\frac{\beta_2}{2}\right)^2+\left(\frac{\beta_1}{3}\right)^3}\right]^{1/3}+\left[-\frac{\beta_2}{2}-\sqrt{\left(\frac{\beta_2}{2}\right)^2+\left(\frac{\beta_1}{3}\right)^3}\right]^{1/3} \quad (7.37)$$

其中：$\beta_1=(c_2^2-4c_4)-\frac{4c_2^2}{3}$，$\beta_2=\frac{16c_2^3}{27}-\frac{2c_2(c_2^2-4c_4)}{3}-c_3^2$，待定系数 k 取正根。

将 k_2 代入方程（7.37）右边的因式分解项，故方程（7.37）降次为两个一元二次方程，求解得正根 z，并根据上文参数代换 $z=t+a_1/4$；$t=(\eta_2-\eta_1)$，求解得跃后共轭水深的精确解析计算式为

$$\eta_2=\eta_1-\frac{a_1}{4}+\frac{1}{2}\left[k+\sqrt{k^2-2\left(c_2+k^2+\frac{c_3}{k}\right)}\right] \quad (7.38)$$

跃后共轭水深精确解析计算式（7.38）适用于棱柱体梯形断面水跃情况，对于扩散型

计算后文将进行深入研究。通过解析解计算式（7.38），可直接给出简化后的数值解集，记收缩断面出的临界水深为 h_{k1}，临界水深 h_{k1} 的直接解析算式已有较多研究，可直接采用临界水深计算的现有公式计算；记跃前相对无量纲水深 $x=\eta_1/\eta_{k1}$，跃后相对无量纲水深 $y=\eta_2/\eta_{k1}$，当 $x=1$ 时，即为临界情况，可知，$x=y=1$，$\eta_1=\eta_2=\eta_{k1}$；根据水跃强弱，通过数值分析可知，只需分析 $0.23<x=\eta_1\eta_{k1}\leqslant1$，考虑到更广的适应范围，黄朝煊（2015）分析 $0.15<x=\eta_1\eta_{k1}\leqslant1$ 范围，见表 7.1。

表 7.1　　　　　　　依据共轭水深公式求出的精确共轭水深 $x\sim y\sim K_0$ 关系表

x	y								
	$K_0=0.02$	$K_0=0.07$	$K_0=0.1$	$K_0=0.3$	$K_0=0.7$	$K_0=1$	$K_0=2$	$K_0=5$	$K_0=20$
0.15	3.25346	3.19862	3.18537	3.15377	3.14053	3.13811	3.13887	3.15073	3.19015
0.20	2.84296	2.80437	2.79505	2.77303	2.76414	2.76270	2.76385	2.77317	2.80241
0.25	2.54783	2.51952	2.51268	2.49661	2.49026	2.48931	2.49040	2.49760	2.51945
0.30	2.31965	2.29838	2.29325	2.28119	2.27548	2.27581	2.27671	2.28220	2.29856
0.35	2.13458	2.11841	2.11450	2.10532	2.10175	2.10124	2.10193	2.10608	2.11832
0.40	1.97931	1.96696	1.96397	1.95694	1.95420	1.95380	1.95430	1.95741	1.96652
0.50	1.72861	1.72149	1.71976	1.71567	1.71404	1.71379	1.71402	1.71570	1.72065
0.60	1.53042	1.52652	1.52557	1.52331	1.52239	1.52224	1.52233	1.52318	1.52572
0.70	1.36664	1.36473	1.36426	1.36314	1.36268	1.36260	1.36263	1.36301	1.36419
0.80	1.27728	1.22653	1.22635	1.22591	1.22572	1.22569	1.22570	1.22584	1.22628
0.90	1.10635	1.10618	1.10614	1.10604	1.10600	1.10599	1.10600	1.10603	1.10612
1.00	1.00000	1.00000	1.00000	1.00000	1.00000	1.00000	1.00000	1.00000	1.00000

通过最佳逼近拟合原理，得出无扩散时（$\xi=1$）共轭水深的简捷近似计算公式：

$$y=\frac{-0.52x^2+2.15x}{x^2+0.64x-0.02} \tag{7.39}$$

式（7.39）适用于 $0.2<K_0<8$ 时棱柱体梯形断面水跃的计算，当 $K_0<0.2$ 或 $K_0>8$ 时，式（7.68）相对误差为 3.5%，误差较大。

7.2.3　扩散型跃后共轭水深

对扩散型（$0.5<\xi<1$）梯形断面共轭水深计算。

$$K_0\frac{1}{\eta_2(1+\eta_2)}+\frac{\eta_2^2}{6}(3+2\eta_2)-\frac{\eta_2^2}{4}(1-\xi)=f_{(m_1,K_0,z)} \tag{7.40}$$

其中

$$K_0=\frac{Q^2m^3}{gb_2^5}$$

$$f_{(n,K_0,\xi)}=\xi^3\frac{\eta_1^2}{6}(3+2\eta_1)+\frac{K_0}{\xi^2}\frac{1}{\eta_1(1+\eta_1)}+\frac{\xi^2\eta_1^2}{4}(1-\xi)$$

方程（7.40）为关于 η_2 的一元五次方程，采用迭代法求解，其迭代方程为

$$\eta_2 = 2\sqrt{\dfrac{3f_{(\eta_1,K_0,\xi)} - \dfrac{3K_0}{\eta_{2_0}(1+\eta_{2_0})}}{4\eta_{2_0} + 3(1+\xi)}} \tag{7.41}$$

其迭代初值如下:

$$\eta_{2_0} = \xi\eta_{1k}\dfrac{-0.52(\eta_1/\eta_{1k})^2 + 2.15(\eta_1/\eta_{1k})}{(\eta_1/\eta_{1k})^2 + 0.64(\eta_1/\eta_{1k}) - 0.02} \tag{7.42}$$

其中收缩断面的临界水深无量纲值可采用王正中 (1999) 公式计算:

$$\eta_{1k} = 0.5[1 + 4\lambda(1+4\lambda)^{0.2}]^{0.5} - 0.5 \tag{7.43}$$

式 (7.43) 中无量纲参数为

$$\lambda = \left(\dfrac{Q^2 m^3}{g b_1^5}\right)^{1/3} \tag{7.44}$$

初值公式精度较好,最大相对误差一般小于 5%,通过迭代公式迭代一次后精度基本小于 1.0%,满足工程实际计算要求。

【算例】 已知闸前断面总水头 $T_0 = 10.31\mathrm{m}$,过闸流量 $Q = 140\mathrm{m}^3/\mathrm{s}$。梯形翼墙消力池断面底宽 $b_1 = 10\mathrm{m}$,$b_2 = 12.5\mathrm{m}$,梯形翼墙边坡系数 $m = 1$,流速系数 $\varphi = 0.95$,求该工况下闸下收缩水深及跃后共轭水深。

解:第一步:求收缩水深 h_1:

$$K_Q = \dfrac{\varphi b_1 T_0}{Q}\sqrt{2gT_0} = 9.9452$$

$$K_m = \dfrac{mT_0}{b_1} = 1.031$$

$$\overline{h_1} = h_1/T_0 = 0.09613$$

即收缩水深 $h_1 = 0.09613 \times 10.31 = 0.9911\mathrm{m}$,与 Matlab 软件采用多次迭代法算得的精确值 0.9915m 基本一致,相对误差 0.043%。

第二步:求跃后共轭水深 h_2:

根据第一步求出的无量纲收缩水深

$$\eta_1 = (mh_1/b_1) = 0.09911$$

无量纲参数

$$\lambda = \left(\dfrac{Q^2 m^3}{g b_1^5}\right)^{1/3} = 0.2714$$

收缩断面临界水深可采用式 (5.4) 进行计算得

$$\eta_{1k} = 0.2492$$

$$x = \eta_1/\eta_{1k} = 0.3978$$

根据式 (7.42) 可知,迭代初值:

$$\eta_{2_0} = (10/12.5) \times 0.2492 \times 1.9631 = 0.3913$$

无量纲参数

$$K_0 = \dfrac{Q^2 m^3}{g b_2^3} = 0.00655$$

$$f_{(\eta_1, \kappa_0, \xi)} = 0.0970$$

根据迭代公式，由 $\eta_{20} = 0.3913$ 迭代一次后 $\eta_{21} = 0.3826$，与 Matlab 软件多次迭代法算得的跃后水深无量纲精确值 $\eta_2 = 0.3827$ 基本一致，精度相当高，进而跃后共轭水深为：$h_2 = \eta_2 b_2/m = 0.3826 \times 12.5/1 = 4.782 \mathrm{m}$，其相对误差小于 0.05%。

7.3 U 形断面共轭水深

张晓宏等（1997）根据恒定流的动量方程得到 U 形断面水跃方程，结合工程实际情况，确定了过水断面面积及形心方程，代入水跃方程中给出了 U 形断面水跃方程中面积和断面形心的计算公式，但水跃方程为高次方程，无法直接求解，需要用试算法求解。U 形断面如图 7.4 所示。

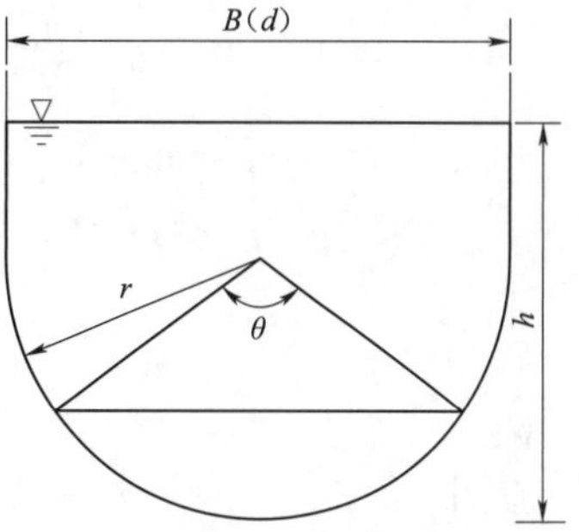

$$\frac{8}{15} y_1^{\frac{5}{2}} \left(1 - \frac{1}{4} y_1\right) + q^2 \left[\frac{4}{3} y_1^{\frac{3}{2}} \left(1 - \frac{1}{3} y_1\right)\right]^{-1}$$
$$= \frac{8}{15} y_2^{\frac{5}{2}} \left(1 - \frac{1}{4} y_2\right) + q^2 \left[\frac{4}{3} y_2^{\frac{3}{2}} (1 - y_2)\right]^{-1} \tag{7.45}$$

图 7.4 U 形断面渠道示意图

其中

$$y = \frac{h}{2R\cos\theta} \tag{7.46}$$

$$q = 0.25 Q (2gR^5)^{\frac{1}{2}} \tag{7.47}$$

式中：h 为水深，m；R 为圆形半径，m；Q 为过水断面流量，$\mathrm{m^3/s}$；g 为重力加速度，采用 $9.81 \mathrm{m/s^2}$。

在完全水跃的水跃段中，水流湍动强烈，底部流速很大，一般需考虑渠底的保护措施，故跃长的确定问题具有重要的实际意义。但由于水跃运动非常复杂，故迄今没有一个比较完善的、可供实际应用的理论跃长公式。在工程设计中，一般多采用经验公式确定跃长。关于 U 形渠道水跃跃长计算，目前还没有查阅到有关的经验公式。根据对试验资料分析，提出了一个确定 U 形渠道中水跃跃长的经验公式：

$$L = 4.74 h^2 \left(1 + 0.39 \frac{B_2 - B_1}{B_1}\right) \tag{7.48}$$

式中：B_1 和 B_2 分别为水跃跃前、跃后断面处的水面宽度。该公式的适用范围为 $3.3 < Fr_1 < 8.5$，Fr_1 为跃前断面弗劳德数。

7.4 城门洞形断面共轭水深

马吉明等（2000）根据水跃共轭水深的函数关系式，利用水流动量原理方程推导出计算相应的共轭水深的公式。城门洞形断面如图 7.5 所示。

（1）当 $h_0 \leqslant H_0$ 时，相当于发生在矩形明渠中的水跃，有现成公式供使用。

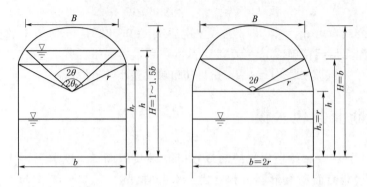

图 7.5　城门洞形断面（左图为任意普通型，右图为普通型）

式中：H 为管道的净高。

（2）当 $H_0 < h_2 \leqslant H$ 时。

$$\frac{1}{2}h_1^2 + \frac{Q_y^2}{gbs_1} = \frac{1}{2}H_0^2 + \frac{Q_y^2}{gbs_2} + B_1 \tag{7.49}$$

其中

$$B_1 = H_0(h_0 + R\cos\beta) - H_0^2 + \frac{R^3}{2b}(\sin2\beta - \sin2\theta)\cos\beta + \frac{2R^3}{3b}(\sin^3\beta - \sin^3\theta)$$

$$+ \frac{R^2}{b}(h_2 - h_0)(\theta - \beta) \tag{7.50}$$

$$s_2 = 2RH_0\sin\theta + R^2(\theta - \beta) + \frac{1}{2}R^2[\sin(2\beta) - \sin(2\theta)] \tag{7.51}$$

$$\cos\beta = (h_2 - h_0)/R \tag{7.52}$$

（3）当 $h_2 > H$ 时。

$$h_2 = \frac{1}{s_2}(A_1 + A_2) + h_0 \tag{7.53}$$

其中

$$s_2 = (\theta - \sin\theta\cos\theta)R^2 + bH_0 \tag{7.54}$$

$$A_2 = \frac{Q^2}{g}\left(\frac{1}{s_1} - \frac{1}{s_2}\right) \tag{7.55}$$

$$A_1 = \frac{b}{2}(h_1^2 + H_0^2) - bh_0H_0 + \frac{2}{3}R^3\sin^3\theta \tag{7.56}$$

7.5　平底Ⅱ型马蹄形断面共轭水深

马吉明等（2000）根据水跃共轭水深的函数关系式，利用水流动量原理方程推导出计算共轭水深的隐式方程，通过计算机可方便式（7.57）求解。平底Ⅱ型马蹄形断面如图 7.6 所示。

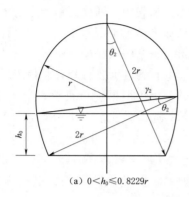
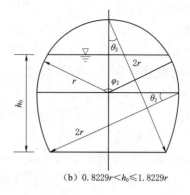

(a) $0 < h_0 \leqslant 0.8229r$　　　　　　　　　(b) $0.8229r < h_0 \leqslant 1.8229r$

图 7.6　平底Ⅱ型马蹄形断面图

(1) 当 $h_2 \leqslant H_0$ 时。

$$\frac{P_1}{\gamma} = \frac{2}{3}(2R)^3(\sin^3\beta_1 - \cos^3\theta) + (2R)^2\cos\beta_1$$

$$\times \left[R\cos\beta_1 + R\sin(2\beta_1) - H_0\cos\theta + h_1 - 2R\left(\theta + \beta_1 - \frac{\pi}{2}\right) \right] - RH_0^2 \tag{7.57}$$

其中

$$2R\cos\beta_1 = H_0 - h_1 \tag{7.58}$$

$$2R\cos\beta_2 = h_2 - H_0 \tag{7.59}$$

(2) 当 $H_0 < h_2 \leqslant H$ 时。

$$\frac{P_{21}}{\gamma} = \frac{2}{3}(2R)^3(1 - \cos^3\theta) + 2R^2\cos\beta(H_0\cos\theta + 2R\theta) - RH_0^2$$

$$- 2R(h_2 - H_0)H_0 + R^3\cos^2\beta\sin\beta + R^3\cos\beta\left(\frac{\pi}{2} - \beta\right) - \frac{2}{3}R^3(1 - \sin^2\beta) \tag{7.60}$$

$$S_2 = 2RH_0(\cos\theta - 1) + (2R)^2\theta + \left(\frac{\pi}{2} - \beta + \frac{1}{2}\sin 2\beta\right)R^2 \tag{7.61}$$

(3) 当 $h_2 > H$ 时。

$$h_2 = \frac{1}{s_2}(A_1 + A_2) + H_0 \tag{7.62}$$

$$A_1 = \frac{16}{3}R^3\left(\sin^3\beta_1 - \frac{7}{8}\right) + 4R^2\left[R\cos\beta_1 + R\sin 2\beta_1 - H_0\cos\theta + h_1 - 2R\left(\theta + \beta_1 - \frac{\pi}{2}\right)\right]\cos\beta_1 \tag{7.63}$$

$$A_2 = \frac{Q^2}{g}\left(\frac{1}{s_1} - \frac{1}{s_2}\right) \tag{7.64}$$

7.6　抛物线形断面共轭水深

对于广大灌区人工修建的抛物线形渠道断面，因其不但具有冻胀力分布均匀、变形易复位、抗冻胀能力强等受力特性；而且具有沿程水头损失小、断面近似于渠道水力最佳断面、水流顺畅、挟沙能力强等水力学特性，在农田灌溉排水工程、水利水电工程以及城乡给排水等工程建设中应用广泛。但是对于抛物线形渠道共轭水深的求解，目前国内还没有一种简单准确的计算方法，常用的方法是试算法，其盲目性大且计算过程烦琐；国外的几种方法十分复杂，Vatankhah A et al.（2011）对抛物线渠道进行反演，结果非常复杂；Valiani et al.（2009）提出了抛物线形断面的计算通式，过程也十分烦琐；Vatankhah A（2009）采用不动点迭代法对文献（Valiani et al.，2009）进行了改进，但迭代次数仍需要 5 次左右。本书根据迭代理论，以迭代收敛速度最慢点的真解为迭代初值，如此可以提高迭代收敛速度，以期得到简单且精度较高的抛物线形断面渠道共轭水深的计算公式。

抛物线函数可得共轭水深方程为

$$\frac{3\sqrt{p}Q^2}{4g}h_1^{-3/2}+\frac{8}{15\sqrt{p}}h_1^{5/2}=\frac{3\sqrt{p}Q^2}{4g}h_2^{-3/2}+\frac{8}{15\sqrt{p}}h_2^{5/2} \tag{7.65}$$

式中：h_1 为跃前水深，m；h_2 为跃后水深，m。

令

$$\begin{cases}x=h_1/h_k\\y=h_k/h_2\end{cases} \tag{7.66}$$

则

$$\begin{cases}h_1=xh_k\\h_2=h_k/y\end{cases} \tag{7.67}$$

整理得到无量纲共轭水深迭代方程：

$$x^{-3/2}+0.6x^{5/2}=y^{3/2}+0.6y^{-5/2} \tag{7.68}$$

引入无量纲共轭水深函数 β，并令

$$x^{-3/2}+0.6x^{5/2}=y^{3/2}+0.6y^{-5/2}=\frac{1}{\beta} \tag{7.69}$$

已知跃后水深求解跃前水深时，水流动能远大于势能，应以水流动能为主建立迭代公式；同理，已知跃前水深求解跃后水深时，水流的势能远大于动能，应以势能为主建立迭代公式。故可得无量纲跃前、跃后水深迭代公式：

$$\begin{cases}x=[(1+0.6x^4)\beta]^{2/3}\\y=[(0.6+y^4)\beta]^{2/5}\end{cases} \tag{7.70}$$

以误差最小为目标，拟合出初值公式：

$$\begin{cases}x_0=1.07\beta^{2/3}\\y_0=0.88\beta^{2/5}\end{cases} \tag{7.71}$$

由无量纲水深的迭代公式（7.70）和初值公式（7.71）可得其直接计算公式为

$$\begin{cases}x=(1+0.8\beta^{8/3})^{2/3}\beta^{2/3}\\y=0.815(1+\beta^{1.6})^{0.4}\beta^{0.4}\end{cases} \tag{7.72}$$

应用最优逼近拟合原理进行修正可得

$$\begin{cases} x = (1+0.7\beta^3)\beta^{2/3} \\ y = (0.815+0.48\beta^2)\beta^{0.4} \end{cases} \tag{7.73}$$

分析误差可以发现，无量纲跃前水深 x 的最大相对误差小于 0.47%，而无量纲跃后水深 y 的最大相对误差为 0.55%。除临界水跃附近点以外，全局范围内误差很小。

【算例】 某灌区一输水渠道为二次抛物线形断面，其方程为 $y=0.25x^2$，该渠道上有一个放水闸，当放水流量 $Q=6.0\text{m}^3/\text{s}$，测得跃前水深 $h_1=0.551\text{m}$，求跃后断面水深 h_2。

解： 二次抛物线形状参数 $p=0.25\text{m}^{-1}$，$Q=6.0\text{m}^3/\text{s}$，$g=9.81\text{m/s}^2$，二次抛物线临界水深为

$$h_k = \sqrt[4]{\frac{27pQ^2}{32g}} = 0.938\text{m}$$

当跃前水深 $h_1=0.551\text{m}$ 时，$x=\dfrac{h_1}{h_k}=0.5874$，可得

$$\beta = \frac{x^{3/2}}{1+0.6x^4} = 0.4202$$

由式（7.73）可得

$$y = [(0.815+0.48\beta^2)\beta]^{0.4} = 0.6359$$

则跃后水深为 $h_2 = \dfrac{h_k}{y} = 1.475\text{m}$。

上例数值解为 1.48m，相对误差为 -0.34%。也可根据跃后水深 h_2 求跃前水深 h_1。

当 $h_2=1.48\text{m}$ 时，$y=\dfrac{h_k}{h_2}=0.6338$，将 y 代入式（7.70）得

$$\beta = \frac{y^{5/2}}{0.6+y^4} = 0.4200$$

由式（7.70）得

$$x = (\beta+0.7\beta^3)^{2/3} = 0.5899$$

则可得跃后水深为 $h_1=xh_k=0.5533\text{m}$；跃前水深数值解为 $h_1=0.5508\text{m}$，相对误差为 0.46%。

参考文献

黄朝煊，王贺瑶，王正中，等. 2015. 消力池最不利条件下池深极值探讨 [J]. 水力发电学报. 34（1）：79-84.

黄朝煊. 2012. 梯形渠道恒定渐变流水面线计算的新解析法 [J]. 长江科学院院报. 29（11）：46-49, 54.

黄朝煊. 2016a. 梯形断面消力池扩散型消能计算 [J]. 水利水电科技进展. 36（5）：34-39.

黄朝煊. 2016b. 梯形明渠水力学特征水深的解析计算式研究 [J]. 灌溉排水学报. 35（3）：73-77, 85.

冷畅俭. 2013. 含参变量非线性方程求解方法及其在水力计算中的应用 [D]. 杨凌：西北农林科技大学.

李蕊，王正中，张宽地，等. 2012. 梯形明渠共轭水深计算方法 [J]. 长江科学院院报. 29 (11)：33-36.

梁勋，蔺慧敏. 2005. 近似计算梯形断面的共轭水深 [J]. 黑龙江水利科技. (2)：20-21.

刘计良，王正中，杨晓松，等. 2010. 梯形渠道水跃共轭水深理论计算方法初探 [J]. 水力发电学报. 29 (5)：216-219.

刘玲，刘伊生. 1999. 梯形渠道水跃共轭水深计算方法 [J]. 北方交通大学学报. (3)：3-5.

刘亚坤，倪汉根. 2008. 击波水跃跌水消能 [M]. 大连：大连理工大学出版社.

马吉明，谢省宗，梁元博. 2000. 城门洞形及马蹄形输入隧洞内的水跃 [J]. 水利学报. (7)：20-24.

孙道宗. 2003. 梯形断面渠道中水跃共轭水深计算 [J]. 江西水利科技. (3)：133-137，176.

王兴全. 1989. 梯形明渠水跃共轭水深的计算 [J]. 农田水利与小水电. (9)：16-18.

王正中，袁驷，武成烈. 1999. 再论梯形明渠临界水深计算法 [J]. 水利学报. (4)：3-5.

吴持恭. 2003. 水力学 [M]. 北京：高等教育出版社.

辛孝福. 1997. 平底梯形明渠水跃共轭水深的直接计算法 [J]. 山西水利科技. (3)：60-64.

张小林，刘惹梅. 2003. 梯形断面渠道水跃共轭水深的计算方法 [J]. 水利与建筑工程学报. (2)：41-43.

张晓宏，吴文平，徐天有. 1997. 一般 U 形渠道的水跃计算 [J]. 西北纺织工学院学报. (4)：76-78，94.

赵延风，王羿，王正中. 2017. 三角形明渠水跃共轭水深的近似解法 [J]. 西北农林科技大学学报（自然科学版）. 45 (4)：230-234.

赵延风，王正中，芦琴，等. 2009. 梯形明渠水跃共轭水深的直接计算方法 [J]. 山东大学学报（工学版）. 39 (2)：131-136，150.

Achour B，Debabeche M. 2003. Control of hydraulic jump by sill in a U-shaped channel [J]. Journal of Hydraulic Research. 41 (1)：97-103.

Hager W H，Wanoschek R. 1987. Hydraulic jump in triangular channel [J]. Journal of Hydraulic Research. 25 (5)：549-564.

Liu J，Wang Z，Fang X. 2012. Computing conjugate depths in trapezoidal channels [C] //Proceedings of the Institution of Civil Engineers-Water Management. Thomas Telford Ltd. 165 (9)：507-512.

第8章 水面线计算方法

由于明渠渐变流水面曲线比较复杂，在进行定量计算之前，有必要先对它的形状和特点做一些定性分析。明渠水面线如图 8.1 所示。

棱柱体明渠非均匀渐变流微分方程亦可改写为

$$\frac{\mathrm{d}h}{\mathrm{d}s}=\frac{i-\dfrac{Q^2}{K^2}}{1-Fr^2} \tag{8.1}$$

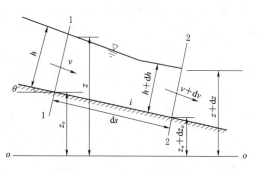

图 8.1 明渠水面线示意图

上式表明，水深 h 沿流程 s 的变化和渠道底坡及实际水流的流态（反映在 Fr 中）有关。所以对于水面曲线的型式应根据不同的底坡情况、不同流态进行具体分析。为此，首先将明渠按底坡性质分为三种情况，正坡（$i>0$）、平底（$i=0$）、逆坡（$i<0$），对于正坡明渠，根据它和临界底坡作比较，还可进一步区分为缓坡、陡坡、临界坡三种情况。

8.1 梯形断面水面线

基于恒定渐变流基本微分方程，对棱柱体明渠梯形断面下的恒定非均匀流沿程水面线进行深入研究，通过微分方程无量纲化结合数值分析理论，直接积分得到流程 S 与始、末段水深 h_1，h_2 的解析函数，用该解析函数可直接计算出沿程水面线。该方法比《溢洪道设计规范》（SL 253—2018）中推荐的分段求和试算法更简单、便捷，特别对水深较敏感段，规范推荐试算法误差较大，并且逐段试算推求水深将导致末端断面水深误差逐步累积，导致精度下降。

黄朝煊（2012）给出了棱柱体明渠恒定渐变流基本微分方程：

$$\frac{\mathrm{d}h}{\mathrm{d}s}=\frac{i_0-J}{1-Fr^2} \tag{8.2}$$

其中

$$Fr=\frac{v}{\sqrt{gA/B}} \tag{8.3}$$

$$J=\frac{n^2Q^2}{A^2R^{4/3}} \tag{8.4}$$

对于梯形断面：

$$A=(b+mh)h \tag{8.5}$$

$$R = \frac{(b+mh)h}{b+2h\sqrt{1+m^2}} \tag{8.6}$$

$$B = b + 2mh \tag{8.7}$$

式中：b 为梯形渠道底宽，m；h 为渠道水深，m；$m = (m_1 + m_2)/2$ 为渠道两岸平均坡比；B 为渠道水面宽，m；A 为过水断面面积，m^2；R 为过水断面水力半径，m；J 为断面水力坡降；n 为渠道糙率；Q 为渠道流量，m^3/s；v 为断面流速，m/s；Fr 为断面弗劳德数。

引入无纲量相对水深：$\overline{h} = h/b$，将梯形断面水力参数关系公式代入微分方程式 (8.2) 得

$$\frac{\mathrm{d}h}{\mathrm{d}s} = \frac{K_1 f(\overline{h}) - i_0 K_2}{g(\overline{h}) - K_2} \tag{8.8}$$

其中

$$f(\overline{h}) = \frac{[1 + 2\overline{h}\sqrt{1+m^2}]^{4/3}}{[(1+\overline{mh})\overline{h}]^{10/3}} \tag{8.9}$$

$$g(\overline{h}) = \frac{(1+2\overline{mh})}{[(1+\overline{mh})\overline{h}]^3} \tag{8.10}$$

$$K_1 = \frac{n^2 g}{b^{1/3}}, \quad K_2 = \frac{g b^5}{Q^2} \tag{8.11}$$

（1）无纲量积分函数的数值拟合分析。

无纲量积分函数 $f(\overline{h})$、$g(\overline{h})$ 是相对水深 $\overline{h} = h/b$ 渠道边坡 m 之间的函数，分别取 $m = 0$、0.5、1.0、2.0，分析函数 $f(\overline{h})$、$g(\overline{h})$ 的变化关系。通过数值分析，当相对水深在 $\overline{h} \in (0.06, 0.17)$，$\overline{h} \in (0.17, 0.35)$，$\overline{h} \in (0.35, 0.65)$ 三个区段时，可分别采用双曲函数分段拟合以上无纲量函数 $f(\overline{h})$、$g(\overline{h})$，其拟合误差小于 5%，相关系数大于 0.97，拟合函数见式 (8.12)，平均边坡 $m = 0$、$m = 0.5$、$m = 1.0$、$m = 2.0$ 时的相应拟合参数见表 8.1。

表 8.1　　　　　　　　　　　　无量纲积分函数双曲线拟合成果表

相对水深 h/b	坡比 m	无量纲函数 f/m			无量纲函数 g/m		
		$f_{1(m)}$	$f_{2(m)}$	$f_{3(m)}$	$g_{1(m)}$	$g_{2(m)}$	$g_{3(m)}$
0.07<h/b<0.17	$m=0$	172.28	936.32	0.052	66.57	361.26	0.05
	$m=0.5$	148.12	854.74	0.053	62.89	349.31	0.05
	$m=1.0$	133.54	799.08	0.054	59.29	336.82	0.051
	$m=2.0$	115.11	721.37	0.055	52.42	310.35	0.052
0.17<h/b<0.35	$m=0$	35.07	83.25	0.115	24.74	67.02	0.121
	$m=0.5$	24.74	67.02	0.121	11.5	30.47	0.118
	$m=1$	19.23	55.88	0.126	10.02	27.85	0.121
	$m=2$	13.93	43.86	0.13	7.52	22.3	0.125

记函数：

$$\begin{cases} f(\overline{h}) = \dfrac{f_1(m)}{\overline{h} - f_3(m)} - f_2(m) \\[3mm] g(\overline{h}) = \dfrac{g_1(m)}{\overline{h} - g_3(m)} - g_2(m) \end{cases} \tag{8.12}$$

其中记号参数 $f_1(m)$，$f_2(m)$，$f_3(m)$，$g_1(m)$，$g_2(m)$，$g_3(m)$ 取值分别根据表 8.1 对应确定，拟合相关系数均大于 0.97。

（2）恒定渐变流水面线变化趋势的判断。

为了合理确定水面线推算的起始断面位置、起始断面水深以及水面线推算方向，对水面线分区及变化趋势进行了定性分析，以便合理选取解析解相关参数。

通过断面的起始水深与正常水深 h_0、临界水深 h_k 之间的关系，对恒定渐变流水面线的变换趋势进行了定性分析，根据明槽各特征水深的相互关系分为三种情况：

1）第 1 区，$h > h_k$ 且 $h > h_0$，水面线位于正常水深和临界水深之上，$i - J > 0$，$1 - Fr_2 > 0$，$\mathrm{d}h/\mathrm{d}s > 0$，该区水面线为壅水线。

2）第 2 区，$h_k < h < h_0$ 或 $h_0 < h < h_k$，水面线位于正常水深和临界水深之间，$i - J < 0$，$1 - Fr_2 > 0$ 或 $i - J > 0$，$1 - Fr_2 < 0$，$\mathrm{d}h/\mathrm{d}s < 0$，该区水面线为降水线。

3）第 3 区，$h < h_k$ 且 $h < h_0$，水面线位于正常水深和临界水深之下，$i - J < 0$，$1 - Fr_2 < 0$，$\mathrm{d}h/\mathrm{d}s > 0$，该区水面线为壅水线。

对于梯形断面的临界水深 h_k（$Fr = 1$，即 $\mathrm{d}h/\mathrm{d}s = +\infty$）及正常水深 h_0 的计算见前文相应章节。

（3）恒定渐变流水面线解析解。

将上文分析得到的无纲量函数 $f(\overline{h})$、$g(\overline{h})$ 代入基本微分方程（8.8）得

$$\int_{\overline{h}_1}^{\overline{h}_2} \frac{\left[\dfrac{g_1(m)}{\overline{h} - g_3(m)} - g_2(m)\right] - K_2}{K_1\left[\dfrac{f_1(m)}{\overline{h} - f_3(m)} - f_2(m)\right] - i_0 K_2} \mathrm{d}h = \frac{\Delta S}{B} \tag{8.13}$$

变化以上微分方程为简单函数积分形式：

$$\int_{\overline{h}_1}^{\overline{h}_2} \frac{a_2[\overline{h} - f_3(m)][\overline{h} - g_3(m)] - a_3[\overline{h} - f_3(m)]}{[\overline{h} - f_3(m)][\overline{h} - g_3(m)] - a_1[\overline{h} - g_3(m)]} \mathrm{d}h = \frac{\Delta S}{B} \tag{8.14}$$

其中

$$a_1 = \frac{K_1 f_1(m)}{K_1 f_2(m) + i_0 K_2} \tag{8.15}$$

$$a_2 = \frac{K_2 + g_2(m)}{K_1 f_2(m) + i_0 K_2} \tag{8.16}$$

$$a_3 = \frac{g_1(m)}{K_1 f_2(m) + i_0 K_2} \tag{8.17}$$

对式（8.14）积分得恒定渐变流沿程水面线应满足以下解析函数：

$$S = b\left\{ a_2(\overline{h}_2 - \overline{h}_1) + \xi\ln\frac{[\overline{h}_2 - f_3(m) - a_1]}{[\overline{h}_1 - f_3(m) - a_1]} + \zeta\ln\frac{[\overline{h}_2 - g_3(m)]}{[\overline{h}_1 - g_3(m)]} \right\} \tag{8.18}$$

式中：S 为流程，m；b 为渠道底宽，m；$\overline{h}_1 = h_1/b$，$\overline{h}_2 = h_2/b$ 为相对水深，m。

常数参数 $f_3(m)$、$g_3(m)$ 由表 8.1 给出。参数 a_1，a_2，ξ 直接计算公式如下：

$$a_1 = \frac{\left(\dfrac{n^2 g}{b^{1/3}}\right)f_1(m)}{\left(\dfrac{n^2 g}{b^{1/3}}\right)f_2(m) + i_0\left(\dfrac{gb^5}{Q^2}\right)} \tag{8.19}$$

$$a_2 = \frac{\left(\dfrac{gb^5}{Q^2}\right) + g_2(m)}{\left(\dfrac{n^2 g}{b^{1/3}}\right)f_2(m) + i_0\left(\dfrac{gb^5}{Q^2}\right)} \tag{8.20}$$

$$a_3 = \frac{g_1(m)}{\left(\dfrac{n^2 g}{b^{1/3}}\right)f_2(m) + i_0\left(\dfrac{gb^5}{Q^2}\right)} \tag{8.21}$$

$$\xi = a_1 a_2 - a_3 + \frac{[f_3(m) - g_3(m)]a_3}{a_1 + [f_3(m) - g_3(m)]} \tag{8.22}$$

$$\zeta = -\frac{[f_3(m) - g_3(m)]a_3}{a_1 + [f_3(m) - g_3(m)]} \tag{8.23}$$

恒定渐变流水面线解析求解公式（8.18）是通过高精度数值分析理论得到的，比分段试算法更直观，也能避免由分段逐推而导致的误差累积效应。该解析法无须逐推各段水深就可直接求出末端水深，而《溢洪道设计规范》（SL 253—2018）中推荐的分段求和法需试算推求各段水深才可求出末端水深，过程复杂烦琐。

【算例】　某梯形渠道底宽 $b = 6\text{m}$，边坡系数 $m = 2$，底坡为 0.0016，粗糙率为 0.025，流量为 $Q = 10\text{m}^3/\text{s}$，渠道末端水深 $h_2 = 1.5\text{m}$，渠道长 1000m，试计算其沿程水面线。

解：先计算其临界水深为 $h_k = 0.612\text{m}$，正常水深采用式（8.18）、式（8.22）计算得 $h_0 = 0.963\text{m}$，由于属于缓坡，采用式（8.13）反推计算其壅水水面线，相关参数由式（8.14）计算，记号参数 $f_i(m)$、$g_i(m)$，根据 $m = 2$ 由表 8.1 相应取值，通过计算得水面线成果见图 8.2。

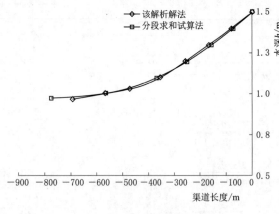

图 8.2　水面线计算成果图

8.2　U形断面水面线

用常规的分段求和法完成标准 U 形断面渠槽水面线计算不但存在误差累积，而且计算工作量大，效率低。依据优化拟合理论，以标准剩余差最小为目标函数，在工程适用参数范围内，经拟合计算获得了由一个简化通用算式替代原积分中的分段且不可积函数，并通过积分获得了该种断面水面线的解析计算模型，且由于正负拟合误差的相互抵消，使最终计算成果的精度进一步提高。由连续方程和能量方程表示的明渠恒定渐变流水面线数学模型为

$$\frac{\mathrm{d}h}{\mathrm{d}S}=\frac{i_0-J_0}{1-Fr_0^2} \tag{8.24}$$

其中

$$J_0=\frac{n^2Q^2}{A^2R^{4/3}}=\frac{n^2Q^2X^{4/3}}{A^{10/3}} \tag{8.25}$$

$$Fr_0=\frac{v}{\sqrt{gAB^{-1}}}=\frac{QB^{1/2}}{g^{1/2}A^{3/2}} \tag{8.26}$$

式中：$\mathrm{d}h/\mathrm{d}S$ 为水深 h 关于渠长 S 的微分；i_0 为渠道设计坡降；J_0 为断面水力坡降；Fr_0 为断面弗劳德数；A 为过水断面面积，m^2；B 为槽内水面宽度，m；X 为过水断面湿周，m；R 为断面水力半径，m；n 为糙率系数；Q 为渠道过流流量，m^3/s；g 为重力加速度，一般取 $9.81\mathrm{m/s}^2$。

经过整理并取积分可得

$$S=V\left[(x_2-x_1)-\int_{x_1}^{x_2}\frac{mx_2+w}{ax^4+bx^2+c}\mathrm{d}x\right] \tag{8.27}$$

其中

$$V=\frac{A_1(B_1-0.0002)}{a},\quad m=\frac{0.0306a}{B_1-0.0002}+b \tag{8.28}$$

$$w=\frac{0.2274a}{B_1-0.0002}+c \tag{8.29}$$

$$a=E-0.0084,b=-0.096,c=-0.3067 \tag{8.30}$$

式中：V，m，w 及 a 均为中间已知参数；J'，Fr'^2 分别为 J 及 Fr^2 的拟合替代值；b，c 均为已知常数。

在工程适用范围内，因 $a=E-0.0084>0$，则 $b^2-4ac>0$，完成式（8.24）中的积分可得

$$S=V(x_2-x_1)-V_1\left(\arctan\frac{x_2}{f_1}-\arctan\frac{x_1}{f_1}\right)-V_2\left[\ln\frac{(x_2-f_2)(x_1+f_2)}{(x_2+f_2)(x_1-f_2)}\right] \tag{8.31}$$

其中

$$f_1=\sqrt{\frac{b+D}{2a}} \tag{8.32}$$

$$f_2 = \sqrt{\frac{D-b}{2a}} \tag{8.33}$$

$$D = \sqrt{b^2 - 4ac} \tag{8.34}$$

$$V_1 = \frac{V[(D+b)m - 2aw]}{D\sqrt{2a(D+b)}} \tag{8.35}$$

$$V_2 = \frac{V[(D+b)m + 2aw]}{2D\sqrt{2a(D-b)}} \tag{8.36}$$

式中：f_1，f_2，V_1，V_2 均为中间参数；x_1，x_2 分别为已知和待求无量纲水深。

利用上式即可根据已知参数 Q，n，i_o，r 求解水深为 $h_1(h_2)$ 情况下所对应的流程 S。较目前常用的分段求和法更加简单和直接，同时也避免了因为分段求和法所产生的误差累积。

【算例】 已知某输水渡槽为标准 U 形断面，底圆弧半径 $r = 3.0$m，槽底设计坡降 $i = 0.001$，槽内壁粗糙系数 $n = 0.015$，设计流量 $Q = 22.0$m³/s，在渡槽末端设节制闸壅高水位，已知末端水深 $h_2 = 5.1$m，试计算沿程水面线（渡槽长为 11.0km）。

解： 根据明渠均匀流计算方法可求得渡槽的临界水深 $h_k = 1.667$m，正常水深 $h_0 = 2.182$m，因 $h_k < h_0 < h$，槽内属于水面线。取首端计算水深 $h_1 = h_0(1 + 1\%) = 2.204$m，利用本章公式可分别求得：$f_1 = 0.67475$，$f_2 = 0.72866V = 3019.62$，$V_1 = 547.21$，$V_2 = -348.39$，$x_1 = 0.7347$，$x_2 = 1.7$，将其分别代入式（8.31）即可求得流程 S 为

$$S = V(x_2 - x_1) - V_1\left(\arctan\frac{x_2}{f_1} - \arctan\frac{x_1}{f_1}\right) - V_2\left[\ln\frac{(x_2 - f_2)(x_1 + f_2)}{(x_2 + f_2)(x_1 - f_2)}\right] = 4475.13\text{m}$$

为比较本公式计算成果的精度，采用分段求和法完成水面线计算，通过取 7 个分段，14 个分段和 21 个分段分别求得对应首端水深 $h_1 = 2.204$m 时的流程 S 分别为 4058.68m，4273.92m 和 4397.19m。由于分段求和法存在同号误差，因此随着分段数的增加，其水面线的计算成果越接近理论水面线。可见，该公式所求成果与常规的取 21 个分段求和成果基本一致（相对误差仅为 1.74%），该公式具有较好的计算精度。

8.3 圆形断面水面线

对于圆形断面明渠恒定渐变流基本微分方程同式（8.1）～式（8.3），其圆形隧洞水力要素为

$$A = \frac{d^2}{8}(\theta - \sin\theta) \tag{8.37}$$

$$R = \frac{d}{4}\left(1 - \frac{\sin\theta}{\theta}\right) \tag{8.38}$$

$$B = d\sin\frac{\theta}{2} \tag{8.39}$$

$$h = 0.5d\left(1 - \cos\frac{\theta}{2}\right) \tag{8.40}$$

式中：d 为圆形隧洞内直径，m；h 为断面水深，m；θ 为水面处圆弧总中心角，rad；B 为水面宽，m；A 为过水断面面积，m^2；R 为过水断面水力半径，m。

设无量纲相对水深

$$\bar{h} = \frac{h}{d} = 0.5\left(1 - \cos\frac{\theta}{2}\right) \tag{8.41}$$

$$\cos\frac{\theta}{2} = 1 - 2\bar{h} \tag{8.42}$$

渐变流基本方程为

$$\frac{g_{(\bar{h})} - K_2}{K_1 f_{(\bar{h})} - K_2 i_0} d\bar{h} = \frac{1}{d} ds \tag{8.43}$$

其中

$$f_{(\theta)} = \frac{1}{\left[(\theta - \sin\theta)\right]^3} \sin\frac{\theta}{2} \tag{8.44}$$

$$g_{(\theta)} = \frac{1}{\left[(\theta - \sin\theta)\right]^2 \left[\left(1 - \dfrac{\sin\theta}{\theta}\right)\right]^{4/3}} \tag{8.45}$$

$$K_1 = \frac{gn^2}{d^{1/3}} \tag{8.46}$$

$$K_2 = \frac{gd^5}{Q^2} \tag{8.47}$$

对于无压隧洞，《水工隧洞设计规范》（SL 279—2016）要求，低流速无压长隧洞的断面，净空面积大于 15%，且净空高度大于 0.4m。故圆形隧洞明流条件下相对水深满足以下净空条件：

（1）无纲量积分函数的数值拟合分析。由于相对水深 $\bar{h}$ 与相应水位下的总中心角 η 成一一对应关系，通过数值分析理论，可分别采用双曲函数分段拟合以上无纲量函数 $f(\theta)$，$g(\theta)$，其拟合误差小于 3%，相关系数大于 0.975，拟合成果分别如下：

当相对水深满足 $0.2 \leqslant \bar{h} \leqslant 0.35$ 时，

$$\begin{cases} f(\theta) = f(\bar{h}) = \dfrac{33.64}{\bar{h} - 0.152} - 112.39 \\[2ex] g(\theta) = g(\bar{h}) = \dfrac{17.31}{\bar{h} - 0.148} - 55.30 \end{cases} \tag{8.48}$$

当相对水深满足 $0.35 < \bar{h} \leqslant 0.55$ 时，

$$\begin{cases} f(\theta) = f(\bar{h}) = \dfrac{6.263}{\bar{h} - 0.26} - 12.25 \\[2ex] g(\theta) = g(\bar{h}) = \dfrac{3.539}{\bar{h} - 0.254} - 6.812 \end{cases} \tag{8.49}$$

当相对水深满足 $0.55 < \bar{h} \leqslant 0.8$ 时，

$$\begin{cases} f(\theta)=f(\overline{h})=\dfrac{1.926}{h-0.386}-2.405 \\[3mm] g(\theta)=g(\overline{h})=\dfrac{1.116}{h-0.381}-1.452 \end{cases} \tag{8.50}$$

记函数：

$$\begin{cases} f(\overline{h})=\dfrac{f_1(m)}{h-f_3(m)}-f_2(m) \\[3mm] g(\overline{h})=\dfrac{g_1(m)}{h-g_3(m)}-g_2(m) \end{cases} \tag{8.51}$$

其中记号参数 $f_1(m)$，$f_2(m)$，$f_3(m)$，$g_1(m)$，$g_2(m)$，$g_3(m)$ 取值分别根据式 (8.48)、式 (8.49)、式 (8.50) 对应确定。

圆形无压隧洞的正常水深 h_0（即 $\mathrm{d}h/\mathrm{d}s=0$）及临界水深 h_k（$Fr=1$，即 $\mathrm{d}h/\mathrm{d}s=+\infty$）的计算见前文相应章节。

(2) 恒定渐变流水面线解析解。

$$a_1=\frac{K_1 f_1(m)}{K_1 f_2(m)+i_0 K_2} \tag{8.52}$$

将上文分析得到的无纲量函数 $f(\overline{h})$、$g(\overline{h})$ 代入基本微分方程得

$$\int_{\overline{h}_1}^{\overline{h}_2}\frac{\left[\dfrac{g_1(m)}{h-g_3(m)}-g_2(m)\right]-K_2}{K_1\left[\dfrac{f_1(m)}{h-f_3(m)}-f_2(m)\right]-i_0 K_2}\mathrm{d}h=\frac{\Delta S}{d} \tag{8.53}$$

通过积分得到恒定渐变流沿程水面线应满足以下解析函数：

$$S=\mathrm{d}\left\{a_2(\overline{h}_2-\overline{h}_1)+\xi\ln\frac{[\overline{h}_2-f_3(m)-a_1]}{[\overline{h}_1-f_3(m)-a_1]}+\varsigma\ln\frac{[\overline{h}_2-g_3(m)]}{[\overline{h}_1-g_3(m)]}\right\} \tag{8.54}$$

其中常参数分别为

$$a_1=\frac{K_1 f_1(m)}{K_1 f_2(m)+i_0 K_2}$$

$$a_2=\frac{K_2+g_2(m)}{K_1 f_2(m)+i_0 K_2}$$

$$a_3=\frac{g_1(m)}{K_1 f_2(m)+i_0 K_2}$$

$$\xi=a_1 a_2-a_3+\frac{[f_3(m)-g_3(m)]a_3}{a_1+[f_3(m)-g_3(m)]}$$

$$\varsigma=-\frac{[f_3(m)-g_3(m)]a_3}{a_1+[f_3(m)-g_3(m)]}$$

式中：参数 $f_1(m)$，$f_2(m)$，$f_3(m)$，$g_1(m)$，$g_2(m)$，$g_3(m)$ 取值分别根据拟合公式对应确定。参数 S 为流程，m；d 为圆形隧洞内直径，m；$\overline{h}_1=h_1/b$，$\overline{h}_2=h_2/b$，$\overline{h}_1=h_1/b$，$\overline{h}_2=h_2/b$ 为相对水深，m。恒定渐变流水面线解析求解公式是通过高精度数值分

析理论得到的，比分段试算法根直观，也能避免由分段逐推而导致的误差累积效应。

【**算例**】 某引水式电站输水隧洞断面为圆形，直径 $d=3\mathrm{m}$，底坡为 $i=0.013$，糙率为 $n=0.015$，流量为 $Q=23.37\mathrm{m^3/s}$，起始计算水深取 1.90m，计算其沿程水面线（隧洞长 1km，以"长洞"计算）。

解：对于圆形无压隧洞的正常水深 h_0（即 $\mathrm{d}h/\mathrm{d}s=0$）及圆形无压隧洞的临界水深 h_k（$Fr=1$，即 $\mathrm{d}h/\mathrm{d}s=+\infty$）的计算见前文相应章节。参数 $M_0=2.054$，$h_0=1.55\mathrm{m}$；参数 $M_k=4.897$，$h_k=2.12\mathrm{m}$。属于第 2 区，可直接采用公式（8.54）计算其降水水面线，记号参数 $f_i(m)$，$g_i(m)$ 根据式（8.48）～式（8.50）取值，计算得到的水面线如图 8.3 所示。

计算成果满足工程精度要求，并且该推求水面线的方法无须繁杂的试算和迭代，只通过始、末断面水深就能通过上述对数函数推出相应的流程，从而得出水面线，计算方便便捷。

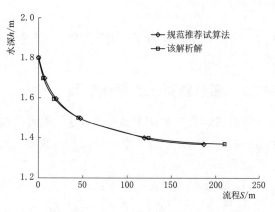

图 8.3 算例水面线计算成果图

参考文献

黄朝煊. 2012a. 圆形无压隧洞恒定渐变流水面线计算的近似法 [J]. 灌溉排水学报. 31（5）：113-117.

黄朝煊. 2012b. 梯形渠道恒定渐变流水面线计算的新解析法 [J]. 长江科学院院报. 29（11）：46-49，54.

滕凯. 2014. 标准 U 形断面渠槽水面线的计算模型 [J]. 水文. 34（2）：71-74，86.

万五一，江春波，李玉柱. 2007. 变步长法在天然河道水面线计算中的应用 [J]. 哈尔滨工业大学学报.（4）：647-649.

王正中，席跟战，宋松柏，等. 1998. 梯形明渠正常水深直接计算公式 [J]. 长江科学院院报.（6）：3-5.

王正中，袁驷，武成烈. 1999. 再论梯形明渠临界水深计算法 [J]. 水利学报.（4）：3-5.

张宽地，吕宏兴，赵延风. 2009. 明流条件下圆形隧洞正常水深与临界水深的直接计算 [J]. 农业工程学报. 25（3）：1-5.

第9章 渠道设计方法

9.1 水力最佳断面和实用经济断面

9.1.1 梯形断面水力最佳断面

梯形断面水力最佳断面是指流量、底坡、糙率已知，使渠道具有最小过水断面面积的渠道过水断面形式；或过水断面面积、底坡、糙率已知，使渠道通过流量为最大的渠道过水断面形式。

（1）满足最佳断面的宽深比。

$$\beta_m = b_m / h_m = 2(\sqrt{1+m^2} - m) \tag{9.1}$$

$$b_m = \beta_m h_m \tag{9.2}$$

$$R_m = \frac{h_m}{2} \tag{9.3}$$

$$h_m^2 = \frac{A_m}{\beta_m + m} \tag{9.4}$$

$$Q = 4(2\sqrt{1+m^2} - m)\frac{\sqrt{i}}{n}\left(\frac{h_m}{2}\right)^{8/3} \tag{9.5}$$

式中：Q 为流量，m^3/s；m 为梯形边坡系数；i 为底坡；n 为糙率；h_m 为水力最佳断面的水深，m；R_m 为水力最佳断面的水力半径，m；b_m 为水力最佳断面的底宽，m；β_m 为水力最佳断面的宽深比；A_m 为水力最佳过水断面面积，m^2。

进行水力最佳断面的计算时，可先计算 β_m，然后计算出 h_m 和 b_m。对于矩形断面，$m=0$，$\beta_m=2$ 或者 $b_m=2h_m$，其底宽为水深的两倍。β_m 随着 m 的增加而减小，$m>0.75$ 时，$\beta_m<1$，是一种底宽较小、水深较大的窄深型断面。

（2）规范计算方法。

$$h_0 = 1.189\left\{\frac{nQ}{[2(1+m^2)^{1/2} - m]\sqrt{i}}\right\}^{3/8} \tag{9.6}$$

$$b_0 = 2[(1+m^2)^{1/2} - m]h_0 \tag{9.7}$$

$$R_0 = \frac{A_0}{X_0} \tag{9.8}$$

$$v_0 = \frac{Q}{A_0} \tag{9.9}$$

$$A_0 = b_0 h_0 + mh_0^2 \tag{9.10}$$

$$x_0 = b_0 + 2(1+m^2)^{1/2}h_0 \tag{9.11}$$

式中：Q 为流量，$\mathrm{m^3/s}$；m 为梯形边坡系数；i 为底坡；n 为渠道糙率；h_0 为水力最佳断面的水深，m；R_0 为水力最佳断面的水力半径，m；v_0 为水力最佳断面流速，m/s；b_0 为水力最佳断面的底宽，m；β_m 为水力最佳断面的宽深比；x_0 为水力最佳断面湿周，m；A_0 为水力最佳过水断面面积，$\mathrm{m^2}$。

9.1.2 实用经济断面

水力最优断面是指面积一定而过水能力（流量 Q）最大的明槽（渠）断面；或通过流量一定而湿周最小的明槽（渠）断面。

实用经济断面的过水断面面积与水力最佳断面面积相近，是更加宽浅的渠道断面。推求实用经济断面的公式时，假定其过水断面面积 A 与水力最佳断面面积 A_0 之间的关系是 $A=\alpha A_0$，其中 α 的取值稍大于 1 的数值（α 取 $1.01\sim1.04$）。则根据实用经济断面与水力最佳断面通过流量应相等的条件，利用曼宁公式及明渠均匀流可得出如下关系（荣丰涛，2004）：

$$\alpha=\frac{A}{A_0}=\left(\frac{R_0}{R}\right)^{2/3}=\left(\frac{xA_0}{x_0A}\right)^{2/3}=\left(\frac{1}{\alpha}\frac{x}{x_0}\right)^{2/3} \tag{9.12}$$

式中：α 为实用经济断面面积 A 与水力最佳断面面积 A_0 之间的比例系数；x 为实用经济过水断面湿周，m；x_0 为水力最佳断面湿周，m。

（1）满足实用经济断面的宽深比。

实用经济断面是一种宽深比 $\beta>\beta_m$ 值，以满足工程需要的断面。

$$\frac{A}{A_m}=\frac{v_m}{v}=\left(\frac{R_m}{R}\right)^{2/3}=\left(\frac{x}{x_m}\right)^{2/5} \tag{9.13}$$

$$\frac{h}{h_m}=\left(\frac{A}{A_m}\right)^{5/2}\left[1-\sqrt{1-\left(\frac{A_m}{A}\right)^4}\,\right] \tag{9.14}$$

$$\beta=\left(\frac{h_m}{h}\right)^2\frac{A}{A_m}(2\sqrt{1+m^2}-m)-m \tag{9.15}$$

式中：β 为实用经济断面的宽深；A 为实用经济断面过水断面面积，$\mathrm{m^2}$；v 为实用经济断面平均流速，m/s；R 为实用经济断面水力半径，m；h 为水深，m；v_m 为水力最佳断面平均流速，m/s；R_m 为水力最佳断面水力半径，m；x_m 为水力最佳断面湿周，m；h_m 为水力最佳过水断面水深，m；A_m 为水力最佳过水断面面积，$\mathrm{m^2}$。

为方便公式使用，查算表见表 9.1。

表 9.1 A/A_m，β 和 h/h_m 的关系

A/A_m	1.00	1.01	1.02	1.03	1.04
h/h_m	1.000	0.823	0.761	0.717	0.683
m	β				
0	2	2.985	3.525	4.005	4.453
0.25	1.562	2.453	2.942	3.378	3.792
0.5	1.236	2.091	2.559	2.997	3.374
0.75	1	1.862	2.334	2.755	3.155

m			β		
1	0.828	1.729	2.222	2.662	3.08
1.25	0.702	1.662	2.189	2.658	3.104
1.5	0.606	1.642	2.211	2.717	3.198
1.75	0.532	1.654	2.27	2.818	3.34
2	0.472	1.689	2.357	2.951	3.516
2.25	0.425	1.741	2.463	3.106	3.717
2.5	0.385	1.806	2.584	3.278	3.938
2.75	0.353	1.88	2.717	3.463	4.172
3	0.325	1.961	2.859	3.658	4.418
3.5	0.28	2.141	3.162	4.07	4.934

（2）规范计算方法。

$$a=\frac{A}{A_0}=\frac{v_0}{v}=\left(\frac{R_0}{R}\right)^{2/3}=\left(\frac{A_0 x}{A x_0}\right)^{2/3} \tag{9.16}$$

$$\left(\frac{h}{h_0}\right)^2-2\alpha^{2.5}\left(\frac{h}{h_0}\right)+\alpha=0 \tag{9.17}$$

$$\beta=\frac{b}{h}=\left[\alpha/(h/h_0)^2\right]\left[2\sqrt{1+m^2}-m\right]-m \tag{9.18}$$

式中：h 为经济断面水深，m；v 为经济断面流速，m/s；A 为经济断面过水面积，m^2；x 为经济断面湿周，m；R 为经济断面水力半径，m；b 为经济断面底宽，m；β 为经济断面宽深比；α 为水力最佳断面流速（或过水断面面积）与经济断面流速（或过水断面面积）的比值。

为方便公式使用，查算表见表 9.2。

表 9.2 β，z，α 和 h/h_0 的关系

z	α	1	1.01	1.02	1.03	1.04
	h/h_0	1	0.823	0.761	0.717	0.683
0		2.000	2.985	3.525	4.005	4.453
0.25		1.562	2.453	2.942	3.378	3.792
0.5		1.236	2.091	2.559	2.997	3.374
0.75		1.000	1.862	2.334	2.755	3.155
1		0.829	1.729	2.222	2.662	3.08
1.25	β	0.702	1.662	2.189	2.658	3.104
1.5		0.606	1.642	2.211	2.717	3.198
1.75		0.532	1.654	2.27	2.818	3.34
2		0.472	1.689	2.357	2.951	3.516
2.25		0.425	1.741	2.463	3.106	3.717

z	α	1	1.01	1.02	1.03	1.04
	h/h_0	1	0.823	0.761	0.717	0.683
2.5		0.386	1.806	2.584	3.278	3.938
2.75		0.353	1.88	2.717	3.463	4.172
3		0.325	1.961	2.859	3.658	4.418
3.25	β	0.301	2.049	3.007	3.861	4.673
3.5		0.281	2.141	3.162	4.07	4.934
3.75		0.263	2.232	3.32	4.285	5.202
4		0.247	2.337	3.483	4.504	5.474

（3）计算步骤。

1）已知 Q，n，m，i，计算 h_0，b_0，A_0，x_0，R_0，v_0；

2）查表获得 α 取值为 1.00，1.01，1.02，1.03，1.04 时相应的 h/h_0 值及与 α，m 相应的 β 值，并分别计算相应的 h，b 值；

3）按公式分别计算与 α 取值为 1.00，1.01，1.02，1.03，1.04 时相应的 v，A，R 值；

4）绘制 $b=f(h)$ 和 $v=f(h)$ 特性曲线；

5）选定设计所需的 h，b 和 v 值；

6）计算与设计选定的 h，b 值相对应的 A，x，R。

9.2 任意次抛物线形水力最佳断面和实用经济断面

为解决任意次抛物线形渠道湿周积分公式不可积分导致水力最佳断面及实用经济断面无解析解的问题，陈柏儒（2019）采用高斯超几何函数给出了任意次抛物线形渠道湿周的解析计算式，以水深、水面宽度为变量，用拉格朗日乘数法对该类渠道的水力最佳断面参数进行求解，得到了任意次抛物线类渠道的水力最佳断面参数求解方程，再根据实用经济断面与水力最佳断面的关系得到了任意次抛物线类渠道的实用经济断面参数求解方程。

9.2.1 任意次抛物线形渠道的水力最佳断面

任意次抛物线形渠道的水力最佳断面参数求解方程：

$$4m^2\varepsilon - \varepsilon^3 - \frac{8m^2(m-1)}{(2m-1)}F_g\left\{\frac{3}{2},\frac{2m-1}{2m-2};\frac{4m-3}{2m-2};\frac{-4m^2}{\varepsilon^2}\right\}\sqrt{\varepsilon^2+4m^2}-\varepsilon^2(m-1)$$

$$\times F_g\left\{\frac{1}{2},\frac{1}{2m-2};\frac{2m-1}{2m-2};\frac{-4m^2}{\varepsilon^2}\right\}\sqrt{\varepsilon^2+4m^2}=0 \tag{9.19}$$

式中：$\varepsilon=B/h$ 为抛物线形渠道水力最佳断面参数。

在幂律指数 $m\in[1，1000]$ 范围内取 m 步长为 0.001，利用 Wolfram Mathematica 11 进行全范围数值求解，可获得其水力最佳断面参数 ε。以 m 的对数为横坐标，ε 为纵坐标，绘出 ε-m 关系曲线（图 9.1）；将典型幂律指数相应的 m 值整理至表中，见表 9.3。

表9.3 抛物线类渠道水力最佳断面参数值 ε

m	ε	m	ε	m	ε	m	ε
1	2.0000	20	2.1474	6	2.1751	70	2.0753
2	2.0555	30	2.1227	7	2.1794	80	2.0691
3	2.1139	40	2.1054	8	2.1807	90	2.0639
4	2.1474	50	2.0927	9	2.1800	100	2.0596
5	2.1656	60	2.0830	10	2.1782	1000	2.0105

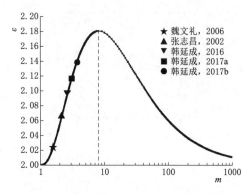

图9.1 抛物线形渠道水力最优断面参数

只对常用范围的抛物线形渠道的水力最佳断面参数直接计算公式进行了拟合,主要是因为工程中常用的小幂律抛物线(工程中常用的幂律指数一般小于8)的边坡系数相对较小,且变化不是很大,具有很好的实用性。利用最小二乘法对 $m \in [1,8]$ 范围内的 ε 进行拟合得到直接计算公式,即

$$\varepsilon = -0.0062m^2 + 0.0809m + 1.9198 \quad m \in [1,8] \tag{9.20}$$

考虑到求解高斯超几何函数较复杂,采用最小二乘法拟合出用于求解水力最佳条件下的水深 h_0(下标带0表示为水力最佳断面情况)、过水面积 A_0 及湿周 x_0 的直接计算公式,即

$$h_0 = [-0.0029m^3 + 0.0526m^2 - 0.313m + 1.539] \times \left(\frac{Qn}{\sqrt{i}}\right)^{3/8} \quad m \in [1,8] \tag{9.21}$$

式中:h_0 为水力最佳条件下的水深,m。

$$A_0 = [-0.0008m^3 + 0.0161m^2 - 0.093m + 1.743] \times \left(\frac{Qn}{\sqrt{i}}\right)^{3/4} \quad m \in [1,8] \tag{9.22}$$

式中:A_0 为水力最佳条件下的过水面积,m²。

$$x_0 = [-0.0058m^3 + 0.1028m^2 - 0.547m + 4.03] \left(\frac{Qn}{\sqrt{i}}\right)^{3/8} \quad m \in [1,8] \tag{9.23}$$

式中:x_0 为水力最佳条件下的湿周,m。

式(9.21)的最大相对误差为0.5%,式(9.22)~式(9.23)的相对误差均小于2.5%。

9.2.2 任意次抛物线形渠道实用经济断面

实用经济断面是过水断面面积与水力最佳断面面积相近,但是更加宽浅的渠道断面。推求实用经济断面的公式时,假定其过水断面面积 A 与水力最佳断面面积 A_0 之间的关系是 $A = \alpha A_0$,其中 α 的取值稍大于1的数值(α 取1.01~1.04)。则根据实用经济断面与水力最佳断面通过流量应相等的条件,利用曼宁公式及明渠均匀流可得出如下关系:

$$\alpha = \frac{A}{A_0} = \left(\frac{R_0}{R}\right)^{2/3} = \left(\frac{xA_0}{x_0 A}\right)^{2/3} = \left(\frac{1}{\alpha}\frac{x}{x_0}\right)^{2/3} \tag{9.24}$$

式中：α 为实用经济断面面积 A 与水力最佳断面面积 A_0 之间的比例系数；x 为实用经济过水断面湿周，m；x_0 为水力最佳断面湿周，m。

设 $B/h = k$，$B_0 h_0 = \varepsilon$，可得

$$\alpha = \frac{A}{A_0} = \frac{\dfrac{m}{m+1}Bh}{\dfrac{m}{m+1}B_0 h_0} = \frac{k}{\varepsilon}\left(\frac{h}{h_0}\right)^2 \tag{9.25}$$

$$\alpha^{\frac{5}{2}} = \frac{k\dfrac{m-1}{m}F_g\left\{\dfrac{1}{2},\dfrac{1}{2m-2};\dfrac{2m-1}{2m-2};\dfrac{-4m^2}{k^2}\right\} + \dfrac{k}{m}\sqrt{1+\dfrac{4m^2}{k^2}}}{\varepsilon\dfrac{m-1}{m}F_g\left\{\dfrac{1}{2},\dfrac{1}{2m-2};\dfrac{2m-1}{2m-2};\dfrac{-4m^2}{\varepsilon^2}\right\} + \dfrac{\varepsilon}{m}\sqrt{1+\dfrac{4m^2}{\varepsilon^2}}} \times \frac{h}{h_0} \tag{9.26}$$

式中：k 为实用经济断面的宽深比，即抛物线类渠道实用经济断面参数；h_0 为水力最佳断面的水深，m；h 为实用经济断面的水深，m。

消去 h/h_0 项，可以得到任意次抛物线形渠道实用经济断面参数求解方程，即

$$\alpha = \left(\frac{\varepsilon}{k}\right)^{1/4}\left[\frac{k\dfrac{m-1}{m}F_g\left\{\dfrac{1}{2},\dfrac{1}{2m-2};\dfrac{2m-1}{2m-2};\dfrac{-4m^2}{k^2}\right\} + \dfrac{k}{m}\sqrt{1+\dfrac{4m^2}{k^2}}}{\varepsilon\dfrac{m-1}{m}F_g\left\{\dfrac{1}{2},\dfrac{1}{2m-2};\dfrac{2m-1}{2m-2};\dfrac{-4m^2}{\varepsilon^2}\right\} + \dfrac{\varepsilon}{m}\sqrt{1+\dfrac{4m^2}{\varepsilon^2}}}\right]^{1/2} \tag{9.27}$$

在已知幂律指数 m（取 $1\sim8$），利用式（9.26）求得 $\varepsilon = B/h$；并选定 α（取 $1.01\sim$ 1.04），利用式（9.27）即可求得实用经济断面的宽深比 k。考虑到由式（9.27）求解 k 十分麻烦，现给出求解的详细结果（表9.4），供设计时查用。

表 9.4　　　　　　　　　　　抛物线渠道实用经济断面水面宽度与水深的比值 k

m	α				m	α				m	α			
	1.01	1.02	1.03	1.04		1.01	1.02	1.03	1.04		1.01	1.02	1.03	1.04
1.00	2.078	2.153	2.226	2.296	3.50	2.217	2.299	2.379	2.458	6.00	2.261	2.346	2.429	2.510
1.25	2.083	2.158	2.231	2.301	3.75	2.225	2.308	2.388	2.467	6.25	2.263	2.347	2.430	2.512
1.50	2.098	2.174	2.247	2.319	4.00	2.232	2.315	2.396	2.476	6.50	2.264	2.349	2.432	2.514
1.75	2.117	2.194	2.269	2.341	4.25	2.238	2.321	2.403	2.483	6.75	2.265	2.350	2.433	2.515
2.00	2.136	2.214	2.290	2.364	4.50	2.243	2.327	2.408	2.489	7.00	2.266	2.351	2.434	2.516
2.25	2.154	2.233	2.310	2.385	4.75	2.248	2.331	2.413	2.494	7.25	2.266	2.351	2.435	2.517
2.50	2.170	2.250	2.328	2.404	5.00	2.251	2.335	2.417	2.498	7.50	2.267	2.352	2.435	2.518
2.75	2.185	2.265	2.343	2.420	5.25	2.254	2.338	2.421	2.502	7.75	2.267	2.352	2.436	2.518
3.00	2.197	2.278	2.357	2.435	5.50	2.257	2.341	2.424	2.505	8.00	2.267	2.352	2.436	2.518
3.25	2.208	2.289	2.369	2.447	5.75	2.259	2.344	2.426	2.508					

【算例】　试设计一个二分之五次抛物线形渠道的水力最佳断面及实用经济断面。已知过水流量 $Q=25\text{m}^3/\text{s}$，渠道底部糙率 $n=0.014$，渠底坡降 $i=1/12000$，动能修正系数 $\beta=1$。

解：二分之五次抛物线形渠道断面的幂律指数为 2.5，由式（9.20）得该抛物线形渠道水力最佳断面参数 $\varepsilon=B/h=2.0833$；由式（9.21）得水力最佳条件下的正常水深 $h_0=4.0821\text{m}$；由式（9.22）得水力最佳条件下的断面面积 $A_0=24.6315\text{m}^2$；由式（9.23）得水力最佳条件下的湿周 $x_0=12.6174\text{m}$。与采用理论解析计算的结果进行对比，可知水力最佳断面参数、正常水深、断面面积、湿周的相对偏差分别为：0、0.65%、0.40%、0.48%，体现了提供的直接计算公式的精确性。

实用经济断面设计时，先选定 $\alpha=1.04$，通过表 9.4 可查得二点五次抛物线形断面的实用经济断面的宽深比 $k=2.404$，由式（9.25）可得实用经济断面正常水深 $h=3.8752\text{m}$；水面宽度 $B=k\times h=9.3160\text{m}$；实用经济断面面积 $A=\alpha\times A_0=25.6168\text{m}^2$；实用经济断面湿周 $x=\alpha^{5/2}\times P_0=13.9172\text{m}$。本文填补了任意次抛物线形渠道实用经济断面的计算方法的空白，方便了任意次抛物线形渠道实用经济断面的设计。

9.3　任意次平底抛物线形水力最佳断面和实用经济断面

针对标准抛物线形渠道断面渠口宽、深度大、难以适应大中型渠道等问题，提出了平底抛物线类复合断面渠道，但任意次平底抛物线断面渠道湿周计算理论上无解析解，致使任意次平底抛物线渠道水力最佳断面及实用经济断面无统一设计方法。首先采用高斯超几何函数给出了任意次平底抛物线渠道湿周的解析计算式，再以水面宽度与水深的比率、底宽与水深的比率及水深为变量，利用拉格朗日乘数法建立了平底抛物线渠道的水力最佳断面的方程；进一步根据实用经济断面与水力最佳断面的关系建立了平底抛物线渠道的实用经济断面的方程。

9.3.1　任意次平底抛物线形渠道的水力最佳断面

任意次平底抛物线形渠道的水力最佳断面参数求解方程：

$$\frac{m}{m+1}=F_g\left\{\frac{1}{2},\frac{1}{2m-2};\frac{2m-1}{2m-2};-\frac{4m^2}{\eta^2}\right\} \tag{9.28}$$

$$\frac{m}{m+1}\times\left(\beta+\eta\frac{m-1}{m}F_g\left\{\frac{1}{2},\frac{1}{2m-2};\frac{2m-1}{2m-2};-\frac{4m^2}{\eta^2}\right\}+\frac{\eta}{m}\sqrt{1+\frac{4m^2}{\eta^2}}\right)$$
$$=\left(\frac{2m}{m+1}\eta+2\beta\right)F_g\left\{\frac{1}{2},\frac{1}{2m-2};\frac{2m-1}{2m-2};-\frac{4m^2}{\eta^2}\right\} \tag{9.29}$$

通过公式 $\eta=B_0/h$，$\beta=b/h$，可获得如下计算公式：

$$\zeta=\frac{B}{h}=\eta+\beta \tag{9.30}$$

式中：ζ 为平底抛物线断面水面总宽度对水深的比值。

基于式（9.28）和式（9.29），利用数学计算软件 Wolfram Mathematica 11 可获得在全指数范围内平底抛物线水力最佳断面参数值 $\eta=B_0/h$ 和 $\beta=b/h$ 的分布见表 9.5。

表 9.5 平底抛物线渠道实用经济断面水面宽度与水深的比值

m	η	β	ζ	m	η	β	ζ
1.001	1.1555	1.1537	2.3092	3	2.0904	0.0275	2.1179
1.25	1.3061	0.9504	2.2565	3.2	2.1807	−0.0678	2.1129
1.50	1.4230	0.7906	2.2136	4	2.5439	−0.4453	2.0987
1.75	1.5338	0.6498	2.1836	5	3.0010	−0.9129	2.0881
2	1.6439	0.5184	2.1623	6	3.4598	−1.3784	2.0815
2.25	1.7546	0.3921	2.1467	8	4.3804	−2.3068	2.0736
2.5	1.8659	0.2688	2.1347	10	5.3029	−3.2338	2.0691
2.75	1.9779	0.1475	2.1254				

为了方便获得水力最佳断面参数 $\eta = B_0/h$ 和 $\beta = b/h$，利用 Wolfram Mathematica 11 对 $m \in (1, 3]$ 范围内的 $\eta - m$ 和 $\beta - m$ 关系通过最小二乘法进行拟合，得到如下直接计算公式：

$$\eta = 0.474m + 0.697 \tag{9.31}$$

$$\beta = -0.0519m^3 + 0.401m^2 - 1.5m + 2.32 \tag{9.32}$$

现通过拟合给出平底抛物线渠道水力最佳断面的水力参数直接计算公式如下：

通过最小二乘法拟合，全范围幂律指数的平底抛物线形水力最佳断面的过水面积 A_h（具有脚标 h 的量表示水力最佳断面条件下的水力要素）、湿周 x_h 和正常水深 h_h 的直接计算公式为

$$A_h = (-0.015m^2 + 0.044m + 1.58)\left(\frac{Qn}{\sqrt{i}}\right)^{3/4} \tag{9.33}$$

$$x_h = (0.054m^2 - 0.288m + 3.572)\left(\frac{Qn}{\sqrt{i}}\right)^{3/3} \tag{9.34}$$

$$h_h = (-0.009m^2 + 0.051m + 0.928)\left(\frac{Qn}{\sqrt{i}}\right)^{3/8} \tag{9.35}$$

为了展示平底抛物线形复合断面在水力特性上的优点，利用推得的公式计算二次方、二分之五次方、三次方平底抛物线形复合渠道的水力最佳断面参数和它们在水力最佳断面条件下的特征水力计算参数。并与已有的各类断面的水力计算参数成果进行对比，见表 9.6 和表 9.7。

表 9.6 5 种断面的特征水力参数的比较（给定水深 h）

断 面 类 型	B_0/h B/h	过水面积 /m²($\times h^2$)	湿周 /m($\times h$)
二次方抛物线断面	$B_0/h = 2.0555$	1.3703	2.9982
二分之五次方抛物线断面	$B_0/h = 2.0883$	1.4916	3.0963
二次方平底抛物线断面	$B_0/h = 1.6439$ $B/h = 2.1623$	1.6143	3.2287
二分之五次方平底抛物线断面	$B_0/h = 1.8659$ $B/h = 2.1347$	1.6016	3.2032
三次方平底抛物线断面	$B_0/h = 2.0904$ $B/h = 2.1179$	1.5953	3.1906

表 9.7　　　　　　　　10 种断面的特征水力参数的比较（给定流量 $\tau = Qn/i^{1/2}$）

断面类型	水面宽度/m（$\times \tau^{3/8}$）	过水面积/m²（$\times \tau^{3/4}$）	湿周/m（$\times \tau^{3/8}$）
二次方抛物线断面	2.2213	1.6004	3.2401
二分之五次方抛物线断面	2.1576	1.5922	3.1990
矩形断面	1.8340	1.6818	3.6680
三角形断面	2.5940	1.6818	3.6680
梯形断面	2.2351	1.6224	3.3527
半圆形断面	2.3355	1.6213	3.3468
二分之三次方平底抛物线断面	2.1845	1.6015	3.2456
二次方平底抛物线断面	2.1487	1.5941	3.2084
二分之五次方平底抛物线断面	2.1276	1.5909	3.1925
三次方平底抛物线断面	2.1140	1.5894	3.1847

通过表 9.6 和表 9.7，可得如下结论：

从表 9.6 可知，在水力最佳条件下，并且给定水深时，①三次方平底抛物线形复合渠道的湿周和过水面积均小于其他平底抛物线形复合渠道；②同一幂律指数的抛物线形渠道和平底抛物线形复合渠道的湿周和过水面积的参数是完全不相同的。因此，抛物线形渠道的水力最佳断面特征不可直接利用在平底抛物线形复合渠道的水力最佳断面的设计上。

从表 9.7 可知，在水力最佳条件下，并且给定流量时，三次方平底抛物线形复合渠道的湿周和过水面积小于其他断面（其他幂律指数的平底抛物线形复合断面、抛物线形断面、矩形断面、三角形断面、半圆形断面、梯形断面）。换言之，在同样过水面积的条件下，三次方平底抛物线形复合渠道的水力最佳断面通过的流量大于其他断面。渠道的过水面积及湿周与渠道建设土方的开挖量及衬砌长度直接相关，在旱区长距离输水时，水面宽度还与水面蒸发损失有关。在水力最佳条件下，并且给定流量时，三次方平底抛物线形复合渠道的过水面积和湿周都是最小的，这意味着这种断面的土方的开挖量和衬砌长度都是最小的；同时，三次方平底抛物线形复合渠道的水面宽度仅次于矩形的水面宽度，但寒区矩形断面抗冻胀性能极差。综上可知：三次方平底抛物线形复合渠道的水力最佳断面（$B_0/h = 2.0904$ 和 $B/h = 2.1179$）是旱区、寒区、多沙河渠最经济合理的大中型渠道断面形式。

9.3.2　任意次平底抛物线形渠道实用经济断面

按水力最佳断面设计的渠道断面往往是窄深式的，不便于施工和维护。为此，应求一个宽浅式的渠道断面，使其水深和底宽有一个较广的选择范围，以适用各种工程情况的需要，而在此范围内其过水断面面积与水力最佳断面面积相近（王正中等，2018）。推求实用经济断面的公式时，假定其过水断面面积 A 与水力最佳断面面积 A_h 之间的关系是 $A = \alpha A_h$（下标 h 表示为水力最佳情况下，无下标表示为实用经济断面情况下，下同），其中 α 取值稍大于 1 的数值（1.01～1.04）。则根据实用经济断面与水力最佳断面通过流量应相等的条件，采用熟知的明渠均匀流及满宁公式可得出如下关系：

$$\alpha = \frac{A}{A_h} = \left(\frac{R_h}{R} \right)^{2/\beta} = \left(\frac{A_h x}{A x_h} \right)^{2/3} = \left(\frac{1}{\alpha} \frac{x}{x_h} \right)^{2/3} \tag{9.36}$$

设 $B/h = k_1$，$b/h = k_2$，$B_h/h_h = \eta$，$b_h/h_h = \beta$，通过整理可得

$$\alpha = \frac{A}{A_h} = \frac{\dfrac{m}{m+1}Bh + bh}{\dfrac{m}{m+1}B_h h_h + b_h h_h} = \frac{k_1 + k_2}{\beta + \eta}\left(\frac{h}{h_h}\right)^2 \tag{9.37}$$

$$\alpha^{\frac{5}{2}} = \frac{k_2 + k_1\dfrac{m-1}{m}F_g\left\{\dfrac{1}{2}, \dfrac{1}{2m-2}; \dfrac{2m-1}{2m-2}; -\dfrac{4m^2}{k_1^2}\right\} + \dfrac{k_1}{m}\sqrt{1+\dfrac{4m^2}{k_1^2}}}{\beta + \eta\dfrac{m-1}{m}F_g\left\{\dfrac{1}{2}, \dfrac{1}{2m-2}; \dfrac{2m-1}{2m-2}; -\dfrac{4m^2}{\eta^2}\right\} + \dfrac{\eta}{m}\sqrt{1+\dfrac{4m^2}{\eta^2}}} \frac{h}{h_h} \tag{9.38}$$

将式（9.38）代入式（9.37），并且消去 h/h_h 项，可以得到以下方程：

$$\alpha = \left(\frac{\beta+\eta}{k_1+k_2}\right)^{1/4} \times \left\{\frac{k_2 + k_1\dfrac{m-1}{m}F_g\left\{\dfrac{1}{2}, \dfrac{1}{2m-2}; \dfrac{2m-1}{2m-2}; -\dfrac{4m^2}{k_1^2}\right\} + \dfrac{k_1}{m}\sqrt{1+\dfrac{4m^2}{k_1^2}}}{\beta + \eta\dfrac{m-1}{m}F_g\left\{\dfrac{1}{2}, \dfrac{1}{2m-2}; \dfrac{2m-1}{2m-2}; -\dfrac{4m^2}{\eta^2}\right\} + \dfrac{\eta}{m}\sqrt{1+\dfrac{4m^2}{\eta^2}}}\right\}^{1/2} \tag{9.39}$$

在已知幂律指数 m（取 $1 \sim 8$），利用式（9.31）或式（9.32）求得水力最佳参数 $\eta = B_0/h$，$\beta = b/h$；并选定 α（取 $1.01 \sim 1.04$），利用式（9.28）即可求得实用经济断面的宽深比 k。考虑到由式（9.39）求解 k 十分麻烦，现给出求解的详细结果（表 9.8），供设计时查用。

表 9.8　　　　　　　　　平底抛物线渠道实用经济断面水面宽度与水深的比值 k_2

m		k_1				m		k_1			
	α	1.25	1.50	1.75	2		α	1.25	1.50	1.75	2
1.001	1.01	1.4904	1.5811	1.5851	1.5559	2.00	1.03	1.1397	1.2509	1.2567	1.2216
	1.02	1.7598	1.8220	1.8398	1.8055		1.04	1.4283	1.4908	1.4980	1.4463
	1.03	2.0058	2.0536	2.0742	2.0190	2.25	1.01	0.1980	0.5644	0.6444	0.6390
	1.04	2.2602	2.3040	2.3195	2.2593		1.02	0.6606	0.8407	0.8905	0.8716
1.25	1.01	1.1952	1.2830	1.3058	1.2700		1.03	0.9552	1.1185	1.1249	1.1128
	1.02	1.4197	1.5203	1.5118	1.4929		1.04	1.2894	1.3738	1.3665	1.3204
	1.03	1.6844	1.7598	1.7554	1.7289	2.50	1.01	—	0.3944	0.5083	0.5162
	1.04	1.9394	2.0025	2.0012	1.9311		1.02	—	0.7031	0.7679	0.7544
1.50	1.01	0.9337	1.0788	1.0996	1.0712		1.03	—	0.9892	1.0125	0.9866
	1.02	1.2065	1.3153	1.3191	1.2878		1.04	—	1.2530	1.2732	1.2208
	1.03	1.4877	1.5610	1.5606	1.5321	2.75	1.01	—	0.2601	0.3770	0.3905
	1.04	1.7253	1.7944	1.7746	1.7474		1.02	—	0.5790	0.6470	0.6497
1.75	1.01	0.7224	0.9012	0.9282	0.9066		1.03	—	0.8622	0.9092	0.8852
	1.02	1.0164	1.1486	1.1588	1.1304		1.04	—	1.1560	1.1624	1.1345
	1.03	1.2919	1.3628	1.3981	1.3543	3.00	1.01	—	0.0001	0.2210	0.3000
	1.04	1.5587	1.6309	1.6348	1.5844		1.02	—	0.4407	0.5304	0.5383
2.00	1.01	0.4974	0.7234	0.7852	0.7706		1.03	—	0.7244	0.8031	0.7901
	1.02	0.8596	0.9914	1.0160	0.9943		1.04	—	1.0394	1.0693	1.0324

【算例】　试设计某平底半立方抛物线水力最佳断面和实用经济断面。已知渠道糙率为 0.014，渠底坡降为 1/10000，流量 $Q=2.5\text{m}^3/\text{s}$。

　　解：对于半立方平底抛物线渠道，由式（9.31）和式（9.32）得水力最佳断面系数 $\eta=B_h h=1.408$，$\beta=b/h=0.797$；由式（9.33）得过水断面面积 $A_h=4.1256\text{m}^2$；由式（9.34）得湿周 $P_h=5.2173\text{m}$；由式（9.35）得正常水深 $h_h=1.5745\text{m}$。与采用解析计算方法的计算结果进行对比，可知水力最佳系数、正常水深、断面面积、湿周的相对偏差分别为 1.056%、-0.813%、-0.675%、-0.4918%、0.2623%，验证了该方法的精确性。

　　对于实用经济断面，当 $\alpha=1.04$，$k_1=1.25$，通过表 9.8 可查得 $k_2=1.7253$，由式（9.37）可得实用经济断面正常水深 $h=1.3823\text{m}$；水面宽度 $B=(k_1+k_2)\times h=4.1128\text{m}$；实用经济断面面积 $A=\alpha\times A_h=4.2906^2$；实用经济断面湿周 $x=\alpha^{5/2}\times x_h=5.7548\text{m}$。

9.4　弧形底梯形渠道

9.4.1　弧形底梯形断面水力最佳断面

　　弧形底梯形渠道的水力最佳断面可按下式计算：

$$H_0=1.542\left(\frac{Qn}{\sqrt{i}\,(\theta+2m)}\right)^{\frac{3}{8}} \tag{9.40}$$

$$r_0=H_0 \tag{9.41}$$

$$b_0=\frac{2H_0}{\sqrt{1+m^2}} \tag{9.42}$$

$$\omega_0=\left(\frac{\theta}{2}+m\right)H_0^2 \tag{9.43}$$

$$x_0=(\theta+2m)H_0 \tag{9.44}$$

式中：H_0 为水力最佳断面水深，m；r_0 为水力最佳断面渠底圆弧半径，m；b_0 为水力最佳断面弧形底的弦长，m；ω_0 为水力最佳断面的过水断面面积，m^2；x_0 为水力最佳断面湿周，m。

9.4.2　弧形底梯形断面的实用经济断面

　　弧形底梯形渠道水力最佳断面及实用经济断面之间应符合下式的规定：

$$\alpha=\frac{\omega}{\omega_0}=\left(\frac{R_0}{R}\right)^{\frac{2}{3}}=\left(\frac{\omega_0 x}{\omega x_0}\right)^{\frac{2}{3}}=\left(\frac{1}{\alpha}\frac{x}{x_0}\right)^{\frac{2}{3}} \tag{9.45}$$

$$AK_r^2+BK_r+C=0 \tag{9.46}$$

$$A = \left(2m - 2\sqrt{1+m^2} + \theta\right)^2 - 2\alpha^4 (2m+\theta)\left(\frac{\theta}{2} + 2m - 2\sqrt{1+m^2}\right) \tag{9.47}$$

$$B = 4\sqrt{1+m^2}\left(2m - 2\sqrt{1+m^2} + \theta\right) - 4\alpha^4 (2m+\theta)\left(\sqrt{1+m^2} - m\right) \tag{9.48}$$

$$C = 4(1+m^2) - 2\alpha^4 (2m+\theta)m \tag{9.49}$$

式中：ω 为实用经济断面的过水断面面积，m^2；R_0 为水力最佳断面的渠道水力半径，m；R 为实用经济断面的渠道水力半径，m；x 为实用经济断面的湿周，m；K_r 为实用经济断面的渠底圆弧半径 r 与水深 H 之比；α 为实用经济断面与水力最佳断面的过水断面面积之比。

弧形底梯形渠道实用经济断面计算应符合下列要求：

1）在已知渠道流量 Q、渠道比降 i、渠道糙率 n 的条件下，选定渠道边坡系数 m，并计算水力最佳断面的水深 H_0、过水断面面积 ω_0、湿周 x_0。

2）选择几种拟采用进行比较的 α 值。

3）针对每种 α 值按式计算出相应的渠底圆弧半径与水深之比值 $K_r = r/H$。

4）按式计算出相应于不同 α 值的各项实用经济断面指标。

$$H = \frac{(2m+\theta)\alpha^{\frac{5}{2}}}{\left(2m - 2\sqrt{1+m^2} + \theta\right)K_r + 2\sqrt{1+m^2}} H_0 \tag{9.50}$$

$$r = K_r H \tag{9.51}$$

$$b = \frac{2r}{\sqrt{1+m^2}} \tag{9.52}$$

$$\omega = \alpha\omega_0 \tag{9.53}$$

$$x = \alpha^{\frac{5}{2}} x_0 \tag{9.54}$$

式中：H 为实用经济断面水深，m；r 为实用经济断面渠底圆弧半径，m；b 为实用经济断面弧形底的弦长，m。

对不同 α 值的实用经济断面进行综合比较后确定选用方案。各种不同 α 值相应的 K_r、H_0/H、b/H、x/x_0 也可由表 9.9～表 9.12 查出。

表 9.9　　　　　　　　　　　　实用经济断面 K_r 值

α ＼ 边坡系数 m	0.50	1.00	1.25	1.50	1.75	2.00
1.01	1.555	1.904	2.146	2.436	2.776	3.166
1.02	1.832	2.365	2.734	3.176	3.693	4.287
1.03	2.063	2.757	3.235	3.809	4.479	5.248
1.04	2.271	3.114	3.694	4.388	5.200	6.132

表 9.10　　　　　　　　水力最佳断面与实用经济断面水深比值 H_0/H

边坡系数 m α	0.50	1.00	1.25	1.50	1.75	2.00
1.01	1.140	1.159	1.164	1.167	1.169	1.171
1.02	1.193	1.222	1.229	1.235	1.238	1.241
1.03	1.229	1.268	1.278	1.285	1.290	1.293
1.04	1.257	1.305	1.318	1.326	1.332	1.336

表 9.11　　　　　　　　　　　实用经济断面的 b/H 值

边坡系数 m α	0.50	1.00	1.25	1.50	1.75	2.00
1.00	1.789	1.414	1.249	1.109	0.992	0.894
1.01	2.782	2.693	2.681	2.703	2.754	2.832
1.02	3.277	3.345	3.416	3.523	3.665	3.834
1.03	3.691	3.899	4.042	4.225	4.444	4.694
1.04	4.063	4.404	4.615	4.868	5.160	5.488

表 9.12　　　　　　　　实用经济断面与水力最佳断面湿周比值

α	1.00	1.01	1.02	1.03	1.04
x/x_0	1.000	1.025	1.050	1.077	1.103

9.5　弧形坡脚梯形渠道

9.5.1　弧形坡脚梯形断面水力最佳断面

弧形坡脚梯形断面如图 9.2 所示。

弧形坡脚梯形渠道水力最佳断面在已知 Q、n、i、m、θ 并拟定 K_r 的条件下，可按下式计算：

$$H_0 = 1.542 \left[\frac{nQ}{\sqrt{i}\left[(4\sqrt{1+m^2}-4m-2\theta)(K_r-1)^2+2\theta+2m\right]} \right]^{\frac{3}{8}} \tag{9.55}$$

$$r_0 = K_r H_0 \tag{9.56}$$

$$\omega_0 = \frac{1}{2}\left[(4\sqrt{1+m^2}-4m-2\theta)(K_r-1)^2+2\theta+2m\right]H_0^2 \tag{9.57}$$

$$x_0 = \left[(4\sqrt{1+m^2}-4m-2\theta)(K_r-1)^2+2\theta+2m\right]H_0 \tag{9.58}$$

$$b_0 = 2H_0\left[\sqrt{1+m^2}-m+(\theta+3m-3\sqrt{1+m^2})K_r+(2\sqrt{1+m^2}-2m-\theta)K_r^2\right] \tag{9.59}$$

式中：H_0 为水力最佳断面水深，m；r_0 为水力最佳断面渠底坡脚圆弧半径，m；ω_0 为水力最佳断面的过水断面面积，m^2；x_0 为水力最佳断面湿周，m；b_0 为水力最佳断面的渠底水平段宽，m。

弧形坡脚梯形渠道的水力最佳断面和实用经济断面之间应符合下式的规定。

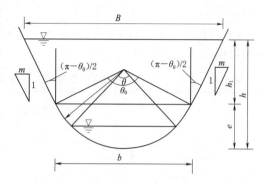

图 9.2　弧形底梯形断面渠道示意图

$$\alpha = \frac{\omega}{\alpha_0} = \left(\frac{R_0}{R}\right)^{\frac{2}{3}} = \left(\frac{x}{\alpha x_0}\right)^{\frac{2}{3}} \quad (9.60)$$

$$K_b^2 + 4BK_b + 4C = 0 \quad (9.61)$$

$$K_b = \frac{b_1}{H} \quad (9.62)$$

$$B = [m' - (m' - m - \theta)K_r] - \alpha^4 [(2m' - 2m - \theta)(K_r - 1)^2 + \theta + m] \quad (9.63)$$

$$C = [m' - (m' - m - \theta)K_r]^2 - \alpha^4 [(2m' - 2m - \theta)(K_r - 1)^2 + \theta + m]$$
$$\times [m + 2(m' - m)K_r - (2m' - 2m - \theta)K_r^2] \quad (9.64)$$

$$K_r = \frac{r}{H} = \frac{r_0}{H_0} \quad (9.65)$$

$$m' = \sqrt{1 + m^2} \quad (9.66)$$

式中：α 为实用经济断面与水力最佳断面的过水断面面积之比；ω 为实用经济断面的过水断面面积，m^2；R_0 为水力最佳断面的水力半径，m；R 为实用经济断面的水力半径，m；x 为实用经济断面的湿周，m；b_1 为实用经济断面的渠底水平段宽，m；H 为实用经济断面的水深，m；r 为实用经济断面坡脚圆弧半径，m。

9.5.2　弧形坡脚梯形断面实用经济断面

弧形坡脚梯形渠道实用经济断面的计算应符合下列要求：

1）在已知渠道流量 Q、渠道比降 i、渠道糙率 n 的条件下，选定渠道断面上部直线段的边坡系数 m，并拟定涉及断面形式的 K_r 值。

2）按下式计算水力最佳断面条件下的 r_{10}、ω_0、x_0、b_{10}。

3）当认为水力最佳断面的渠道宽深比不够理想需要进行调整时，可先拟定不同的 α 值，再按式（9.61）或查表 9.13 得出 K_b。

4）按式（9.67）求出实用经济断面的水深 H：

$$H = \frac{(4\sqrt{1+m^2} - 4m - 2\theta)(K_r - 1)^2 + 2\theta + 2m}{(2\theta + 2m - 2\sqrt{1+m^2})K_r + 2\sqrt{1+m^2} + K_b} H_0 \alpha^{\frac{5}{2}} \quad (9.67)$$

按式（9.62）求出实用经济断面渠底水平段宽 b_1，按式（9.65）求出实用经济断面渠底坡脚圆弧半径 r_1，再按式（9.60）求出实用经济断面的过水断面面积 ω 和实用经济

断面湿周 x。

5）校核各种 α 条件下的渠道流速是否满足不冲不淤的要求，并通过比较，选定渠道的断面尺寸。

表 9.13　　　　　　　　　　　弧形坡脚梯形渠道实用经济断面 K_b 值

m	α	K_r				
		0.2	0.4	0.6	0.8	1.0
0.50	1.01	1.779	1.494	1.234	0.999	0.791
	1.02	2.236	1.940	1.673	1.435	1.225
	1.03	2.642	2.338	2.065	1.823	1.612
	1.04	3.028	2.716	2.437	2.191	1.979
0.75	1.01	1.625	1.404	1.197	1.004	0.826
	1.02	2.091	1.864	1.653	1.458	1.279
	1.03	2.505	2.273	2.059	1.861	1.682
	1.04	2.899	2.663	2.445	2.245	2.065
1.00	1.01	1.542	1.363	1.193	1.032	0.879
	1.02	2.031	1.849	1.677	1.514	1.361
	1.03	2.467	2.282	2.107	1.944	1.790
	1.04	2.881	2.694	2.517	2.352	2.198
1.25	1.01	1.509	1.360	1.217	1.080	0.948
	1.02	2.033	1.883	1.738	1.600	1.467
	1.03	2.500	2.348	2.202	2.063	1.930
	1.04	2.944	2.790	2.643	2.503	2.370
1.50	1.01	1.512	1.386	1.263	1.144	1.028
	1.02	2.079	1.951	1.828	1.708	1.592
	1.03	2.584	2.455	2.330	2.210	2.094
	1.04	3.064	2.934	2.808	2.687	2.571
1.75	1.01	1.542	1.432	1.325	1.220	1.117
	1.02	2.157	2.046	1.938	1.832	1.730
	1.03	2.704	2.593	2.484	2.378	2.275
	1.04	3.224	3.112	3.003	2.897	2.794
2.00	1.01	1.590	1.494	1.398	1.305	1.213
	1.02	2.257	2.160	2.064	1.970	1.878
	1.03	2.851	2.753	2.656	2.562	2.470
	1.04	3.415	3.316	3.220	3.126	3.033

参考文献

A·P·迈诺南科，刘国光. 1986. 抛物线渠道设计与研究 ［J］. 农田水利与小水电.（10）：22-24.

陈柏儒，王羿，赵延风，等. 2018. 抛物线类渠道水力最佳及实用经济断面统一设计方法 ［J］. 灌溉排水学报. 37（9）：91-99.

李若冰，张志昌. 2012. 标准Ⅰ型马蹄形断面水跃共轭水深的计算 ［J］. 西北农林科技大学学报（自然科学版）. （8）：230-234.

马艳菊. 2006. 抛物线形渠道测流断面面积的计算方法 ［A］. 水利量测技术论文选集（第五集）-第十一届全国水利量测技术综合学术研讨会 ［C］. 郑州：黄河水利出版社：300-304.

马艳菊，李素粉. 2012. 抛物线形渠道测流断面面积计算方法的理论推导及计算实例 ［J］. 城市建设理论研究（电子版）. （24）.

聂义军，魏文礼，赵鸿，等. 2008. 立方抛物线形渠道水力最优断面研究 ［J］. 陕西水利. （7）：7-9.

卫勇. 1993. 抛物线型渠道的设计与特征水深的计算 ［J］. 甘肃水利水电技术. （1）：44-47.

王正中，陈柏儒，王羿，等. 2018. 平底抛物线形复合渠道水力最佳断面及实用经济断面统一设计方法 ［J］. 水利学报（12）：1460-1470.

魏文礼，杨国丽. 2006. 立方抛物线形渠道水力最优断面的计算 ［J］. 武汉大学学报（工学版）. 39（3）：49-51.

Hussein A S A. 2008. Simplified Design of Hydraulically Efficient Power - Law Channels with Freeboard ［J］. Journal of Irrigation and Drainage Engineering. 134（3）：560-563.

Anwar A A，Clarke D. 2005. Design of Hydraulically Efficient Power - Law Channels with Freeboard ［J］. Journal of Irrigation and Drainage Engineering. 131（6）：560-563.

Anwar A A，Tonny T. de Vries. 2003. Hydraulically Efficient Power - Law Channels ［J］. Journal of Irrigation and Drainage Engineering. 129（1）：18-26.

第10章 工 程 案 例

10.1 案例一概况

10.1.1 案例概况

以兰州港务区山前路排洪渠道为例，渠道防洪标准为 100 年（$P=1.0\%$）一遇，百年一遇洪峰流量 $Q=23.48\text{m}^3/\text{s}$，排洪渠道由输水段及下游消能防冲段组成，输水段分为两段，其中第①段纵坡 $i_1=1/250$，长度 $L_1=1000\text{m}$，第②段纵坡 $i_2=1/20$，长度 $L_2=30\text{m}$，结合《灌溉与排水工程设计标准》（GB 50288—2018）规定，渠道工程等级Ⅳ级，主要建筑物级别为 4 级，次要建筑物 5 级，渠道采用矩形落地槽断面型式，渠底宽度 $b=3.0\text{m}$，糙率 $n=0.017$，试对各渠段流态类型进行判别，分析相应渠段水面线，并对下游消能防洪设施进行设计。

10.1.2 各渠段正常水深、临界水深计算及流态判别

结合各渠段基本设计参数，按照式（10.1）计算各渠段正常水深 h_0。

$$\begin{cases} \eta_j = a_j \left[(1+a_j)^{-0.87} + 2a_j \right]^{2/3} \\ \eta_j = \dfrac{h_0}{b} \\ a_j = \left(\dfrac{Q^3 n^3}{i^{3/2} b^8} \right)^{1/5} \end{cases} \tag{10.1}$$

并利用式（10.2），计算各渠段临界水深 h_k。

$$h_k = \sqrt[3]{\frac{\alpha q^2}{g}} \tag{10.2}$$

具体计算结果详见表 10.1。

表 10.1　　　　　　　　　各渠段特征水深计算表

渠段	渠道纵坡	计算参数		正常水深	临界水深	水深对比		流态类型
	i	a_j	η_j	h_0	h_k			
①	1/250	0.52	0.75	2.26	1.84	$h_0 > h_k$	缓坡渠槽	明渠均匀流
②	1/20	0.24	0.29	0.88	1.84	$h_0 < h_k$	陡坡渠槽	明渠非均匀流

结合表 10.1 各渠段特征水深计算表，输水渠段第①段，水深 $h_0 > h_k$，属缓坡渠槽，渠段产生明渠均匀流，而输水渠段第②段，水深 $h_0 < h_k$，属陡坡渠槽，渠段产生明渠非

均匀流。

10.1.3 陡槽段水面线、掺气水深分析

（1）陡槽段水面线分析。

由上节分析结果，输水段第②渠段属陡坡渠槽，渠段产生明渠非均匀流，因此，需推算渠段水面线，以确定陡槽段边墙高度。结合《溢洪道设计规范（SL 253—2018）》，当陡坡段上游接宽顶堰、缓坡明渠或过渡段时，陡坡段水面线自上而下进行推算，起始计算断面在陡坡段首部，水深 h_1 取用上表计算的缓坡段渠槽临界水深 $h_k=1.84\text{m}$，同时，结合本书第 8 章水面线计算方法，引入相对水深无量纲量，见式（10.3）。

$$\overline{h}=h_1/b=0.62 \tag{10.3}$$

结合文中 8.1 节，陡槽段水面线推算公式见式（10.4）所示。

$$S=b\left[a_2(\overline{h}_2-\overline{h}_1)+\xi\ln\frac{\overline{h}_2-f_3(m)-a_1}{\overline{h}_1-f_3(m)-a_1}+\zeta\ln\frac{\overline{h}_2-g_3(m)}{\overline{h}_1-g_3(m)}\right] \tag{10.4}$$

式中：S 为陡槽长度，m；b 为渠道底宽，m；参数 $f_3(m)$、$g_3(m)$ 为与渠道边坡系数相关参数。

采用双曲函数分段拟合 $m=0$ 时，无纲量函数 $f(\overline{h})$，$g(\overline{h})$，拟合结果详见式（10.5）。

$$\begin{cases} f(\overline{h})=\dfrac{f_1(m)}{\overline{h}-f_3(m)}-f_2(m)=\dfrac{212.5}{\overline{h}-0.0115}-5343.3 \\[3mm] g(\overline{h})=\dfrac{g_1(m)}{\overline{h}-g_3(m)}-g_2(m)=\dfrac{315.5}{\overline{h}-0.0345}-5087.3 \end{cases} \tag{10.5}$$

其余参数的计算公式详见式（10.6）～式（10.10）。

$$a_1=\frac{\dfrac{n^2g}{b^{1/3}}f_1(m)}{\dfrac{n^2g}{b^{1/3}}f_2(m)+i_0\left(\dfrac{gb^5}{Q^2}\right)}=0.04 \tag{10.6}$$

$$a_2=\frac{\dfrac{gb^5}{Q^2}+g_2(m)}{\dfrac{n^2g}{b^{1/3}}f_2(m)+i_0\left(\dfrac{gb^5}{Q^2}\right)}=69.08 \tag{10.7}$$

$$a_3=\frac{g_1(m)}{\dfrac{n^2g}{b^{1/3}}f_2(m)+i_0\dfrac{gb^5}{Q^2}}=4.29 \tag{10.8}$$

$$\xi=a_1a_2-a_3+\frac{[f_3(m)-g_3(m)]a_3}{a_1+[f_3(m)-g_3(m)]}=-7.43 \tag{10.9}$$

$$\zeta=-\frac{[f_3(m)-g_3(m)]a_3}{a_1+[f_3(m)-g_3(m)]}=-5.89 \tag{10.10}$$

将式（10.3）、式（10.6）～式（10.10）参数计算结果代入式（10.4），得陡槽段水面线计算单变量解析公式见式（10.11）。

$$S = 3 \times \left[69.08 \times (0.62 - \overline{h}_2) - 7.43 \ln \frac{\overline{h}_2 + 0.028}{0.56} - 5.89 \ln \frac{\overline{h}_2 - 0.0345}{0.58} \right] \quad (10.11)$$

并假设无量纲量 $\overline{h}_2$，试算各段长度与陡槽段长度相同，停止计算，各段水面线计算详见表 10.2。

（2）掺气水深 h_b 计算。

陡槽段边墙高度需根据水面线计算结果，结合掺气水深 h_b 计算获得，陡槽掺气水深 h_b 计算公式见式（10.12）。

$$h_b = \left(1 + \frac{\zeta v}{100} \right) h \quad (10.12)$$

式中：ζ 为修正系数，取 $1.0 \sim 1.4 \text{s/m}$；v 为不掺气工况下的陡槽流量，m/s；h 为陡槽相应计算断面水深，m。

陡槽段具体水面线见图 10.1，掺气水深计算结果见表 10.2。

表 10.2　　　　　　　　　　陡槽段水面线计算表

陡槽距离/m	对应流速 v/(m/s)	陡槽水深 h/m	掺气水深 h_b/m
0	4.26	1.84	1.87
2.0	4.31	1.82	1.85
7.6	4.45	1.76	1.79
12.3	4.58	1.71	1.74
18.0	4.75	1.65	1.68
21.9	4.87	1.61	1.64
24.8	4.96	1.58	1.60
27.7	5.06	1.55	1.57
30.0	5.14	1.52	1.55

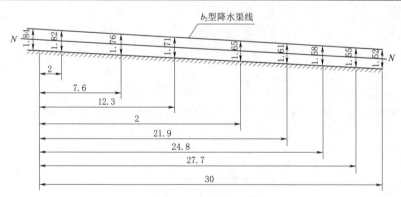

图 10.1　陡槽水面线

10.1.4　下游消能设施

根据水面线计算结果陡槽末端水深即为消能设施收缩断面水深 $h_1 = 1.52$，结合式（10.13）求自由水跃共轭水深 h_2：

$$h_2 = \frac{h_1}{2}(\sqrt{1+8Fr_1^2}-1) = 0.74(\text{m})$$

$$Fr_1 = \frac{v_1}{\sqrt{gh_1}} = 1.33 \qquad (10.13)$$

结合底流消消力池长度公式 (10.14)，确定消力池长度 L。

$$L = 6.9(h_2 - h_1) = 4.7(\text{m}) \qquad (10.14)$$

10.2 案例二概况

浙江省宁波市宁海县力洋溪治理工程，治理河段长度 1.81km，防洪标准 20 年一遇 （$P=5.0\%$），20 年一遇洪峰流量桩号 K0+900 以上 Q 为 162.37m³/s，桩号 K0+900 以下 Q 为 182.43m³/s，根据《堤防工程设计规范 （GB 50286—2013）》，堤防工程级别为 4 级，主要建筑物级别为 4 级，次要建筑级别为 5 级，河道渠化处理，改造后断面型式为浆砌石梯形断面，底宽 B 为 33～34m，边坡坡度为 1:0.3，糙率 n 为 0.025，河道纵坡 K0+900 以上 i_1 为 1/84.03，K0+900 以下纵坡 i_2 为 1/434.78，同时，新建实用堰 3 座，相应设计参数详见表 10.3。

表 10.3　　　　　　　　　　　实用堰设计参数表

雍水坝编号	位置	设计流量 /(m³/s)	堰顶高程 /m	上游设计河底高程/m	下游设计河底高程/m	堰顶轴线长 /m
1	0+550	162.37	8.08	7.08	6.58	33
2	0+800	162.37	7.01	6.01	5.62	34
3	0+900	183.43	5.68	4.68	4.55	34

对雍水建筑物水力特性、水面线进行分析并对下游消能防冲设施进行设计。

10.2.1 雍水建筑物水力特性分析

结合实用堰设计参数表 10.2 与本书第 2 章相关雍水建筑物出流流量计算公式及对新建雍水坝，堰上总水头 H_0 及堰上行近流速 v 进行分析。

按照式 （10.15）计算雍水建筑物堰上总水头 H_0。

$$H_0 = \left(\frac{Q}{cm\varepsilon B\sqrt{2g}}\right)^{2/3} \qquad (10.15)$$

式中：ε 为侧收缩系数；m 为流量系数；雍水建筑物堰上行近流速 v；雍水建筑物堰上总水头 H。计算公式分别为式 （10.16）～式 （10.18）：

$$\varepsilon = 1 - 0.2[\xi_K + (n-1)\xi_0]\frac{H_0}{nb} \qquad (10.16)$$

$$v = \frac{Q}{(B + m_\text{堰} H)H} \qquad (10.17)$$

$$H=(H_0+P_1)-\frac{v^2}{2g} \tag{10.18}$$

相关壅水建筑水力特性计算成果见表 10.4。

表 10.4 壅水建筑水力特性计算成果

壅水坝编号	位置	设计流量 $Q/(\mathrm{m^3/s})$	堰上总水头 H_0/m	行近流速 $v/(\mathrm{m/s})$	流速水头 $v^2/2g/\mathrm{m}$	堰上水深 H/m
1	0+550	162.37	2.69	1.79	0.16	2.85
2	0+800	162.37	1.79	1.76	0.16	1.95
3	0+900	183.43	1.95	1.89	0.18	2.13

10.2.2 壅水建筑物水面线分析

由上节分析结果，得出堰上水深 H，作为迭代的初始条件，利用式（10.19）对 1 号、2 号及 3 号堰上游水面线进行分析。

$$S=b\left[a_2(\bar{h}_2-\bar{h}_1)+\xi\ln\frac{\bar{h}_2-f_{3(m)}-a_1}{\bar{h}_1-f_{3(m)}-a_1}+\zeta\ln\frac{\bar{h}_2-g_3(m)}{\bar{h}_1-g_3(m)}\right] \tag{10.19}$$

式中：S 为流程，m；b 为河道宽度，m；$\bar{h}$ 为无量纲量，计算公式见式 10.20。

$$\bar{h}=h/b \tag{10.20}$$

其余无量纲参数计算公式详见第 8 章，1 号、2 号及 3 号堰上游水面线解析解公式见表 10.5，1 号、2 号及 3 号实用堰，堰上游沿程水面线见图 10.2～图 10.4。

表 10.5 1 号壅水坝解析公式计算表

壅水坝编号	水面线解析计算公式
1	$S=33\times\left[81.931\left(0.081-\dfrac{h_1}{33}\right)+0.1617\ln\dfrac{2.672-1.45}{h_1-1.45}-0.1126\ln\dfrac{2.672-0.864}{h_1-0.864}\right]$
2	$S=34\times\left[270.755\left(0.0777-\dfrac{h_1}{34}\right)+8.179\ln\dfrac{2.64-2.377}{h_1-2.377}-0.1214\ln\dfrac{2.64-0.890}{h_1-0.890}\right]$
3	$S=34\times\left[99.110\times\left(0.0814-\dfrac{h_1}{34}\right)+0.4922\ln\dfrac{2.769-1.5912}{h_1-1.5912}-0.1163\ln\dfrac{2.769-0.8899}{h_1-0.8899}\right]$

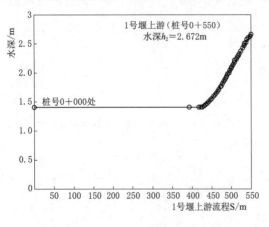

图 10.2 1 号堰上游沿程水面线

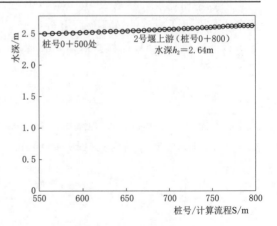

图 10.3 2 号堰上游沿程水面线

10.2.3 消能设施设计

消力池设计首先应计算第一共轭水深 h_c，利用王正中计算公式，计算见式（10.21）。

$$h_c = \frac{E_0}{2\beta}\left(\sqrt{\frac{4k_z\beta}{\sqrt{1-\alpha_0}}+1}-1\right) \quad (10.21)$$

根据本书 6.2 章节梯形断面收缩水深计算方法，用黄朝煊高精度拟合公式计算跃后共轭水深和相应跃后水深，见式（10.22）。

$$y = \frac{-0.52x^2+2.15x}{x^2+0.64x-0.02} \quad (10.22)$$

跃前相对无量纲水深见式（10.23）。

$$x = \frac{\eta_1}{\eta_k} = \frac{0.0064}{0.0115} = 0.5513 \quad (10.23)$$

跃后相对无量纲水深见式（10.24）。

$$y = \frac{\eta_2}{\eta_k} = \frac{-0.52x^2+2.15x}{x^2+0.64x-0.02} \quad (10.24)$$

根据高精度拟合公式见式（10.25）。

$$\eta_2 = y\eta_k \quad (10.25)$$

跃后共轭水深为 h_2，见式（10.26）。

$$h_2 = \eta_2 b/m \quad (10.26)$$

结合底流消消力池长度公式，确定消力池长度 L，见式（10.27）。

$$L = 6.9(h_2-h_1) \quad (10.27)$$

1 号、2 号堰下游消能设计计算结果见表 10.6，计算简图见图 10.5 和图 10.6。

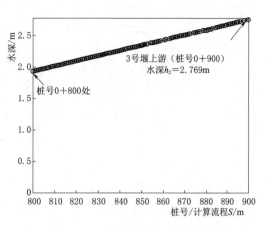

图 10.4　3 号堰上游沿程水面线

表 10.6　　　　　　　　2 号、3 号堰消能设施计算表

壅水堰	位置	第 1 共轭水深 h_1/m	无量纲参数			第 2 共轭水深 h_2/m	消力池长度 L/m
			x	y	η_2		
2	0+800	0.72	0.55	0.16	0.0186	2.11	9.6
3	0+900	0.87	0.61	1.5	0.0172	2.13	8.7

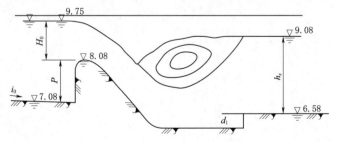

图 10.5　2 号堰下游消力池计算简图

173

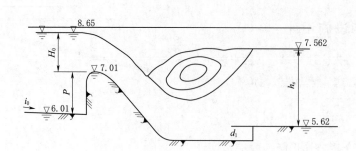

图 10.6　3 号堰下游消力池计算简图

附录 A　二参数水力最优断面求解模型

在糙率 n、水力坡度 i 已知的条件下,所选定的横断面形状在通过已知的设计流量时面积最小,或者是过水面积一定时通过的流量最大。符合这种条件的断面,称为水力最佳断面(Chow VT,1959)。此时,抛物线形渠道的水力最佳参数 $\varepsilon = B/h$ 可认为是水力最佳断面的标志性参数。拉格朗日乘数法是一种寻找变量受一个或多个条件所限制的多元函数的极值的方法,MONADJEMI(1994)利用该方法分别得到了双变量和三变量的水力最佳断面参数求解模型,为解决任意断面的水力最佳参数提供了方便。因此,求解抛物线形渠道水力最优断面的模型表示为

目标函数为

$$A = A(h, B) \tag{A.1}$$

由式(A.1)得约束条件为

$$\varphi(h, B) = A^{5/3} P^{-2/3} - \frac{Qn}{\sqrt{i}} \tag{A.2}$$

式中:φ 为等式约束函数。

式(A.2)用拉格朗日乘子法可表示为

$$\frac{\partial A}{\partial h} + \lambda \frac{\partial \varphi}{\partial h} = 0 \tag{A.3}$$

$$\frac{\partial A}{\partial B} + \lambda \frac{\partial \varphi}{\partial B} = 0 \tag{A.4}$$

式中:λ 为拉格朗日乘子。

将式(A.4)代入式(A.3),消去 λ,并化简后可得优化模型:

$$\frac{\partial A}{\partial B} \frac{\partial \varphi}{\partial h} - \frac{\partial A}{\partial h} \frac{\partial \varphi}{\partial B} = 0 \tag{A.5}$$

由式(A.5)可得

$$\frac{\partial \varphi}{\partial B} = \frac{5}{3} A^{2/3} P^{-2/3} \frac{\partial A}{\partial B} - \frac{2}{3} P^{-5/3} A^{5/3} \frac{\partial P}{\partial B} \tag{A.6}$$

$$\frac{\partial \varphi}{\partial h} = \frac{5}{3} A^{2/3} P^{-2/3} \frac{\partial A}{\partial h} - \frac{2}{3} P^{-5/3} A^{5/3} \frac{\partial P}{\partial h} \tag{A.7}$$

将式(A.6)和式(A.7)代入式(A.5)可得

$$\frac{\partial A}{\partial B} \frac{\partial P}{\partial h} - \frac{\partial A}{\partial h} \frac{\partial P}{\partial B} = 0 \tag{A.8}$$

附录 B 三参数水力最优断面求解模型

平底抛物线渠道的优化设计是在糙率 n、渠道底面纵坡 i 已知的条件下，所选定的横断面形状在通过已知的设计流量时面积最小，或者是过水面积一定时通过的流量最大。符合这种条件的断面，称为水力最佳断面。此时，平底抛物线曲线的水力最佳断面参数 $\eta = B_0/h$ 和 $\beta = b/h$ 可认为是水力最佳时的标志性参数。因此，求解平底抛物线渠道水力最佳断面的模型表示为

目标函数

$$A = A(h, \eta, \beta) \tag{B.1}$$

约束条件

$$\varphi(h, \eta, \beta) = Q - \frac{1}{n} \frac{A^{5\beta}\sqrt{i}}{P^{2/3}} = 0 \tag{B.2}$$

式中：φ 为等式约束函数。

对式（B.1）和式（B.2）利用拉格朗日乘子法可得

$$\frac{\partial A}{\partial h} + \lambda \frac{\partial \varphi}{\partial h} = 0 \tag{B.3}$$

$$\frac{\partial A}{\partial \eta} + \lambda \frac{\partial \varphi}{\partial \eta} = 0 \tag{B.4}$$

$$\frac{\partial A}{\partial \beta} + \lambda \frac{\partial \varphi}{\partial \beta} = 0 \tag{B.5}$$

式中：λ 为拉格朗日乘子。

利用式（B.3）可得到 $\partial \varphi / \partial h$，$\partial \varphi / \partial \eta$，$\partial \varphi / \partial \beta$。将它们代入式（B.3）～式（B.5），可得到如下方程：

$$\frac{\partial A}{\partial h} + \lambda \frac{\partial P}{\partial h} = 0 \tag{B.6}$$

$$\frac{\partial A}{\partial \eta} + \lambda \frac{\partial P}{\partial \eta} = 0 \tag{B.7}$$

$$\frac{\partial A}{\partial \beta} + \lambda \frac{\partial P}{\partial \beta} = 0 \tag{B.8}$$

将式（B.7）和式（B.8）分别代入式（B.6），消去 λ，并化简后可得优化模型：

$$\frac{\partial A}{\partial \eta} \frac{\partial P}{\partial \beta} = \frac{\partial A}{\partial \beta} \frac{\partial P}{\partial \eta} \tag{B.9}$$

$$\frac{\partial A}{\partial \eta} \frac{\partial P}{\partial h} = \frac{\partial A}{\partial h} \frac{\partial P}{\partial \eta} \tag{B.10}$$